母亲

My Mother

女儿

My Daughter

自我

My Self

〔美〕**简·戈德伯格**
Jane G. Goldberg
——

著

方慧佳 邱岑——

译

台海出版社

北京市版权局著作合同登记号：图字01-2022-5589

图书在版编目（ＣＩＰ）数据

母亲·女儿·自我 /（美）简·戈德伯格著；方慧
佳，邱岑译. -- 北京：台海出版社，2023.2
书名原文：MY MOTHER MY DAUGHTER MY SELF
ISBN 978-7-5168-3460-2

Ⅰ.①母… Ⅱ.①简… ②方… ③邱… Ⅲ.①女性心
理学－亲子关系 Ⅳ.① B844.5

中国版本图书馆 CIP 数据核字（2022）第 254563 号

母亲·女儿·自我

著　　者：〔美〕简·戈德伯格　　译　　者：方慧佳　邱岑

出 版 人：蔡 旭　　　　　　　　　责任编辑：俞滟荣

出版发行：台海出版社
地　　址：北京市东城区景山东街20号　　　邮政编码：100009
电　　话：010-64041652（发行，邮购）
传　　真：010-84045799（总编室）
网　　址：www.taimeng.org.cn/thcbs/default.htm
E-mail：thcbs@126.com

经　　销：全国各地新华书店
印　　刷：大厂回族自治县德诚印务有限公司
本书如有破损、缺页、装订错误，请与本社联系调换

开　　本：880毫米×1230毫米　　1/32
字　　数：238千字　　　　　　印　　张：9.75
版　　次：2023年2月第1版　　　印　　次：2023年2月第1次印刷
书　　号：ISBN 978-7-5168-3460-2

定　　价：59.80元

目 录

引言

第一部分　我的母亲

第二部分　我的女儿

引 言

这是我确信无疑的事。作为我母亲的女儿、我女儿的母亲、我客户的精神分析师，从我黑夜中的梦魇和经历过的心魔，我知道，世间最大的恐惧莫过于生命之初对被抛弃的恐惧——对分离引发的孤独的恐惧。

我们初涉人生，面临的首次挑战就是分离：诞生之日正是我们与母体从共生到分离之时。这是我们生命之初最早的独立冲动（与其说是冲动，不如说是动物与生俱来的本能），将来它还会不断以新的面目出现在我们之后的人生旅程中。在这段分离之旅中的每一步，我们都可能会对它持不同的态度，有时会欣然接受，有时会坚决抗拒。而在这场一步步通向成功分离的旅程中，我们逐渐发展出了安全、自信、完整的自我意识。

我渐渐认识到，无论作为母亲还是孩子，母子分离都是我们人生面对的最大挑战。作为我母亲的女儿，我不断地在这段关系中寻找自己的位置，有时候为彼此间的依恋而自豪，有时候又会嫌弃甚至想要逃离。作为一个新手妈妈，我在担忧和焦虑中挣扎，一方面想要时时刻刻守护在新生的宝宝身边，恨不得能把她包裹在安全的茧房中；另一方面又竭力地想要和她保持恰到好处的距离，因为适当的距离对我自己有好处——可以在一定程度上保留我47年来（她到来之前）的生活方式，将来与她分开后也可以继续过自己喜欢的生活；对她也有好处——能够帮助她更好地成长为一个独一无二的个体。

在我与病人打交道的过程中，我认识了很多母女，她们和我面临着同样的困扰，这些困扰曾经出现在我和我母亲的关系中，也一度出现在莫莉（我的女儿）和我刚在一起的时候，那时候的我们逐渐认识到，我们是两个在生理上彼此独立但情感上紧密联系的个体。在我的工作中，我看到这些母亲和孩子们努力地从她们错综复杂的母女关系中抽丝剥茧，试图形成统一的声音。她们艰难而又执着地把自己置于彼此的关系中去看待问题。而我也是如此，以前是和我的母亲，现在是和我的女儿。随着我女儿逐渐成长，走向独立，想必她也会如此。

所有人都会恐惧我们本质上的孤独感，这样的感觉源于人生中一次又一次艰难的分离，也许从这个意义上来说，我们终生都是那个害怕孤独的孩子。

我写这本书是为了帮助自己更好地理解女性——那些一直在追寻彼此之间的同一性的女性。追寻之旅有时候会磕磕绊绊，但最终总是能到达目的地。我书写女性的挣扎，既是为了致敬我们作为女人的共性，也是为了致敬母女之间、女人之间的亲密情感。我们同时追求着个性和分离，这本书也记述了我们这种矛盾重重的追求。每一位母亲和孩子的终极挑战就是从最初的肉体共生中得到升华，欣然迎接由此而生的独立个体。这本书讲的就是如何保持既紧密联系又彼此独立的母女感情——这是我们想要的，也是我们需要的。

第 一 部 分

我 的 母 亲

01. 从时间里划分出的最微小的那一份

母亲去世时，我在她身旁。在一声痛苦不堪的长叹之后，她停止了求生的挣扎，取而代之的是令人窒息般的宁静。死神已经在她附近潜伏了几个小时，离她如此之近，一定是听到了她的召唤。

在母亲生命的最后几天，她一直在艰难地呼吸，对我来说，眼睁睁地看着她挣扎求生太痛苦了。终于，最后一天到来了，她即将到来的死亡似乎在召唤着我，将我从自己的卧室拖出来——我一直藏身于此，以便可以短暂地缓口气，不用一直无助地听她零星而微弱的喘息。我相信她在生命最后的几分钟一定需要我的陪伴，尽管她已不省人事，她依然在以某种方式与我交流，要我与她共同面对我们最终的、不可逆转的离别。

布里克和我陪伴在母亲左右。布里克是我的保姆，此刻她站在床的另一头，靠近门边。她曾经在那里迎接我的出生，这么多年过去了，她依然在那个位置，陪伴着我母亲死去，而我则留在靠近柜子的这一侧床头。我们看着母亲蜷曲的身体仰卧在床上——这里是她生命最后一年的牢狱；我们眼睁睁地看着她痛苦挣扎，大张着嘴，仿佛在呼救，似乎将整个肺都张开了在小口喘息。然后，一切都静下来了。我小声说："布里克，她停止呼吸了。"我说话的语气让人觉得这是一件始料未及的事情，仿佛从来不该发生似的。我想我语气里的惊讶大概让布里克认为我的判断是错误的，她回答："不，她还在呼吸。"我们盯着她的胸部，等待着它微小的起伏，我们如此细致地观察着我挚爱的母亲，仿佛在观察一具静静躺在那儿的标本，想象着她还像之前一样呼吸，浅浅地，细微到让人难以察觉。我想我还是不太能接受现实：这位在过去37年里一直是我生命支柱的伟大女性，就要永远离开了。我想我还没有放弃，祈祷能与她共度生命中最后的宝贵时光。

这就是死亡花费的时间：一刹那，一瞬间，从时间里划分出的最微小的那一份——前一秒她还在呼吸，然后突然间，呼吸就停止了。我一直在等待这一刻的到来，希望她能早点结束生命最后几天的苦痛。然而，当这一刻真的来临，我又渴望时光逆转。我想她回来。死亡带来的静寂太过绝对和决绝。

在她死去的那一瞬，一切可以定义她一生的特质也随之消失了——我的母亲，那个曾用全身心的宠爱与赞美为我洗澡，觉得我是她眼中最完美的人的母亲；同时也是另外两个孩子的母亲；一位妻子；一位超前于她时代的满怀抱负的聪明女子：当大多数和她一样的南方中上阶层妇女还满足于当家庭主妇时，她选择了成为一名职业女性；一位兼有温情、勇气、怜悯、幽默、精明、冷静、客观的女子——在她吸入和呼出人生最后一口不带太多遗憾的气息时，这些身份也都离她而去了。

在那一刻，我伸出手，既畏惧又渴望去触碰她，这是我最后能看到她面庞的机会了，我想要尽量延长这一时刻。我凝视着她，还有她身下的床铺，几十年前，我曾在这儿依偎在她敞开的怀抱里度过了无数个清晨。

我泪流满面地走出她的房间，踌躇着走向她的衣橱。当我望向她的视线开始被墙壁阻隔时，我竭力地扭头向后看。直到我彻底走出房间，一切与她有关的东西都离开了我的视线。我躲进了她的衣橱，孩提时我就经常待在这里，我呼吸着，触摸着，想要从她的衣服、鞋子、珠宝中吸入一些她的气息。我想要跑回卧室，和她待在一起，一直到我长大，可我不知道自己什么时候才会长大。我曾以为当我做好准备接受她的死亡时，我就会彻彻底底地成为真正的成年人，可是那一刻来临时的孤独和恐惧，让我怀疑这一天可能永远也不会到来。

当我和她在一起，或者置身属于她的物品时，我总会有一种安心的感觉。我也是她生命中重要的精神支柱，给她带来了无数欢愉，这一点从小我就明白——在后来陪伴她抗癌的漫长日子里更加清楚。那些年里，她似乎在漫不经心地调戏着死神：癌症先是威胁着她的生命，随即又消失了，然后再度杀回。尽管她最后的日子过得痛楚难忍——在最后几个月里，她遭受了很多折磨，仅仅在床上翻个身就会骨折，而我们只能眼睁睁地看着她身体的其他部分也逐渐崩溃——可是我依然希望她能回来。我自私地希望她能呼吸下去，哪怕她唯一的功能只剩下呼吸。

我重新回到卧室，和她待在一起。我在房间里搜寻着她；我仔细地观察她周边的空气。我在找她，我要找的不是身边这具毫无生气的躯体，而是那个我熟悉的"她"。我猜想空间里会不会还有她残留的一丝气息，一缕魂魄。

我努力去捕捉我母亲的灵魂，趁她尚未远离。然后，我也许能够把"她"——她的灵魂，或是能量，或是灵力——牢牢地锁在自己的身体里，这样一来，她就会永远地留我的身体里，就像37年前的我曾住在她的身体里一样，我们再度融为一体。

过去，我们因为分歧产生过很多争吵，我们的期望和需求有时会彼此相左，对我的行为和决定，我们常有不同看法，她老是看不上我交往的男人，我们对彼此的认识也总是不够清晰：她是谁，而我又是谁。然而从这一刻起，一切由我们的分离而引发的冲突都烟消云散了。当死亡无可避免地宣告了这终极的、不可逆转的分离时，我们母女俩再次体验到了生命开始时血肉相连的感觉。在她死后，她活在了我的身体里，成为我的一部分，而她活着时，我却不时地坚称她是她、我是我。

　　她静静地躺在床上，我坐在她身边，地球上再也没有比这里更寂静的地方了。家里的其他人——我的哥哥、姐姐和姨妈都在屋子前面等待，殡仪馆派来的代表斯蒂芬也在那里。这一天仍在持续；黑暗一点点地铺满了天空，而我仍在等待，尽管连我自己也不清楚我到底在等待什么。

02. 无药可救的分离和执着不屈的靠近

母亲告诉父亲她被诊断出癌症晚期时，我也在场，她像是在讲一个蹩脚的笑话：她知道这笑话不好笑，唯一的梗就是最后的包袱，所以她刻意拖长了前调。当包袱被抖出时，所有人都会为这冗长的笑话的结束而如释重负。所以，当母亲对父亲说，她有一些事情要讲时，她用南方人特有的拐弯抹角的方式，先讲了个故事——关于她即将到来的死亡的故事。我的父亲是个和母亲完全不同的南方人，说话从不拐弯抹角。他是个总喜欢嘟嘟哝哝地抱怨的男人，还没等母亲抖出最后的包袱，就已经开始喃喃抱怨："好吧，你这是要到什里夫波特（Shreveport）去兜个大圈子再绕回来吗？"（没有一个新奥尔良人会想去什里夫波特，因为那里又远又荒凉。）我想这是父亲一生最害怕的场景——当他去到某处时，却发现那里什么都没有。我想这就是他会抢先一步死在母亲之前的原因，他一定无法忍受母亲离去后的那种空寂（她活着的时候至少会唠唠叨叨，分散他的注意力）。

母亲宣布了她的病情后，那一刻，我们用力地抱住彼此，不肯松手。我们的拥抱持续了很长时间，仿佛是要通过这种方式抓住宝贵的生命，同时也安抚彼此——我们还在身边。当我环抱着母亲的时候，我惊骇地意识到：我的体型不知道什么时候已经超过了母亲。在我的怀里，她的身体显得很娇小，而且惊人地脆弱。

母亲的个头并不高，但在我印象中她总是很高大。事实上，在我完全长大之后，我就差不多和她一样高了。可是我一直不这样认为，因为我不相信自己会长到和她一样高。

每次有人问到母亲的身高，她总是回答五英尺一又四分之三英寸（约156.7厘米）。她甚至会跟人解释，在大学期间她就是因为比五英尺两英寸的标准差了那么一点点，从而错过了进篮球队的机会。

我十几岁时，人们也会问起我的身高，我总是回答五英尺一英寸半。我知道我的身高一定已经超过了五英尺，但是我确信自己不会超过母亲。在我终于高过了母亲的那天，我成了母亲的母亲。

古怪而滑稽的幻想

母亲卧床不起后，那是她生命的最后一年，我感觉自己在一点点地松手，放她离去。现在，那一段时间成了我回忆中母亲的"临终时间"。在那段时间里，我频繁奔波于新奥尔良的我童年时代的家，和我后来居住的纽约的家之间。有很多迥然不同甚至相互矛盾的动机，促使我一趟趟地奔波两地去陪伴她：抓紧上天留给我们的哪怕是最后一分钟；愧疚、爱、责任、慷慨、填补父亲去世以来牢牢占据她生活的孤独感；守护彼此之间的亲密情感；还有对未来没有母亲的生活的恐惧感。

这段"临终时间"里的某个夜晚，我坐在后院的池塘边。那是个寻常的六月夜晚，令人愉悦的空气中带着一丝闷热。微风送来了一缕夜茉莉熟悉的甜香，然而这并没有缓解我最深的恐惧，我害怕会永远坠入黑暗而孤独的深渊。从最原始的层面上来看，这种恐惧其实就是对丧失"我"的恐惧，因为失去母亲，从很多方面来说都无异于失去了我的自我。失去母亲就好像是进入一个无法描述的未知世界，那里没有现在的"我"一路成长起来的根基。

这段时间里，这栋农场风格的大房子从五口之家，变成一个人的居所。除了母亲，全家都搬离了这里：三个孩子中最年长的李仍然住得很近，她与丈夫和两个孩子搬到了隔壁；我哥哥大卫也离得不远，他和伴侣就住在一英里以外；我北上去攻读硕士；而我父亲于一年前离世，我觉得他在某种程度上搬得比我们其他人离母亲更远了。

我母亲坚守着这个永生的幻觉，尽管它非常怪异且滑稽，在父亲实体的生命终结之后，她仍然徒劳地努力着，试图给虚空中的（幻想的）父亲倾注一点活气。父亲刚过世的时候，她同我分享了"填充"他的念头，就像填充起一个巨大的泰迪熊，再把他放置在客厅沙发上，这样她就可以在百无聊赖的一天中时不时地与他打招呼，说再见。父亲是她唯一爱过的男人，她无法想象没有他的生活。父亲离世后的两年里，他仍然"生活"在我们这栋房子里，那个"填充"起来的父亲的形象不请自来地进入了我的脑海。我想我是对母亲的这个念头有点当真了，她疯狂的幻想在我这里产生了某种真实感。每次我经过客厅沙发时，都会对脑海中一闪而过的父亲的形象默默点头示意。

鬼鬼祟祟的窃贼

在我频繁去探望和照顾她的最后那一年，她只能躺在床上，安静到仿佛不存在。而我总是在屋子里到处乱走，从一个房间窜到另一个房间，打量着哪些东西还在，盘算着哪些东西可以带走。我就像一只准备过冬的松鼠，沉迷于抓牢母亲的物什，仿佛这样就能消弭那即将横亘在我们之间永恒的分离。

每次回家，我总能发现一些我想带回纽约的东西：一个廉价的小摆件（一只白色陶瓷蜗牛）；一只古董碗（来自18世纪的中国）；一条白色羊绒裙，上面还带着价签。她那些昂贵的礼服我一件都不想要，但是白色羊绒裙相对比较实用，我回到纽约可以晚上穿着它出门。然而，我自己是绝不会买这样的衣服的。这条裙子我穿起来无比合身，就和她的其他衣服一样。

我有"扫荡"她房间和衣橱的正当理由：那个摆件很廉价，她根本不会在意；那个中国碗摆在几年前她送我的古董柜上会显得很有格调；那条白色羊绒裙她没有机会再穿了。然而，尽管我成了白色羊绒裙的新主人，把它带到了纽约，它依然和以前一样，被挂在衣橱里无人问津。我无法让自己穿上它，她的衣服和其他所有东西都带着一种神圣感。我把它们收入囊中，我想让它们归我所有，可它们依然属于她，永远都属于她。

有一次，我从她那里取回了一个顶部镶着珠宝的漂亮罐子，这是我13岁时送给她的母亲节礼物。罐子的外观非常精巧，泛黄的圆形玻璃底部让它看起来有几分古董的感觉，罐顶镶满了闪闪发光的五彩玻璃碎片。那是我第一次花钱为她买礼物，之前给她的礼物都是一幅画，或者是用雪糕棍做的手工盒之类的东西。她保留着所有这些孩子气的礼物，把它们陈列起来。我知道她很珍惜它们。但是，对她来说，这个罐子尤为特别，因为这是我成长到懂得审美的年纪送她的第一份礼物；对我来说，它同样也很特别，因为一开始我本来是打算买给自己的，可最终还是把它让给了母亲。这也是我第一次独立赠送礼物——用自己的零花钱，自己挑选。从那时候起一直到我二十几岁，我走进她的洗手间，常常会仔细端详着这个罐子。母亲把它放在了黑色花纹大理石台面上——这是她放置珍视的东西的地方。我觊觎着它，自私地想着：是不是一开始就应该把它据为己有。这种矛盾在我们的关系中贯穿始终——由衷地想要分享，哪怕内心并不乐意，甚至是损害自己的利益，也依然坚持给予。

在她临终那年，我游荡在屋子里，感觉自己就像一个鬼鬼祟祟的窃贼，正计划着下一次行窃。我试图一点点把母亲的家整个搬到自己那里。我企图获得她、成为她，以此来抵御她的死亡。

试图定义我们之间的差异

然而，在这段我们彼此努力相融的"临终时间"里，我也在努力定义我们之间的差异。我感觉，父母的卧室带着一种柔和、低调的色彩。每一个黄昏，太阳从著名的17街运河后西沉，南方下午强烈的日光在经卧室玻璃滑门的绿色过滤之后变得柔和。但是在母亲生病期间，这种柔和在我眼中变成了昏暗和病态。在她临终的那些日子里，我渴求着阳光，仿佛阳光就是生命，是能够让她起死回生的解药，是死亡的反面。我会从昏暗的卧室逃离到自己阳光充沛的房间。

面对她无望的处境，我全身心地抗拒接受她已经无法行动这个事实。我专注于我们的差异，我们的分离，我确认自己还能继续前行——仿佛是要告诉自己，我们并不会被死亡捆绑在一起，至少我还能继续前行。我练习迷你铁人三项，每天跑六英里，紧接着游泳一英里，最后还必须骑一段自行车。母亲没有做错什么，然而她的身体在日益衰弱，与此同时，我却通过自己的努力和决心，让身体变得越发生机勃勃。在她僵卧病榻之时，我为自己勃发的力量而喜悦。运动让我挥汗如雨——这些汗水都是我的泪水变成的。

我发现我们的差异还表现在与外祖母的相处方式上。外祖母尽管年事已高，但依然健康。她时常步履蹒跚地从新奥尔良市中心赶到郊区，来看望她的女儿，尽她身为人母最后的职责。在母亲心里，外祖母是一个不称职的妈妈。在她生命的最后一年，她终于对外祖母实施了报复。外祖母一次次地来看望她，她总是让外祖母枯坐在外面的客厅里，从来不允许她进入卧室和自己见面，哪怕是母女之间最后的诀别也遭到了母亲的拒绝。我想，母亲是想让外祖母体会自己婴孩时期的感受："喂，能有人来照顾一下我吗？喂，我明明听到有人在，可是她去哪里了？她为什么不过来陪陪我？"这概括了我成长过程中听到的所有母亲的童年故事——一个缺位的、缺乏爱人的能力和意愿的母亲，和一个没能发展出稳定的自我意识的、没有自信的、自我厌憎的孩子。

在外祖母被母亲放逐在外的时间里，我坐在年迈的她身边（她已经八十多岁了），体会着她所承受的羞愧和屈辱。我们都希望母亲能从跟随了她大半生的恨意、愤怒以及对她母亲极度的失望中解脱出来。我坐在外祖母身边，她默默地忍受着女儿的拒绝，像所有体面的南方女人一样隐藏着自己的伤痛。我们尝试着闲聊几句，却发现并无话可聊——除了生和死、伤痛和拒绝、团圆和失去、爱和不爱这些沉重的话题。

高大的存在

我以前很喜欢待在母亲的衣帽间里消磨时光，在这里可以瞥见她生活的很多方面。这里是她整个屋子里最私密、最珍视的空间。

在我小时候，为了父母梦想中的家，我们从新奥尔良市区搬到了"乡下"（现在已经是市郊了）。在这里，他们大手笔地置办了各自独立的衣橱，看上去都非常豪华。但在小时候的我看来，它们就是房间，而且是特别神秘的房间，里面有足够的空间供小孩爬上爬下。我当时的身高还够不到最高的那根挂衣杆，那里挂着母亲最好的裙子。不过不要紧，犹记得我站在母亲的裙子中间，轻轻晃动着这些挂在我头上的衣物，随着它们的晃动摇摆着身体，仿佛在与它共舞。我会把通向衣帽间的门打开，这样就可以看到亮得发白的日光从后院照射进来，经过白色的推拉玻璃门和门前帘子的过滤，柔和地洒在我眼前。后院的老橡树用它的枝叶和日光玩着游戏，以斑驳的光影给我身旁的地板绘制出了一块柔和的地毯，这种熟悉的场景让我感到安全和舒适。我不断地开关衣橱门，和光源玩游戏：不仅和日光玩，也和头上的顶灯玩——每次关门，它们都会随之亮起和熄灭。在过去，我们没有在市区的房子里见识过这种现代设施的便利，我对这种突如其来的光和突然的黑暗充满了好奇，想不清楚它们背后究竟有什么神秘的力量。而当我坐在地板上，周围鞋架上摆满了她的鞋子，仿佛置身于一个鞋子的宝库之中，在母亲这个又大又幽深的密室里，我可以抚摸、轻嗅和观赏她的宝藏。

藏身于她的衣橱，让我对我们母女之间的关系更加笃定。我们玩的并不是严格意义上的捉迷藏游戏，因为我们从来都没有给这个游戏下过任何定义。这只是一个没有任何规则、随心所欲的游戏。玩从她眼前消失的游戏，总是让我感到欢悦，这种欢悦并非来自我的"搞丢"，而是来自我每一次被"找到"。我知道，每一次她找到我的时候（有时候，她甚至一开始都没意识到我被"搞丢"了），她都会带着充满爱意和接纳的微笑对我说："原来你在这里呀。"那时，年幼的我还没有体会过母亲的担忧和焦虑，以及随之出现在我身上的幽闭恐惧。我只明白，她永远都乐于知道我的去向。尽管我想要模仿她，成为她，但偶尔也会想要躲避她，离开她，而她则无惧地接受了我的一切。坐在她鞋子旁边的地板上，我把自己的一只脚放进高跟鞋里，鞋子感觉很笨重。我对我的脚与鞋子之间的巨大空间感到惊奇——找到底还要长多久才能穿上妈妈的鞋子呀。然而，尽管渴望成为她，一想到自己还是妈妈的小女孩，可以继续依偎在她高大的身躯旁边，我就又像雏鸟一般感到安全和舒适了。

在母亲的衣橱里，除了衣物、鞋子和珠宝，还有很多她收藏的伞。她似乎给每一个不同的场合和每一件不同的衣服都搭配了相应的伞。这些伞考究、高雅，每一把都配着时髦合衬的伞套和花纹精美的木头伞柄。它们排列整齐地挂在她的衣橱里，精美到让人舍不得使用。衣橱里也有一些日常用的伞，都被折叠成方便携带的大小，它们也配有相应的伞套——同样考究、高雅，但是折叠式设计让它们显得相对随意。这种折叠伞的尺寸让它们非常容易遗失。每当新奥尔良闻名的暴雨来袭，母亲总会为找不到雨伞而抓狂，而我总是踊跃地帮忙寻找：哥哥老是忙着摆弄他的汽车和摩托车；十几岁的姐姐已经过了像我这样喜欢取悦母亲的年龄；父亲不是在上班，就是窝在安乐椅上看报纸，任何事情都无法让他分心。只有我愿意帮着寻找，也只有我能够找到那些遗失的雨伞。

汽车是我们家庭生活的重要组成部分，它们是父亲谋生的手段，他经营着一家汽配店。我的父母是因为汽车而结缘的，在大萧条时期，母亲成为新奥尔良首批独立购买汽车的女性之一，而她与父亲的故事就是这么开始的：她需要给汽车上牌照，有人向她介绍了一位刚到新奥尔良的年轻人，据说他能帮忙搞定牌照。

在我成长的岁月中，母亲一直拥有她专属的汽车，我记得有过一辆斯蒂庞克，还有一辆雪佛兰羚羊。而全家使用得比较多的汽车则一直是爸爸在开，有时候是林肯，有时候是凯迪拉克，前座总是会设置斗式座椅（凹背座椅）。哥哥和姐姐一直都是坐后排，而我作为全家的"小宝贝"，则当仁不让地得到了这个"宝座"。前排座椅通过扶手分开，我坐在我口中的"小马"上，伸开双臂，努力去触摸右侧的母亲和左侧的父亲，仿佛同时触摸到他们就能把他们俩——我们牢牢地联结在一起。

我从没有透露过我成功找到雨伞的诀窍：其实它们总是丢在同一个地方，一个除了我，大家都注意不到的地方。我成为天才小侦探的秘诀就是"小马"，那些雨伞总是被母亲在使用后遗忘并掉落在我的"小马"宝座下面，卡在座位和地面之间。我带着得意的笑容把雨伞交给她的时候，她会夸赞我聪明，而我则骄傲地陶醉在她的爱意和赞赏之中。

满腔惶恐

我最后一次看到母亲收藏的雨伞，是在她去世前一个月。我飞到新奥尔良，再一次遭遇了暴雨。和大多数时候一样，这一次的暴雨又造成了严重的积水。我到家的时候，布里克已经完成她的工作准备回家了，我想开车送她回去。母亲还健康、行动灵便的时候，我经常和她一起载布里克回到她位于欲望街公屋的家。我们一起闯入这片公共住宅区，20世纪60年代末期，警察和黑豹党曾经在这里爆发过激烈的枪战。然而，母亲和我全无畏惧地闯入了这片区域，因为我们和布里克在一起。从黑人社区走出来的布里克，和母亲一起抚养大了姐姐、哥哥以及我。我们这些白人和她一起进入这个社区，感觉就像是给自己套上了防护罩。

但是，要载她回去，我得有一把结实的伞，那些便宜的折叠伞可不顶事。雨又下大了，一想到要动用母亲那些珍贵的、考究的、多年来被悉心保护着的雨伞，我就感觉诚惶诚恐。

我偷偷溜进母亲的衣橱，挑选了一把雨伞——漂亮、镶着花边、适合考究场合专用的大红色雨伞。尽管它透着股浓重的女性气质，看起来却特别结实。我走进她的卧室，告诉她我准备载布里克回家。我悄悄将伞藏在她视线触不到的身体那一侧，这样她就看不到它了。母亲的身体已近乎无用，她的耳朵基本听不到了，嘴巴也部分瘫痪，导致她说出的话含混不清。但是，这位身患绝症的脆弱女人依然对我有着巨大的威慑力，以至于我宁可偷偷摸摸，也不愿意公开反对她费尽力气发出的指令。为什么？究竟是因为我对她作为我母亲天生的臣服，还是因为我太爱她了？很难得知这究竟出于什么原因，因为我常常难以清晰地分辨这两种情感：恐惧和爱。

03. 死亡的彩排

　　母亲临终时，我在她身边，在她呼出最后一口气的那个瞬间，我确定有什么东西（也许是她的灵魂）从她衰败不堪的躯体里轻快地飞了出来。而我自己灵魂的一部分也在那一刻飘离了我的身体，随她而去了。在她生命逝去之时，我感觉到自己在追赶着那团离她而去的气态的灵魂。在她这段穿越空气，抑或是空间，甚至可能是天堂的旅程中，我的一部分始终紧随着她。

　　从那天起，我失去了自己的一部分。对我而言，她的死亡标志着，我们的共生状态无可挽回地彻底终结了。我从来没有感到过如此的孤独，我对自我的意识从与母亲的紧密联结走向土崩瓦解，就像《绿野仙踪》里的女巫那融化成水的躯体。在我的生命中，再也不会有人像母亲那样强烈地、无条件地、明确地接纳我和爱着我。母亲的去世，给我带来了前所未有的情感伤痛，直到多年以后的现在，我的心态和灵魂都没有完全平复，我对她的哀悼永无终日。

回忆中的断点

我想要伸手抓住所有关于母亲的回忆，牢牢地攥紧无意间涌入脑海的片段，搜寻那些开始淡去的瞬间。我想让她真实而鲜活地存在着，哪怕只是在我的意识里。但是，我的记忆是断断续续的，无法像电影那样流畅地再现母亲的一生。它们更像一个巨大的相册页面上贴着的一张张快照，照片之间留出了巨大的空隙，每一张照片都是凝固在时间里的静态回忆，记录着当时的感受、情绪、事件、地点和人物。在这些照片里，母亲总是在凝视着我，甚至召唤着我穿过页面去与她相聚。

早年间，我与母亲相关的最强烈的回忆，就是我们之间没完没了的拥抱。这个场景贯穿了我的整个童年。我们紧紧相拥，末了母亲总是会问我："如果你将来长到很大了，会不会就不和妈妈亲亲（这是我妈妈对我们的拥抱的叫法）了？"那时候的我确信，自己对母亲的情感永远都毋庸置疑，所以我总是毫不犹豫地宣称，我不管多大都要和妈妈亲亲，妈妈是"全世界最棒、最美丽的妈妈"。

然后，这些甜蜜的回忆就出现了中断，仿佛相册的页面和打湿的树叶一般，一片片地被粘在了一起，它们犹如新婚夫妻一般如胶似漆、不愿分离，而我则完全没办法继续往下翻。后来，我震惊地意识到了一个不安的事实：在我回溯我的母系长辈的时候，我竟然想不起来自己是怎么称呼母亲的了。我清晰地记得自己对每一位女性长辈的称呼——我们管外祖母叫Momie，管曾外祖母叫Mere（法语，意为母亲），管姨婆叫Tante（法语，意为姑妈、姨妈、姨婆等），可是我遗忘了自己对母亲的称呼。我只知道我不会叫她Mommy，这样很容易和对外祖母的称呼混淆，再说我总是恨不得赶快长大，也不可能选择这么一个孩子气的叫法。我有可能会叫她Mama，但是这个称呼听起来也不大对劲，太过时了，我猜父亲在家乡时就是这么称呼他母亲的。我奶奶有着浓重的波兰口音和丰满的胸部，我管她叫Muna。我倾向于认为我对她的称呼是Mother，但如果真是那样的话，我会对自己的做法难以理解。Mother这个称呼，传递出来的是强大的情感克制，与我们母女之间的状态全然不符——我们要亲密得多。我被迫去审视自己：我真的能够把我自己以及我的回忆与这个女人彻底分离开吗？这可是抚养了我、热爱着我，而我也回报以深爱的女人啊！

又或者，我们的情感过程其实是反过来的。也许，最开始付出深情的人是我，从我们最初的共生状态开始，在我们一起走过的岁月里，我从来没有怀疑过母亲对我的爱和投入。在我眼中，她随时都会张开双臂接纳我，永远都不会拒绝我。我想，在我滑出她子宫那一刻，一定对她发出了深情的呢喃，而她也随之深陷于我对她的爱中。在我成长的过程中，我们很喜欢在一起谈天说地，交流生活中的"重大事件"或者"鸡毛蒜皮"。最重要的是，我们享受彼此肢体上的交流。母亲喜欢和我依偎在一起，张开双臂把我紧紧拥入怀中，仿佛要让我成为她身体的一部分。在整个孩提时代，我都会给予她热情的回应。

我想不起对母亲的称呼，也许是因为即使她已离去，我依然固执地保持着彼此的距离。在她生前的很长一段时间内，我就是这样做的。也许我不愿接受彼此之间不可逆转的分离，而逃避现实的唯一方法就是消除过去的记忆，忘掉我们共同度过的时光。她在世时，我用种种方式坚持和她分离——我的叛逆、欺骗、离家出走，甚至从她身边逃离到1000英里之外的远方——也许都是对她的死亡的未雨绸缪。它们是对死亡的彩排，是要证明我和她是彼此独立的，我可以在没有她的情况下独自生活，我们并非密不可分，尽管她有可能认为如此。

面对分离时，我们的密不可分

童年已经消逝，随之而去的还有我藏身大衣柜中的激动和惊喜。然而，我又一次回到了母亲的衣橱中，尽管已经体会不到当年的喜悦。我们把房子卖掉了，这次来是要清空里面的东西，母亲以及我们残留在这里的痕迹都将消失得一干二净。我姐姐李比母亲矮三英寸，她用不上也不想要母亲的那些衣饰，不管是衣服、鞋子还是手提包。我哥哥尚未结婚，自然也用不着这些东西。只有我，仔细地搜寻母亲的衣橱，看哪些东西可以留用，哪些可以捐给慈善组织。那些做工精美的鞋子当然要留着，无论是蓝色、棕黄色或者红色的意大利软皮鞋，还是棕色和灰色的鳄鱼皮鞋，尽管它们直到现在穿起来仍然有一点大，我还是毫不介意地带走了它们。我也带走了她那些华丽的缀着亮片的礼服，不管是富丽的锦缎、柔和的雪纺，还是深色的天鹅绒。她曾经穿着它们去参加婚礼或者犹太成人礼，身着华服的她看上去光彩照人。穿着礼服出席这些场合时，她给人的感觉与南希·里根（美国第40任总统罗纳德·里根的妻子）异常相似，好像随时都能出任第一夫人，带着她的美貌、沉着和优雅去接待尊贵的外国元首。尽管我很清楚这些礼服与我平时脚穿运动鞋、不施脂粉的家常风格格格不入，我还是带走了它们。当然，我也拿走了所有的伞，这些伞够我用一辈子了。

面对眼前这彻底、无尽的分离，我努力挣扎着反其道而行。随着年岁渐长，我开始回忆母亲的长相，心里清楚，自己长得越来越像她了。我准备戴上她的翡翠耳环（父亲逝世那年，我们和母亲为了逃避失去父亲/丈夫的灼心疼痛，一起去中国游玩，她在那里买了一对翡翠耳环），我还打算将她的衣服好好地派上用场（她的冬衣就保存得很好），我会把她的家具也用起来（她的婚床的床头板会被巧妙地镶到我卧室的门顶上，而那个古董大衣柜会被摆放到我的心理治疗室）。有时候，我会被自己清嗓子的声音吓一跳，这个声音听起来太熟悉了，仿佛她就在我的房间里复活了，清清嗓子准备开口同我讲话。甚至，她就在我身体里——在超越肉体的玄学层面上，我清的就是她的嗓子。某种意义上，我已经变成了，或者正在变成她。无论我过去曾经多么想要从我们的共生状态中挣脱出来，本质终究是无法改变的。

04. 母亲的浅薄岁月

　　我把老屋里的东西一股脑儿打包带到了纽约：父母生前用过的家具、睡过的床单、全套的大英百科全书、父亲的集邮册，还有一大堆盒子。大大小小的盒子里，塞满了各种我知道永远用不上，但也舍不得扔掉的东西。在这一大堆旧东西里，有一只塞满纸质物件的盒子，里面有父母的遗嘱和护照、我们的旧照片、我从六年级到七年级这段时间里画的画，还有父亲出来闯世界时随身携带的一封信。当时还是青年的父亲骑着一辆哈雷戴维森摩托车，离开他从小生活的那个佐治亚州南部的封闭的小农场，去寻找更广阔的天地。这封信的日期是1930年5月17日（那时候父亲20岁），信笺的抬头已经泛黄：

农商银行

资金25000美元

结余及利润45000美元

佛罗里达州蒙蒂塞洛市

信的落款处是一个已经很难辨认的名字，但显然是上述银行的一位男士。信的大致内容如下：

致相关人士：

本信件持有者麦萨斯·迈尔·戈德伯格和小弗兰克·J. 斯特纳均来自体面家庭，已在本市居住多年，拥有尊贵的社会地位。他们品德高尚，绝不会辜负他人的信任。关于他们此次到全国各地旅行观光，我非常高兴能为他们写这封信，向可能与其打交道的社会各界人士担保他们的品行。他们的为人值得信任，您向他们提供的一切帮助，都将得到莫大的感激。我们将很乐意回应任何关于他们本身以及他们行为的相关调查。

我发现，信中的那位F. J. 斯特纳被列为该银行的副行长，他很有可能就是信中提到的小弗兰克·J. 斯特纳的父亲。看来，父亲在他骑着摩托车四处游历的过程中并不寂寞，他们第一站去了纽约。我还了解到，他的摩托车在归程时在离家只有20英里远的地方坏掉了，他修好摩托车后随即决定前往新奥尔良待一阵（结果一待就是48年，直到离世）。我把这份记录着家族历史的珍贵文件放到了一边。

我决定要一探究竟

随后，我看到了母亲的日记。

我觉得是时候把母亲的日记从尘封许久的储物箱中取出来了，它已经静静地在里面躺了几十年。我想要阅读它，从一个和之前完全不同的角度去了解我的母亲。我想要知道属于她自己的人生和经历——不是通过我的眼睛，而是通过她的眼睛。我想认识母亲，不是我所熟悉的"母亲"，而是那个完全独立于我的女人。玛德琳·玛尔维娜·莱维·戈德伯格也是一位女儿、妻子和朋友。她的职业是教师，她喜欢搜集古董，她是南方人，同时还是犹太人。所有这些特质，还有其他的因素，让她成为一个复杂的人。

我原谅了自己不请自来地闯入她的世界，尽管这种越界早在她生前就时常发生。而在她离世之后，这种行为似乎只是我们之前行为模式的延续而已（大部分时候，我们对此都没有怨怼）。

很早以前，我就知道她有这么一本日记。在我十几岁的时候，无意中在她卧室的桌子上发现了它（这张桌子现在被摆放在我纽约的办公室里）。那天，我胡乱翻看着母亲的东西——文件、照片、珠宝，还有一切人们会放在抽屉里的东西，寻思着通过观看和触摸、把它们贴在自己的脸颊上，我就能获得她的能力。我刚一打开日记，就马上停止了阅读——我翻到的那一页里，母亲正在怀疑自己究竟是不是女同性恋。

当时，我合上了日记本，因为这是母亲为自己打造的私人空间。这里没有丈夫和孩子的位置，她也没有邀请我进来参观。我窥探的是母亲没打算让我涉足的地盘。然而，在我打开那本日记之后的许多年里，我一直记得母亲问自己的那个问题。

母亲的日记本是五年日历的形式，分配给每一年的厚度大概有一英寸。日记本的设计者显然并没有打算让人在里面记录什么重要的事件，因为根本没有足够的空间。母亲遵从了设计者的意图，她的日记记录的都是琐碎的小事："我熬夜了。""我应该学习的，可是我没有。""今天开车去了巴吞鲁日（美国路易斯安那州首府）。"里面的字迹细如蝇足，而这本日记本也只能容下这么小的字。

母亲的字给我一种安心感，我对它们熟悉已久。这些年来，她给我写了上百封信：在我外出宿营时，上大学期间，以及我大二暑假游历欧洲时的每一站（法国、德国、澳大利亚、意大利、希腊），她的信总会及时到达，上面的字体也总是如此细小，小到难以阅读。而这本日记上的字体更是小到夸张。她的笔迹是如此清晰，简直可以放进微型博物馆。我能感觉到这样细小的字体正是她的性格和内心冲突的真实反映。可能很多精神分析师或者心理学家会认为，这类字体体现的是低自尊人格或者自我意识的缺陷，然而事实并非如此。母亲是由于日记本页面的限制而调整了字体。这本日记本的设计者似乎有某种变态心理，存心要看人笑话，让人空有满腔心事却无法任意挥洒。母亲没有抗争，她宁可缚手缚脚，压缩自己的内容和字体去顺应页面的限制。这种行为方式定义了她的一生和她经历过的苦痛：她总是被外界的期待、环境的要求、他人的意愿所束缚，不愿或者无法挣脱。

1937，1938，1939，这是母亲选择记录的三年。本来日记本里还有两年的空间，但她在1939年这一年内完成了她心目中的人生大事：遇到了未来的丈夫。此后，她停止了写作。

在我的心目中，这几年是她的"浅薄岁月"。在当时的国际舞台上，希特勒成为令全世界闻风丧胆的恶魔。就在离新奥尔良咫尺之遥的墨西哥，德国正在支持法西斯势力推翻墨西哥政府。在曼哈顿的大街上，纳粹同盟在大街上示威游行，世界大战一触即发。然而，母亲的日记里对这些都只字未提，仿佛她生活在一个黑暗的角落，面墙而立，不闻外事。

母亲似乎把全部的心思都放在了融入周围的社会上。日记里的她从来不操心"我是谁"或"我在做什么"这类问题。她絮絮叨叨，仿佛生活的全部就是对分数的担忧、毕业后的工作以及和朋友的相处。当时的她还没有认识到自己其实是一股被压抑的、蓄势待发的龙卷风，隐藏在对日常生活的关注之下的，是糟糕的母女关系所带来的无穷伤痛。她也不知道，成长岁月中，她所经历的母女关系会给今后的她，无论对内在还是外在，造成永恒的匮乏感。

整个1937年，母亲用她被严重压制的字体记录着各种鸡毛蒜皮的小事。"见到了艾尔莎。""我的车不能参加巡游了，真烦！""新生的卫生学课真有意思。""篮球训练迟到了。"

母亲的日记里经常提到篮球和游泳，她计划要当一名体育老师。很明显，她的一个重要特质就是有着运动员般的体格，我到现在还不无骄傲地记得，她十几岁的时候就获得了美国南部的自由泳和蝶泳冠军。成年之后，她还一直和她青少年时期的游泳教练罗伊·布伦纳保持着密切的联系。记得我们经常去罗伊风格简朴的市郊别墅做客。我们在修建自己的游泳池时，罗伊还赠送了我们用来装饰游泳池底部的华丽的龙形瓷砖。

"汤米来电话了。"从这里开始，事情变得有趣起来，因为汤米的名字出现在了此后的几乎每一篇日记里。不知道为什么，汤米有时候也被叫作汉克，是那些年母亲生活中的重要角色。她似乎爱上了汤米（汉克），为汤米打来的每一通电话而欣喜，也会为没收到他的电话而失落。看到这里，我有一种父亲遭到了背叛的感觉。我一直以为，父亲过去是，也永远都会是母亲的唯一，哪怕是到了天堂，也不会有其他人能代替他的位置。我不得不开始怀疑，父亲其实是母亲爱上的第二个男人，不是第一个也不是唯一一个。再接着看下去，一个信息量丰富的代词让我震惊地意识到，汤米（汉克）是一个女人。

我认识到，这是母亲一生中的一个重要节点——她第一次感受到了感情的萌动。这一时刻对我来说非比寻常，感觉就像第一次看到在我出生之前母亲的家庭录影带，但是比家庭录影带更加个人化——她既是主角又是作者（不像在大部分的影片里，主角和导演是由不同的人担任的）。母亲通过她随意的关联式写作向我透露，她"爱"上的第一个人是个女人。我发现自己对此并不感到惊讶，因为在我一直以来的记忆中，母亲身边总是不缺女人。这些女人如同母亲发射的人造卫星，总是围着我们家打转，但是母亲从不让她们与父亲、与我走得太近，因为这些女人只属于她的个人生活。

我一直都能明显地感觉到，她从来都没有从这些女人那里得到情感上的满足。她对这类情感的寻觅当然与她早年在外祖母那里无法感受到爱和被需求紧密相关。她一直在寻觅，总是企盼着能抓住这些女人。她们都比母亲年纪大，能让母亲产生崇拜和倾慕，并向往着能成为和她们一样的女人。在母亲眼中，这些女人与她自己的母亲截然相反，而她对她们的情感也与对自己母亲的情感截然相反。

她牺牲了大量的私人时间去和这些女人相处，为她们跑腿，从她们那里买东西。她们绝大部分都是工作繁忙的职业女性，无法随时回应母亲试图付出和收获的那种强烈情感。我隐约记得母亲频繁地通电话，努力为她们的见面做计划——我无意中听到过母亲询问见面时间，表示她愿意在任何时间和地点，以对方提出的方式见面。母亲从来都没领会到一个重要的事实——这些人都和她的母亲一样，一开始被生活所迫走进职场，后来则是在自身欲望的驱动下取得了事业上的成功，继而超越了那个时代对女性的普遍期待。

外祖母就是这样一个女人，她凭着自己对商业的敏锐嗅觉和自身坚毅的品质，带领家人熬过了大萧条时期。当年，她带着她和外祖父仅剩的100美元跳上了一辆火车，只身从新奥尔良去往纽约。再次归来时，她学会了教人桥牌的本事，成了该州第一位桥牌老师。后来，外祖父决定加入奥马哈互助保险公司（美国500强公司之一），她又卖出了大量的人寿保险，成功跻身百万富翁俱乐部。在她决定要进入舞蹈界后，她成为亚瑟·默里（1895—1991，美国著名舞蹈教练、商人）的优秀门徒。她参加了一场又一场的舞蹈比赛，满屋子的奖杯都在宣扬着她的胜利。我还记得，每次看到外祖母（她那时六十岁左右，在我眼中已然是一位老妪）身穿亮片舞裙出现在本地的电视节目中，跳着属于我这一代人的吉特巴舞时我的沮丧（还有少年人的尴尬）。但有一点是毋庸置疑的：不管外祖母想要做什么，她都能做好，且做到卓越。她做起事情来无所顾忌，带着几分俗气和夸张。

这也有可能是母亲憎恨她的部分原因。她多半知道，外祖母具备成为一个更好的母亲的能力，她可以成为孩子需要的慈母，因为只要她愿意，就没有她办不到的事。但是，她没有选择当一位慈母，而是选择了成为一名当时罕见的成功女性（其实也有经济上的考虑）。尽管母亲是外祖母的第一个孩子，但在外祖母热衷的事物里却排不到第一位。母亲真切地感受到了她们母女关系中情感的局限。

母亲从来没感觉到过自己有妈妈，她拥有的只是一个给了她生命，却讨厌她、忽视她的女人。母亲曾经告诉我，她觉得她的母亲想要她死掉。我能理解这种感受，我想母亲也很清楚这一点：外祖母不是"真正地"想要她死。这是一种"精神意义"（感觉中的现实），而非"字面意义"（真正发生的现实）。

"精神意义"和"字面意义"并无太大不同，不止我一个人这么认为，弗洛伊德对此问题的看法，就成了他的经典贡献之一，他提出"精神意义"和"字面意义"有着几乎同等的重要性。他的论点主要围绕着童年期的乱伦行为和对儿童的性侵展开。源源不断的病人来到他位于维也纳的办公室，诉说他们过去被亲人性侵的经历。一开始，弗洛伊德相信他们的说法，即"字面意义"。但是后来，他逐渐发现这些所谓的"记忆"其实是由诉说者的意识所建构的，他把它们称作"幻见"。这一发现让他认识到，人的意识在组织自己经历的过程中是相当活跃且富于想象力的。真实的记忆和"幻见"的差别，是区分是否涉及道德问题、搜集临床表现和采用治疗措施的关键。但是如果考虑到弗洛伊德的观点，回忆本身既基于事实又基于创造，这些区分也就无关紧要了。

我不确定外祖母对母亲是不是真的不好，她还有另外两个孩子，他们都不像母亲那样憎恨她（事实上，前不久姨妈还提到过，很幸运能拥有"这么棒的母亲"）。我唯一能确定的是母亲的情感经历——不管是出于真实还是想象——她感受到了来自外祖母的恨意，并且毫不留情地用同样的恨意回报了她。我从来没见过母亲对她的母亲表达过一丝情感或一句好话。外祖母有时候会给她打电话，每次一接到电话母亲的声音就变得空洞、冷漠和疏离。她从慈爱的母亲迅速变身为恨意满满的女儿。在成长的过程中，我见过太多次母亲在双重人格之间的无缝切换，以至于我对此完全感觉不到意外。

我相信母亲一定从外祖母那里接受过强烈的讯号，告诉她她不够好，她应该变得和现在不一样。母亲的日记里记录了很多她进行过的体育运动（她一直保持着运动的习惯，哪怕是在抚养孩子期间也没有停止。她最终实现了大学时期的梦想，成了一名体育老师，尽管她还拥有化学学位，也辅修了德语）。我认为这是为了把注意力从不被爱的感觉中转移出来，同时也是为了控制住自己的情绪——避免让自己沉浸于无爱的母女关系带来的伤痛中。

母亲从来没意识到，她成年后对女人的选择究竟意味着什么。她不知道自己是在重复过去的经历，首先出现在她生命中的是无爱的妈妈，而她则通过不断接近那些忙碌到无法（大概也不愿意）回应她的热情的职业女性，来反复重现她与自己母亲之间早年的经历，就这样一再地体验她从女人/母亲/类似母亲的角色那里感受到的挫折和匮乏。

母亲对女人的选择颇有讽刺意味——首先是汤米（汉克），后来还有其他许多女人——她们都是像外祖母那样醉心于成功的女人。和外祖母一样，她们都不同于寻常的新奥尔良犹太妇女，她们要么为了快乐，要么为了生活，都有各自的职业。她们中有一个女人早年丧夫，想要用有意义的方式来打发时光；还有一个女人则是离异之后需要经济收入。她们都和外祖母一样，将与我母亲的关系置于事业之后。但是，母亲对待她们的态度却和对待外祖母迥然不同。她宽容她们的繁忙，总是最大限度地妥协自己去迁就她们，用她们的方式与她们相处。在她们频繁来往的那段时间里，母亲总是刻意去关注这些女人所在行业的相关信息。

最终，母亲在每一段关系里体验到的挫败，都化为了比她受到的吸引更为强大的力量。她从来都无法从这些关系里得到休憩和放松。

母亲一直在孜孜不倦地追求着她遇到的这些女人——去她们上班的地方，加入她们的喜好，自告奋勇地帮她们做各种琐事——在我的成长过程中一直如此。我总是得向别人让出大量属于我们母女的时间。从小到大，母亲一直在以一种恋人般的热忱追求着，甚至可以说是追踪着她的汤米（汉克）们。我记得她们当中的每一个人，我也记得母亲老是企图通过她们的反应来审视自己。因为她们都是职业女性，母亲需要付出大量努力才能赢得她们的注意，才能从她们没完没了的活动中挤进一点缝隙。

她们中有一个女人是做服装生意的，叫玛德琳，母亲与她来往期间，在她那里购买了大量礼服。母亲死后，我在她的衣橱里发现了这些礼服，并把它们收藏在了我家的大箱子里。这些崭新的礼服依然优雅，等待着某一天被人穿上，走入某个盛大的场合。母亲买的礼服多到这辈子都穿不过来，多到可以媲美纪梵希的时装秀。也是在这段时期，为了和朋友美国化的名字更加匹配，母亲改了自己名字的拼写方式（在这之前她总是用毫无瑕疵的法国口音骄傲地念出这个名字，借此炫耀她的阿尔萨斯王室血统）。

玛德琳之后，艾莫里又出现了，艾莫里经营着一家古董家具店。在与艾莫里来往期间，母亲重新装修了房子，她购入了古董衣橱、英式书桌，还有半月形大箱子——均是罕见的珍品古董，它们让我纽约的公寓看起来犹如一个展示高雅品位的陈列室。

这些耗资巨大的收藏——礼服、古董、珠宝——对应的是她通过购物来讨好这些女人的欲望（同时也让她找到了与她们相处的借口），或者是想要变得更像她们，甚至成为她们的企图（从她改名字这一点就看得出来）。

汤米（汉克）似乎是母亲第一个倾心的对象，母亲竭尽全力想要靠近她，追赶上她。然而，从日记的内容很快就能看出，她们的关系一直都仅限于聊天和一些礼节上的来往，而汤米（汉克）很可能从头到尾都没有意识到母亲对她的浓烈兴趣。

我继续往下读，母亲在日记里念叨着没完没了的三月寒风，还有杜兰大学和路易斯安那州立大学之间的橄榄球赛。1938年的杜兰大学显然拥有一支比路易斯安那州立大学实力更为强劲的队伍（令人吃惊的是，在我高中期间，路易斯安那州立大学队才是橄榄球王者）；她兴奋地报告着杜兰大学14比0的大胜，接着她又继续列举着杜兰大学和密西西比大学，还有杜兰大学和阿拉巴马大学之间的比分。她还提到和爸爸一起去看比赛，我用了足足一分钟时间才反应过来，她说的不是我爸爸，而是她的爸爸，也就是我的外公。

没有说出的真相

日记读到这里已经过半，出场的人物数量众多，然而，有一个人物明显从中缺席了。在心理分析的过程中，分析师会对分析对象没有说出来的话给予同等的重视。两年多的时间里，母亲每一天都在写日记，在前前后后700多条记录里，她对自己的母亲只字未提。也许她并未意识到自己的动机，但她确实是在刻意与她母亲保持距离。她感觉她的母亲想要杀死她，而她则以这样的方式"杀死"自己的母亲。

尽管如此，有一点我可以很确定：当年，不到20岁的母亲肯定会认为在日记里对自己的母亲只字未提没什么大不了的。她会轻描淡写地解释，自己的母亲是个繁忙的女商人，而父亲在家附近卖蚊帐，自然会有更多的时间和孩子相处。还有一点我也非常确定：在母亲清楚地意识到她和外祖母对彼此的恨意之前，她已经在试图和外祖母分离了。她日记里对外祖母的忽略就是一个明显的迹象——她在有意无意地弱化外祖母在她生活中的地位。

读到这里，母亲的日记让我明确了她对自己母亲以及"母亲的替代者们"的态度。她想要亲近后者，同时又坚决地抗拒前者。读了这么久，我对日记里披露出的这些出乎意料的信息已经有些厌倦了。我想知道在这个女人身上发生了什么，到底是什么促成了这个一心想要活成自己朋友们样子的懵懂女孩的变化，让她变成了我所熟知的那个女人：那个勇敢的、敏锐的、具有高度清晰的自我意识的女人（最后一点在她生活的时代相当难得）。我快速向后翻阅，想要从中搜寻到一些能抓住我眼球的信息。

05. 为爱而爱

在新奥尔良有一句俗语，确切地说，是一个词语——lagniappe，意为"额外的小礼物"。它是外祖母喜欢买给我们的甘比诺面包坊的俄式奶油松脆饼顶上的那颗马拉斯奇诺酒渍樱桃。它很好地描述了你做秋葵汤时的感受：你调好了做汤的油面糊，往里面加了秋葵、芹菜、甜椒还有猪脚，当你感觉差不多了的时候，忽然又从冰箱里某样东西背后翻出了一颗成熟的大番茄。你不记得自己什么时候买过它，原本也没打算要用它来做汤，但是它就这么忽然出现在你眼前，而你顿时明白了，它就是能让你的秋葵汤比原计划更鲜美可口的那一点"额外的小礼物"。又或者，在一个阳光明媚的日子里，你游荡在新奥尔良的法国区，一边欣赏街景，一边轻啜着手中的薄荷酒，忽然间，从街角迎面走来了一支爵士乐队，乐手们撑着大大的黑伞，手中的小号和长号飘出深情的旋律，这一天到此，从完美升华到了绝妙。这就是lagniappe，一种锦上添花的美妙感觉。

Lagniappe是可遇而不可求的，它只在你意想不到的时候出现。新奥尔良是lagniappe的绝佳注释。这是一个从来不吝于打破陈规的城市。在我成长期间，这个城市的孩子15岁就可以驾驶汽车，18岁就被允许饮酒，平淡的生活在这里是让人难以忍受的，这个城市总是在追求与众不同，它总是在狂欢，并借此创造lagniappe——意想不到的额外惊喜。比如说，和其他地方一样，新奥尔良的节日季也从感恩节开始，可是到了圣诞节，这里的人们却被过于夸张的圣诞彩灯和装饰挤出了家门。圣诞节结束后，全国都消停了，并集体陷入节后忧郁的情绪中，而新奥尔良的人们却在兴致勃勃地为新奥尔良狂欢节做准备。与外界人们想象中的为期一周的狂欢不同，新奥尔良狂欢节是长达数月的舞会和化装游行，欢乐的气氛在肥美星期二（即世人熟知的忏悔星期二）这一天达到顶点。而且，似乎这还不够过瘾，紧随其后的又是周末的新奥尔良爵士与传统音乐节，音乐节从原本的一个周末扩张到了两个周末，因为一个周末无法满足新奥尔良人那永远躁动不安的灵魂。

父母亲婚姻的萌芽

继续阅读母亲的日记，本地风光一再被提及，母亲用她的日记描绘着新奥尔良的独特。终于，我发现了父亲的名字。我一眼就敏锐地留意到了迈耶·戈德伯格这个名字，因为我的故事是因他们的故事而起。迈耶·戈德伯格毫无疑问是一个犹太名字。在那个年月里，像母亲那样的犹太女孩对外邦人（非犹太人）产生兴趣或者和他们约会是不可想象的。在母亲成长的岁月里，新奥尔良小众的犹太亚文化（那时候比现在更小众，犹太人只占人口的百分之一，小于这个国家任何一个大城市的人口比例）已经成为当地大文化背景下根深蒂固且别具特色的一部分——不一定是其中不可或缺的一块，但至少是与之并立的一块。

在读母亲日记的过程中，我感觉从她的少女时期到我自己的少女时期，新奥尔良这个城市似乎没有太大的变化。她和我上的是同一所学校——伊西多尔·纽曼学校，一所在1909年时为犹太孤儿院创建的学校。我们居住的第一栋房子离她孩提时期的房子只有六个街区的距离。她婚后只是从杰弗逊大街的莱维家搬到了近在咫尺的纳什维尔大街的戈德伯格家。

在日记里，母亲闲聊了很多她那个时代的犹太文化，如果让我来描写大概也会差不多：我们这些新奥尔良的犹太人生活在一个封闭的社会里，受着诸多限制。犹太女人大部分时候和其他犹太女人待在一起，她们中大多数人都没有工作，有一些人会给新奥尔良艺术博物馆或者犹太圣殿相关组织担任志愿者。犹太丈夫们对婚姻都很忠诚，犹太家庭每晚都会共进晚餐。生活就是这么按部就班、波澜不惊。这就是母亲成长的文化环境，也是我所经历的。

我一直觉得这两类人是不一样的：一类是从小在某个地方长大，后来就顺理成章地在这里度过一生；另一类则是怀着强烈的冲动要离开自己唯一熟悉的小圈子，心痒难挠地去闯世界。和许多新奥尔良本地人一样，母亲生于斯长于斯，从来没想过要离开这里。这一点和我完全相反，我一逮到机会就赶紧跑到了北部地区，而类似的念头压根儿就没在母亲的脑海中出现过。这也解释了为什么她的日记第一眼看上去相当无趣，记录的都是日常琐事。作为一个年轻女人，她还没有得到过释放，小心翼翼地把所有的努力都限制在了自己熟悉的范围内。

这是1938年的11月，在一次约会之后，母亲将坠入爱河。母亲究竟看上了父亲什么，我从父亲的一张老照片里找到了答案：照片里的父亲面容英俊，似乎是刚刚掸掉裤子上的泥土，一阵风似的从佐治亚南部的农场来到了新奥尔良城里，他穿着皮夹克，身姿潇洒地坐在他的哈雷戴维森摩托车上，看上去格外引人注目。

11月25日，1938年

我与迈耶的第一次约会，在回家的路上，他吻了我，先是额头，然后是脸颊，最后，他亲了我的嘴唇。他的吻是如此甜美。我对迈耶的喜欢确实超过了我遇见过的任何一个男孩，无一例外。

两天后.

11月27日，1938年

超级棒的一天。我们去兜风，卡普兰兄弟坐后排，维克多、迈耶还有我坐前排。回来的路上，维克多开车，迈耶总是捏着我的手。之后我独自吃了晚餐，这时迈耶又来了，我们一起去看了演出——转了一圈之后，他说我很可爱，然后又吻了我。我知道自己平生第一次坠入了爱河。

这也是我在长大到能够理解爱情的年纪之后听到的版本——母亲邂逅了和父亲之间唯美的爱情，自此一往情深，至死方休。从母亲的视角、母亲对爱情的理解来看，我知道这都是真的，母亲眼中一见钟情的爱是永远不会消逝的。

我多年来的研究得出一个理论：一旦见到某个对我们之后人生至关重要的人物，我们会在第一次见面时就厘清哪些事情对我们的心灵需求特别重要，哪些事情与我们之后的相处模式紧密相关。我们无视各种信号，一意跟随着藏于潜意识深处的信息去实践彼此之间的关系，使得那些其实早已注定的结局看上去猝不及防。我们对爱的初次体验来自共生，这也是我们都想要回归的状态。我想我们都渴望爱，渴望结合、重聚——回到与我们母亲的共生状态——也正因为如此，我们对那些可能导致分离的事物都视而不见。我们忽略无法调和的差异，我们拒绝接收迫在眉睫的灾难信号，我们对显而易见的迹象闭目塞听——一切都是为了留住爱，一切都是打着爱的旗号所为。所有的目标都指向共生，因为分离太过痛苦，不容细想。我们为爱而爱，对爱情本身的爱超过了爱情的对象。出于这个缘故，尽管现实与想象充满着矛盾，母亲依然坚持着她心中的那个婚姻版本。

母亲与父亲之后的婚姻生活模式在他们第三次约会时就已经初见端倪。她等待着他的电话，他没有打来，她就像神话里的公主那样耐心而温柔地等待，别无所求。她不允许自己主动，中间她去了他工作的地方，给他留了一张字条，之后她就一直心神不宁，觉得是自己的行为毁掉了这段关系：

12月3日，1938年

他说我很傻，不应该给他写这种冒着傻气的字条。直到演出临近结束，他才牵了我的手，我以为他不会吻我了，可是他吻了。天啊，我知道我搞砸了一切，但是他又要求我继续和他约会。

日记里的她，是典型的女人，蕴藏着丰富的感受、情绪和爱。日记里的他，是典型的男人，铁腕的理性主义者和常识追随者，有时会被丰富的情感所吸引，其他时候又会反感这种泛滥的情感。这种女人与男人之间、母亲和父亲之间的巨大差异，既导致了她一开始对他的倾慕，也埋下了她成为他妻子之后的种种问题的种子。同时，日记还解释了他最初被她吸引的原因，以及他

（似乎从一开始就如此）与这样一位妻子相处的困惑。

数月之后，母亲开始对自己的角色有了信心：

> 2月23日，1939年
>
> 迈耶不想见我，可是我强迫他见了。他想在十点送我回家，但是我不同意。在A&G（当地的一个杂货店）门口，眼泪泛上了我的眼眶，他只好劝慰我别犯傻。我今天一整天在学校都还在为昨晚的事而开心。

这并非女人的统治，也不是控制和操纵，这是出于情感和苦痛，出于对共生的向往和对分离的恐惧。这是一曲母亲和父亲的共舞，直到他们离世才曲终人散。她敏感，他迟钝；她寻求亲密，他保持距离。如果一个女人真实地感觉到被爱，她是无须在他不想见面的时候"强迫"他前来的，也无须在他想要送她回家的时候软磨硬泡。这样的行为是对不被爱的感受的防御，也是对"你对他的渴望比他对你的更强烈"这一事实的逃避。她如此地爱着那种亲密无间的喜悦，拒绝接受他们其实并没有那么亲密的现实。母亲的情感对象是一个男人，但其实，这是她与她母亲之间冲突的重演。她梦想着他的爱和热情，就像她最初期望着她母亲的爱与热情一样。渐渐地，她变得恐惧，生怕他会像自己母亲那样，对自己的渴望不予回应。

熟悉的距离

我相信母亲不会爱上其他类型的男人。如果对方对她的激情报以热烈的回应，那她应该就不会爱得如此热忱。父亲无声的疏离给了她巨大的空间，让她得以投射对浪漫爱情的想象，相信他们的结合对应着宇宙的和谐。他的疏离一定是给了她一种熟悉的感觉——这是与她母亲之间关系的重现。

这种重现——选择熟悉的，而不是最好的或者最健康的，甚至是最愉悦的——支配了母亲的择偶观。事实上，对母亲而言，选择父亲就是选择了她自己的母亲。她找了一个像她母亲那样无法承受她热情的人，他们宁愿让她削足适履，也不愿意迁就她的情感。

父亲对母亲向往的共生状态——她浪漫化的情感关系毫无兴趣，尽管她说服自己对方和她心心相印。也许在某种程度上，父亲以他比较克制的方式爱过她，但是与她付出的情感相比，说他是座冰山也不为过。记得有那么一些时候，他表现得非常刻薄易怒，母亲总是会先去牵父亲的手，而他从来没有渴望过这样的身体接触。我也清楚地记得母亲面对他的暴躁时表现出的克制和沉静。

然而，即使有大量的证据与她相悖，母亲依然乐此不疲地神化着他们的爱情，坚信他对她的感觉和她对他同样的亲密。我的母亲从来都不承认，她的丈夫并不像她所期望的或者描述的那样爱她。分离、情感距离、对空间的需求——这些都是父亲在和母亲的相处中最为擅长的——但它们从来都不曾出现在母亲哪怕是隐约的意识中。

如果母亲那些"傻气"的想法只是出自爱情，以及与之相伴随的痛苦、恐惧和患得患失，那他们俩可能也会过得很快乐。她会渐渐从日记里提到的爱情的苦痛中走出来，他们会过上标准的新奥尔良犹太夫妻的生活，不会有格格不入的感觉。

但这不是属于他们的命运。父亲无疑犯了困境中的恋人们常犯的错误。他想必认为娶她，让她过上安稳的家庭生活，做一位忠诚尽责的丈夫——给她她口头想要的，或者她认为自己想要的——就能消除她那些"傻气"的想法。事实上，他俩都不知道，那些"傻气"的想法其实是源自母亲与她的母亲不彻底的分离。如同所有的情人一样，父亲认为爱情的力量能超越本性，抹去过往。当我们身处热恋之中，我们觉得只要给予爱人恰当的感觉、恰当的环境和足量的金钱，对方的不安、不快、恐惧和不被爱的感觉就会统统消失。我猜父亲对妻子的预期是让她成为一个传统的南方妇人，与其他妇人一样安于现状，到时他就可以从她强大的情感需求中解脱出来。真实的情感、"傻气"的情感、与母子共生同质的对亲密的需求——这些都是让他不习惯也不舒服的东西，在他期待的婚姻生活中并没有它们的位置。但是母亲不一样，她的情感没有被自己的母亲接纳过，因此她将满腔热烈的感情都倾泻到了婚姻当中。

被误导的情人们总是认为自己天赋异禀，有能力改变爱人的性格，湮没对方的过往。这样的想法向来都是错误的，父亲自然也不例外，他的性格和过往从来都是赢家的姿态，在爱情带来的短暂喜悦过后，童年时期经历过的不安全感、怀疑感、匮乏感还是会回到身上。水往低处流——在爱情最初的甜美和新鲜逐渐消失之后，一个人的性格也会像水流一样回到低点。我们每个人都擅长退化，回到最黏人、最幼稚、最不讨人喜欢的那个"自我"。那个依赖他人的自我渴求着亲密，就像身体渴求着空气和水分。父亲试图消除母亲"傻气"的感情的努力从来没有成功过，因为它们早已根深蒂固，最根本的原因是，它们的存在本来就与他无关。

06. 成长的退化

读完母亲的日记后，我意识到，她其实还有一本日记——一本遗失了的日记。我把手头这本日记翻了个遍，也没找到我13岁那年在母亲日记本上看到的那个问题——关于她是否是女同性恋的问题。这是你很确定的那一类记忆，但是就和其他那些发生过、但是你的记忆又不那么清晰的事情一样——你可能是在某张再也找不到的相片上见到过，或者是很多次听妈妈提起过，以至于它已经深深地铭刻在了记忆里——你没有切实的证据去证明它们发生过。然而你就是记得它，哪怕毫无逻辑。

我确定，多年前我在日记里看到过这个问题，如果它没在这本日记里，那就一定是在另一本日记里，一本后来的日记里，一本母亲成长为一个更深刻、更有内省能力的人之后写的日记里。这本日记应该写于母亲和她的心理分析治疗前后。

接受分析的正式解释

也许母亲想要为她的性取向找到一个答案，所以在她写下第一本日记的11年之后，她接受了心理分析治疗。她接受心理分析的原因还有可能与姐姐的驯马场事件有关，这也是我在某次问起时，她母亲给出的正式的解释。

姐姐和我都喜欢马。我们对父亲软磨硬泡，要他给我们买一匹马，直到他妥协为止。我们把饼干（我们给马起的名字）养在后院的谷仓里。从七年级开始一直到高中毕业，我们姐妹俩每天放学后的时光都在骑马。但是姐姐是最先对马产生兴趣的那个人，也是她首先提出要参加骑马课。那时候她11岁，已经参加过多次夏令营，同时还是一个经验丰富的骑手。当时的我7岁，还没参加过夏令营，对骑马还不感兴趣。母亲向来尽职，对子女的生活总是高度参与，她担任过姐姐参加的幼年童子军团队的女训导员，还分别担任了我们姐妹俩各自的女童子军团队的团长，她也当过所有子女和新奥尔良很多孩子的游泳老师，对我们的需求她总是会毫不犹豫地回应。但是母亲当一个好妈妈的雄心壮志有时候会越过她的舒适圈，超出她的实际能力。

母亲和姐姐当时就坐在车里，这是她们第一次来到驯马场。她们就这么坐着，等待着。终于，姐姐开口问，她们是不是要进去了。母亲告诉姐姐，她应该独自进去，姐姐说她不敢独自进去。在面对母亲必须尽到职责的这一刻，母亲意识到她和11岁的女儿同样害怕——害怕和陌生人打交道，害怕自己应付不来那些变幻莫测的课程。简而言之，对家庭之外的生活，她缺乏信心。她清楚，作为一个妈妈不应该如此。这就是母亲自述她接受心理分析的原因，因为她想要成为比外祖母更好的母亲。在经过这件事之后，母亲开始了她的个人精神分析之旅——对自己的焦虑和自卑追根溯源，就像每一位接受心理分析的人那样。最终，源头又回溯到了她的母亲那里。

接受精神分析的过程是痛苦的。这不像看医生，做个一次性的检查就行了——跟调整一下情绪差不多。在医生发现问题之前，你可能对自己的身体毫无觉察。但是心理不同，一旦它出了问题，你自己会发现，因为你能感受到，更糟糕的情况是你知道自己有问题，但就是无法感受到。确实，你有可能走了很长一段路，却丝毫没意识到自己在沉睡，但是这样下去早晚会出事。在某些重要的时刻，我们会猛然醒悟，惊觉原来自己麻木而不自知。

这样的时刻有很多，也许是在丈夫为了一个更年轻的女人而抛下你的时候；也许是在母亲去世后陷入抑郁的时候；也许是在一切皆大欢喜，但我们就是无法摆脱内心尖锐的不满的时候，因为生活的真相确实并非表面看上去的那样顺利。

看精神分析师也和看医生完全不同，医生会对症下药，消除疾病（比如说糖尿病、高胆固醇）带来的症状。对某些具体的心理疾病，这样的方式依然值得一试。很多人也确实是这样做的。他们从心理医生那里得到药物，用来治疗抑郁或者焦虑，或者是过度的性幻想，又或者是无法感受到伴侣的爱。如果这种方式总是有效，甚至哪怕是经常有效的，那精神分析师和心理治疗师就要失业了。精神分析是一项耗时费力且见效慢的工作，它不像创可贴那样一贴见效，很多时候也并不有趣，如果不是必需，没有人会选择它。

母亲"傻气"的感受非但没有消失，相反还越来越频繁地困扰着她。当她在婚姻生活中安定下来，与父亲的关系变得平淡无味，她那些"傻气"的感情又找到了父亲之外新的接收者——她的女性朋友们。我不知道父亲是突如其来的顿悟还是后知后觉的觉醒，反正在某个时候，他开始意识到，自己娶了一个有着复杂又矛盾的情感需求的女人，而且她的这些情感需求大多与他无关。父亲是一个简单而直接的乡下人，他没有试图去理解这样的情感，相反，他选择了退缩。

父亲越是退缩，他温和的蓝眼睛看向母亲时的眼神就显得越发茫然，而母亲也越发地沉迷于她最初的热情和迷恋中，越发渴望那些来自女性的关爱。我相信，正是这种渴望引导她走向了她的心理分析师。她只可能选择一位女性担任这个角色：一位她花钱雇佣的，为她提供她从未得到过的母亲般的关怀和注意的女性，也可以说是她的"新妈妈"。

我相信，最初吸引我母亲的并非精神分析本身，而是这种其他女性对她的兴趣让她产生的被爱的感觉——这是有生以来第一次有女人对她展现出了充分的兴趣，能容纳下母亲强烈被爱的需求。我想，对母亲而言，或者说对大部分接受精神分析的人而言，这个过程就像是神灵显圣一般。病人躺在沙发上，精神分析师不会出现在他的视线中。精神分析师的声音仿佛是从某个看不到的地方发出的，飘荡在病人的上方，像毯子一样包裹住病人。与这种感觉更加接近的是婴孩时期我们对母亲的印象：若隐若现，模糊不清，但又无处不在。

从精神分析师那里，母亲终于得到了被爱的感觉：她可以向精神分析师坦白内心所有的秘密，毫无疑问，其中也包括她觉得自己不配被爱的想法（对感受不到母爱的人来说，这点几乎是不可避免的）；精神分析师了解了她心灵最深处的自卑，母亲也从自己的分析师那里感觉到了爱。在找到了被爱的感觉后，母亲觉得自己更加完整，更加值得爱了。她的精神分析疗程解放了她，让她能够直面自己的欲望——她对来自女性的爱的期待，期待某个女性能代替她真正的母亲来关爱她，减轻她无法感受到母爱的痛苦。在确认了这一点之后，她有了信心去追求对自己欲望的满足——即使那些欲望曾经让她感到恐惧。

濒临疯狂

我相信母亲在开始精神分析疗程时，其实并不知道自己会发现什么。各种念头和感觉浮出水面。它们之前一直在内心某个隐秘之处轰鸣，发出的哀怨是如此低沉，以至于她迄今为止都没有注意到它们的存在。

我有一种感觉，在母亲嫁给父亲之后的某段时间里，她感觉自己濒临疯狂，或者说已经疯了，她没有办法再去忽略她的那些不快乐的感受。我想这是驱使她去反思自己是否有同性情结的原因。在20世纪50年代早期，新奥尔良的社会风气依然保守，一个女人对另一个女人怀有强烈的情感，会被认为是一件疯狂的事情。这时候她意识到，她和自己那些朋友不一样，在那些人和母亲自己的眼里，他们代表着"正常人"。直到经过心理分析，母亲才认识到她对其他女性的渴望与她的人生经历有关，并没有什么不正常，而且这里面也并没有任何性的色彩。它们实际反映的是一种来自婴幼期的情感需求——想要重新回到与自己母亲共生的状态，想要拥有比实际得到的更好的母爱。

母亲告诉我，精神分析救了她的命。我对这种说法毫不怀疑。精神分析的目的本来就是救命——人的情感生命。我认为在母亲接受精神分析之前，她的生命都是处于半枯萎状态，过多的情感被压制住了。

母亲觉得，她母亲希望她能够不要那么敏感，不要总是充满怀疑和不安地要求身边人的关注。母亲用憎恨回应了从外祖母那里接收到的"我希望你和现在不一样"的讯息。直到去世的那天，她们母女之间一直没有停止过对彼此的冷淡和愤怒。母亲在她的日记里对外祖母只字未提，仿佛要试图忘记自己有一个母亲。她想要埋葬对外祖母所有的情感和愤恨，因为她觉得外祖母想要"杀"了她。但是后来，她遇到了父亲，有了我们这几个孩子，又接受了心理分析，她发现自己无法逃避自己的情感。那些被掩藏已久的情感一再浮上心头，让她不知该如何应对。

如果你内心充满了自己都无法理解的情感——愤怒、失望、不安、恐惧——这些看上去与你目前的生活状态毫无联系的情感；如果你认为自己疯了，又或者，如果你能认识到所有的情感都来自你过往的经历，那么唯一让人疑惑的就只剩下一个问题了：这些情感是以何种原因、何种方式进入到你的内心世界？如果你能认识到，针对这个问题可以找出逻辑清晰、令人信服的解释，那么我要说的是，你从精神分析师那里学到了认识自己的重要一课，这一课物有所值。你大概率也会像我母亲那样，觉得这个认识到自己不是疯子的过程，拯救了自己的生命。

退化之旅

我把探索内心世界的自我这个过程——这属于心理分析和心理治疗的领域——看作是某种形式的退化。想要从过去的经历中解脱，你就要先退化到过去的状态，退回到过去，毫无戒备地打开心防。你必须回到心灵的某一处，你的苦痛就是从那里开始的，你得允许自己对过往进行再次体验。这是唯一的办法。只有通过这种方式，你才能发现你本来的样子、你曾经的样子、你本该呈现出的样子，以及你在成长中不受外力影响，沿着正常的轨道自然生长而成的样子。

接受精神分析是带着特定目的刻意退化的过程。能够从中受益的是在原本正常的成长过程中出现了问题的人群。心理分析师的工作就是要让病人回到过去的某个时间节点，那时候病人的情感尚未被屏蔽，防御尚未建立，种种感受尚未转化为潜意识，强烈的愤怒尚未被胸中的憋闷所替代，无法遏制的伤痛也尚未钝化成麻木的感觉。这一时期，他们的各种情感还是原始状态，未经过滤，充满了矛盾和不理性。所有这一切都是孩童的天然状态，但后来就变成了成人的潜意识。

以恰当的方式开展心理分析，你的退化之旅会完成得非常巧妙。整个过程仿佛是在导游带领之下游览你的内心世界，而与之不同的是，有些人之所以一直处于退化状态，是因为他们根本无力成长。前者的目的是成熟，它的过程是有序的，最终会让人得到释放；而后者则是无序的，会束缚人的成长。心理分析必须以慎之又慎的方式进行，心理分析师的职责是要确保这个微妙的甚至是危险的退化过程带来的是治愈，而非伤害。

然而，心理分析本身毫无疑问是一件损益参半的事。谁会想要去感受痛苦呢？如果你能把痛苦隐藏起来不看不听，何乐而不为呢？但是对寻求心理分析的病人来说，隐藏痛苦这个法子并不管用。比如说我的母亲，在她有了自己的孩子之后，她就再也没办法藏好自己的痛苦了。对她来说，接受心理分析其实已经不是一种选择，而是因为她感觉到自己的生命（情感生命）有赖于此。

母亲通过心理分析了解到，是她与她母亲之间贫瘠的感情造成了她的濒临疯狂。类似的情况并未发生在姨母与外祖母或者舅舅与外祖母之间，它唯独存在于母亲和外祖母之间。这是她们两个人的问题，两种性格的冲突造成了对母亲心灵的伤害，她总是感觉不踏实，因为这世上，似乎没有人能提供给自己如母亲般的仁爱和支持，而她又离不开这种感觉。

任何人都能成为母亲的替身

一旦缺少让内心踏实的感觉，一个人的时间就开始变得扭曲。我们的精神或者情绪常常让我们混淆时间，因为我们的心灵对时间有不同的感受。我们在生活中习惯于用过去、现在、未来这些概念来区分时间。但是当代的心灵导师们认为，这种对时间的划分方式是虚幻的，时间其实是由潜意识来界定的。在潜意识的世界里，没有过去和未来，只有现在。当我们追随着自己的欲望，一路飞奔向宿命，我们会不断地回到过去。过去总是会不断地在当前的时空里出其不意地发挥着威力，神不知鬼不觉地影响着我们。

弗洛伊德在和病人交流的过程中发现了这个现象。他发现这些病人经常会混淆时间，把过去当成现在。比如说，当我们坠入爱河，我们以为我们爱上的是眼前这个人，但是在我们的内心世界里，他不是现实中的那个他，而是被我们当作了自己过去的母亲。任何人都能成为母亲的替身。任何当前世界里的人都能够占据过去的母亲在我们内心世界的那个位置，而我们自己则对这种误会一无所知。

母亲通过心理分析找到了对自己性取向的答案，她其实是在寻找另一位母亲，一位更好的母亲，一位会允许她自由放飞情感的母亲。但是，在找到这个答案之前，她需要先回到过去，直面那些长久以来未曾被自己意识到的情感，那些与她母亲紧密相关的痛苦，以及被自己的母亲拒之门外的感觉。她需要退回到过往的疼痛中，才能真正得到成长。

汤米（汉克）只不过是一个先驱者——第一位扮演新的、更好的母亲的替身角色。而最后一位替身就是母亲自己的心理分析师。在接受分析的过程中，母亲能够卸下心防，以一个女人的身份（一个寻找其他女人的陪伴和爱的女人）去体会自己的感受。在寻找她可以依附的强大女性的过程中，她放任自己被这种对同性的情结所定义。这样的情感与她对男人（她的父亲和丈夫）和子女的情感截然不同。

通过阅读她的日记，我才理解了她与外祖母的关系是如何塑造着她人生的剩余部分的。比如说，在她的第一本日记中，她所表现出的那种对自己母亲惊人的冷漠，恰好是解答她那些"傻气"情感的关键。她一开始把这些"傻气"的情感寄托在了父亲身上，而后来的人生中，她又把它们寄托到了她的那群女人们身上。她对婚姻的浪漫化想象、她对其他能给予她幸福感的关系的永无止境的寻觅、她试图用爱抓住别的女人的心的努力，所有这些都与她的母亲密切相关。这些需要从百忙之中挤出时间来应付她的职业妇女，包括那位她需要和其他病人共享的心理分析师，都不过是她母亲的复制品而已。

正是因为母亲感觉到了这种百忙之中的敷衍，以及来自外祖母的压制，她才尽力去确保同样的感觉不会被传承到我身上。她在心理分析中得到了释放，让她有能力去看清自己的需要以及想要成为什么样的母亲，她也确实做到了。在我这里，她成了她曾经需要和想要成为的那类母亲，而我也替代她长成了她本可以成为的样子（如果她拥有一位像她自己那样的母亲的话）。而她在接受心理分析后，也继续向着自己想要成为的方向努力。我感觉，我代替她成为她真实自我的化身。

正因为如此，我们之间发展出了比寻常母女更加紧密的关系。我是她最喜爱、最珍视的心头肉，甚于她的其他孩子，甚于她的丈夫，也甚于她的那些女性朋友。我是她最后一个孩子。在生我之前，她已经成了一个比之前更加得心应手的母亲，全身洋溢着源于天性的充沛的爱。而这一切创造出的，正是一个比之前两个子女都更加爱她的、与她联结更紧密的孩子。母亲与我相处的时光比与我父亲相处的时光更为轻松，因为此时的父亲对她那些情感的态度仍然是"别犯傻"，但是语气已经从最初的消极和放任，转化成了苛刻和不耐烦。

此外，我也比她那些频繁来去的女性朋友更加稳定。那些我成长过程中见过的汤米（汉克）们要么无法消受母亲黏糊糊的感情，要么就是母亲受够了她们的忽视，转而寻找下一个更容易征服的对象。

至于我，我没有这些摇摆不定的矛盾冲突，我们仿佛共享着同一个灵魂。母亲一直在寻觅的就是这种感觉——这种与另一个人密不可分的共生的感觉。这种难以企及的同一性对母亲人生的重要性，绝不亚于任何其他东西。它定义了她的痛苦：尽管她很努力，却一直没能和任何一个男人或者女人建立起这种同一性。最开始是她的母亲拒绝了这种同一性的建立，导致她后来的人生中在这个问题上一再挫败，只有我是唯一的例外。像她的心理分析师那样，我成了"外祖母的替身"，她从我这里感受到了从她母亲那里未曾得到的爱。我相信她能感觉到她的生命依赖于我，以及我们之间的紧密联结，正如她一度依赖于心理分析师那样。通过心理分析，她释放出了更为充沛的爱，而我则满怀期待和欣赏地对她的爱意照单全收，在这个过程中，她潜意识里蕴藏的与外祖母之间双向的恨意被逐渐释放了。

作为我的母亲，她全力确保我不会遭受这种渴求同一性的痛苦。她所感受的与母亲疏离的痛苦，转化为我与她之间紧密相连的喜悦。我得到了一位超级棒、超级关注孩子内心的母亲，她让我觉得，自己的诞生和存在对她来说是最幸福的事。

与人共享母亲可能会带来痛苦，但即使是这种痛苦，到我这里也被稀释了。母亲从医院抱回一个新生儿的时刻，对其他任何孩子来说都是一种屈辱，仿佛她在告诉你："我希望有另外一个孩子来充实我的生活，就像你曾经那样。"大部分孩子能感受到这种痛苦，他们会用一种挑衅或者竞争的态度来对待那个新生的孩子。我们把这种情况称之为"手足之争"。

我是家里最小的孩子，这意味着我无须经历弟弟、妹妹诞生带来的痛苦。在我的成长过程中，我并未真正意识到我的哥哥和姐姐也是母亲的孩子，我的妈妈同时也是他们的妈妈这一事实。我在很多年里都有一种怪异的，当然也是大错特错的感觉——我是母亲唯一的真正的孩子。我心里也清楚哥哥和姐姐的存在，他们和父亲一样，都是家庭的一员。但是我总觉得，他们更像母亲和我的附属——而我才是母亲的一部分，和她相互融合。我没有想过，也许在我之前，母亲和哥哥姐姐也一起做过现在和我做的事情。我就是笃定母亲和我心心相印，享有独一无二的亲子关系。如果我把哥哥姐姐看作是附属的话，我和母亲则更接近于彼此的附属，我们倾情共舞，密不可分。

羞耻依旧

我不知道母亲把那本"丢失"的日记藏到了哪里，有可能扔掉了，因为她依旧为自己的同性情结感到羞耻。尽管心理分析已经为这种情结提供了一个理性的解释，但她的情绪和理性也许终究没能完全达成和解。

如果真是如此，那么她对我与诸多男性之间丰富的情感关系的不屑就很好理解了——她用"哦，简"来表达对我轻易坠入爱河行为的不以为然。当我如蜻蜓点水般流连于不同的男性之间，她看到的其实是自己。她难以接受我的感情模式，正如当初难以接受自己的感情模式一样。

我有一样和母亲的日记本差不多的东西——幻梦笔记本。从青少年时期起，我就会把自己的幻梦记录下来。跟日记一样，我的幻梦笔记本记录的是个人的一些片段和趣事，只不过它们都来自我内心的幽暗之处。只有在夜深人静，当周围的整个世界（我的家人、宠物、外面的街道）都陷入沉睡以后，它们才会出现。我会在半梦半醒时分记录下这些幻梦。这时候的我依然身处于潜意识的暮色之中，直到整个世界都进入大天白日，耀眼的日光才把潜意识再次驱逐到角落。我的这些幻梦带着我游历了令人苦恼的病态世界，来到了令人震惊的创造之国；我从汹涌的忧郁中走出来，感受到了如同揪元风日般的丰富想象力。从整体来看，它们和母亲的日记一样，记载了我独一无二的心路历程。

我计划在死之前毁掉这些笔记本，我不希望有任何人看到我在梦中的样子，这是我对内心世界的自我寻觅。即使是心理分析师也只能等待病人主动邀请他们进入内心的密室。一般来说，我们会问我们的病人他们是否希望我们了解他们的内心，如果病人坚持关闭心门，我们会尊重他们的选择。我认为母亲日记本的遗失并非出于她丢三落四的生活习惯。和那些总是搞丢在"小马"宝座下的伞不一样，我相信那本日记是被刻意地隐藏到了某个任何人都找不到的地方。

第 二 部 分

我 的 女 儿

07. 成为母亲的焦虑幻象

　　就像死亡曾经占据了我几年前的生活主题一样，母亲去世十年后的现在，我终于生活在丰盈而完满的生活中了。此刻，我正和格雷格——我的同居男友，一起站在机场门口翘首以盼，等待接机。

　　我们提早过来了，早到了有些荒唐的地步——离飞机的预计到达时间还差得老远。大把的等待时间让我的思绪开始飘远，飘到了想象所能到达的极致。我脑子里出现了滑稽的画面：飞机会在去往新奥尔良的路途中出现引擎故障，一路上引擎就这么噼噼啪啪地响着，直到它不得不原路返航，永远也不再来到我所在的地方。

满怀绝望与焦虑地接过我的女儿

　　登机口的工作人员告诉我们飞机晚点了，飞机就在我们头顶上空盘旋，等候着陆的命令。我凝视着上方，看到的只有航站楼的拱形天花板。我希望自己拥有魔力，能够看穿墙壁和天花板，让自己的视线附着在飞机上，用意念将它设定为自己想要又不敢期冀的那种状态。

从放任自己幻想飞机永远不可能到达开始，我的思绪就开始信马由缰，此时此刻的我陷入了不折不扣的妄想焦虑状态。我又想，也许飞机并没有返航，而是沿着既定的航线加速飞行，越过了目的地，一路呼啸着从新奥尔良上空掠过，继而飞过广袤的纽约州，在纽约州上方留下一串尾迹之后进入加拿大境内，甚至继续飞远，直到抵达某片偏远的、不为人知的土地，比如北极苔原。又或者，这架飞机压根就永远不会着陆，既不会回到路易斯安那，也不会去加拿大或者北极苔原，它会一直飞到世界的边缘，进入与另一个神秘世界的交界处，被吸入某个类似百慕大三角之类的未知之地，而那个至今还没来到我怀抱里的女儿也会随之永远消失。

尽管我不敢相信，但飞机还是着陆了。乘客们排着队一个个下了飞机，紧接着，空乘们也下机了，副机长跟在后面，机长似乎是最后一个出来的。当他走过通道时，我赶忙迎上去问他："飞机上还有人吗？"他说感觉没有，我问得更仔细了一点："也许还有一位抱着婴儿的乘客？""婴儿？"他用拿不准的语气重复着这个词，仿佛它是一个拗口的外语词汇。此时的我离沮丧只有一步之遥，感觉自己永远都不会有成为母亲的那一天了，所有的一切都不过是自己的一场拙劣的幻想而已。

就在此时，在我即将堕入无法挽回的绝望的最后一刻，一位乘客独自抱着婴儿慢吞吞地走出飞机，向这边走来，她径直走向我，凝视着我的眼睛，然后一言不发地伸出双臂把怀里的婴儿递给我。可是我的双臂却麻木地垂在身侧一动不动，整个身体都僵住了，无法动弹。与此同时，我的思绪又开始信马由缰地四处乱飞，大脑里充斥着杂乱无章的想法："我不是这个婴儿的母亲……我压根就不认识她……这个抱着她的女人比我更像她的母亲，她比我更够格……我不知道该怎么应付小宝宝，甚至不确定以前有没有抱过小宝宝……"然后，我逼着自己做了应该做的事情，在场的每一个人（空乘、机长，甚至清洁工都已经开始注视我了）都期待我做的事情——伸出双臂接过孩子。如果有人问我当时心里是什么感受，我会回答："没有感受，什么都没有。"那时的我就像一个空空的容器——没有连贯的思维和情绪，只有满腔的词不达意。奇怪的是，我的眼泪不受控制地顺着脸颊流了下来，流到了怀中小小的身体上面，氤氲开来。那就是我的新宝宝，我的女儿。

生而存在，生而不同

经过多年断断续续地备孕、不孕不育的治疗，亲自看过了从罗马尼亚到俄罗斯、厄瓜多尔到柬埔寨的众多婴儿，最终，我无可救药地被一张准妈妈的照片吸引住了。从第一眼看到她的脸开始，我就知道她是我正在寻觅的那个人，那个会给我带来企盼已久的孩子的人。映入眼帘的是一张看上去无比熟悉的面孔，她有着接近成年人的鼻子，和记忆中那个人的鼻子一样细长，同款黑发，同样精巧的下巴向前弯曲着，仿佛在向整个世界挑战。她就是我母亲的当代版本。照片中的她大约18岁，我不认识18岁时的母亲，只在旧相册里的一些照片上看见过她当时的形象。这个年轻女人仿佛就是我母亲的化身，而她正孕育着我的孩子。

女儿出生后一周，由负责照顾她的养母把她带到我身边，而这段时间里我们还在忙着完善领养手续。女儿和养母生活在一起的这一周里，我们坐立不安，这时候，我的姨妈给我打了电话。电话那头，我的姨妈，也就是我母亲的姐姐，恳求我们给即将到来的女儿起一个与母亲相同的名字。她说她正在汇编家谱，发现母亲的名字已经在家族的女孩子里延续了很多代，具体做法是每隔一代就会有一个女孩传承这个历史悠久的名字。母亲的名字取自她的外祖母，而她外祖母的名字又来自她自己的外祖母，这个名字就这样一脉相承地传了下来。40多年前，在给姐姐和我取名时，母亲遵守了这个神圣的传统，在我们这一代避开了这个名字。然而，姐姐在给她的两个女儿起名时打破了传统，给她们起了与家族完全无关的名字。因此，沿袭奥伯多弗－莱维的家族传统，传承这个带有浓厚的法国阿尔萨斯韵味的名字的责任就落到了我的肩上。我有义务给下一代的最后一个女孩起这个名字，当然，我也可以选择拒绝。

女儿的名字有可能就像一段光彩夺目的爱情，陡然降临到我的头上；也可能会像飞机在天空留下的痕迹，醒目地浮现在云朵之间；又或者当我们漫步于沙滩时，一个神秘的名字会奇迹般地出现在我们眼前的沙滩上。但是这些奇迹统统没有发生，因此格雷格和我只能孜孜不倦地寻找真正属于我们女儿的名字。我们买了一本起名书；我们询问朋友们的意见；我们翻看姨妈送给我们的家谱。我们对这个任务的态度极为慎重，因为我们给女儿起的名字会定义她、区分她，成为她整个一生里为人所察、为人所知的标志，对人对己均是如此。名字也会让她永生。她的肉体会消亡，甚至关于她的记忆也将不复存在，当那些认识她、爱着她的人们都死去之后，一切有关她的记忆也会被带入地下。然而，她的名字将永远活着：在城市的档案里，在她的墓碑上，在老照片的背面（几年前，甚至几十年前，我———位爱意满满的母亲——用笔重重地铭记下了她的名字）。名字表明了她的身份，在一百年甚至有可能一千年之后，有兴趣的人依然可以找到她的名字。鉴于名字的重要性，我想给她起一个光彩夺目、魅力过人的名字，要有趣，还要有深度。我理想中的名字要在内秀中自然地传递出一种让人眼前一亮的感觉，她今后的人生将从这里起飞，直至永恒。

灵魂的赐予

在人类的文字出现之前，命名这一举动被视为对命名对象灵魂的赐予。在一些前现代文化中，"起名"和"存在"用的是同一个动词。起名带来存在，但是起名不仅仅是一种创造行为，它同时也有分离的作用。起名带来差异和区分，它宣告着这个新生儿不再完全是母亲的附属品。

不同的文化会通过不同的程序和仪式来为新生儿命名，如果这个文化中带有强烈的家族意识，那么新生儿的名字往往会来自他们的图腾或者双亲的家谱。在一些文化中，新生儿的名字会取自母亲怀孕时或孩子刚刚诞生期间发生的事情。而在另外的一些文化中，名字会经由魔法或咒语成为一种神圣的存在。

我最喜欢从非洲迁徙到印度东北部的卡西族人为新生儿命名的方式。他们在迁徙之后仍然保留了过去为新生儿命名的传统，在为后代起名时，他们会将米饭倒入小碟子里，然后在一个葫芦里装满米酒。在祈祷仪式之后，一边把米酒倒入米饭中，一边吟诵不同的名字，与在瓶口逗留时间最长的那滴米酒同时被吟诵出的名字，将成为孩子的名字。

最终，格雷格和我采用了与卡西族人差不多的起名方式。我们考量了很久，选择了一个思考最久的名字，在我们看来，这个名字拥有最长的持久力——即"在瓶口逗留时间最长的名字"。事实上，在来到我们身边的第三天，我们的女儿，我母亲的同名者，得到了她的名字，昭示着她全新的身份以及她与众不同的存在。有了名字的女儿和周围的世界形成了一种象征性的契约关系。从此以后，她将被看作她那一代人及其历史文化的一部分，她的行为有了清晰的承担者。在法律上，她等同于她的名字，由此，她成为一个拥有明确的、独一无二的定义的人。

在寻觅到女儿命中注定的名字之后，我迫不及待地开始等待着女儿进入相同的过程。在不远的将来，她会开始努力地将声音和意义联系起来，这个过程很艰辛，同时也充满了惊喜。作为具有驾驭语言能力的人类的一员，她也会寻觅到她心目中属于我的名字。我感觉她会叫我Mommy，或者Mom。但是她为我起什么名字终将取决于她，一旦确定下来，我将会被带入她的世界，并且作为她的母亲与这世界里的其他事物区别开来。她第一次开口叫我的那天一旦来临，我会知道她在走出我们美好的共生状态的道路上前进了一步。这是一条持续往前、不可能回头的道路，在这条路上，她会日渐成长为一个独一无二的、了不起的个体，以莫莉·玛尔维娜·戈德伯格的身份为人所知。

08. 从未中断的连续体

我出生的时候，外祖父的母亲刚去世不久。外公坚信，他母亲走得太早，为了能继续留在他身边，她的灵魂会转世投胎来到了我的体内。外公还活着的时候，他总是能找到各种证据来证明我和他母亲有多么相似：我的长相、我弯曲的小脚趾、我的言谈举止，甚至我身上痣的分布，无一不体现了这种相似。

就像当初外祖父从我身上看到了他母亲的影子一样，现在的我从女儿身上也看到了我母亲象征性的重生，女儿从她的外祖母那里延续的不仅仅是个名字。当格雷格和我带着孩子组成了新的三口之家，我发现，每当我想到女儿时，我想到的不只是"我的"女儿，还有母亲的外孙女。我们三代女性，为人母，为人女，构成了一个从未中断的连续体。在我和女儿相处的最初几天里，我醒来凝视着女儿，总感觉她好像一夜之间又长大了一些。而我还是和初见时一样，忍不住会想自己并不是她的妈妈，至少不是"真的"妈妈，我只是暂时把她借过来，在我身边待上一阵。在某个电光石火的瞬间，我看向她的床，感觉床上躺着的是一个我不认识的小仙女，然后，我的意识犹如海上薄雾般笼罩了我：我和她注定是在一起的，我们不可分离，直到永恒。我们有如一体共生，如同曾经的母亲和我。

幽灵导师

对母亲的回忆填补了母亲离世后留下的空虚，它们把母亲和我重新联结到了一起。尽管清晰的记忆有时会提醒我悲伤的现实，但我仍然会感觉母亲就活在我的身体里。也许，我们生命中相互交织的那些岁月，依然深埋在我内心深处、意识之下。相比起来，那些清晰的记忆反而不那么重要了。我清楚她对我的影响有多么巨大。我知道自己的力量所在——我的精力、热情，以及对生活的知足——所有一切都源于早年从母亲那里获得的满足感。我们的母女关系并没有退出我后半生的生活，它影响了我的方方面面，无论这种影响是强是弱，是好是坏：我成为精神分析师的决定；我与异性之间的关系，以及由此产生的焦虑；我对田径和游泳的热情；我对音乐和阅读的热爱；我精神世界的典型特征；当然，还有在我成为人母之后抚育孩子的方式。

现在的我有一点感觉特别重要，那就是让母亲继续活在我心中，像幽灵导师那样引导我去抚育我新生的女儿，一路护送我，直到我成为她那样的好母亲。我时常想到这两个我生命中最重要的女性，是她们为我指明了人生的方向。在抚养莫莉的过程中，我看到了母亲残留在我身上的痕迹。我意识到我成为母亲和女儿之间的联结点，联系起了这两个对我最重要的人。我就是一个支点，是她们之间有生命的联结。

我和女儿不断经历着新的事情，这些经历将转化为我们共同的回忆。与此同时，我依然在努力地延续着与另一个女人的回忆，那个女人生了我、养育我、爱过我，最终通过她的死亡离开了我。我们创造过回忆，我们遗忘过回忆，我们会重新寻获回忆。

婴儿只活在当下

第一次抱住莫莉的那一刻，我进入了一种灵魂出窍的状态——大脑一片空白，眼泪却止不住地顺着脸颊往下流——这种状态是成年人独有的。通过对小宝宝莫莉的观察，以及我们共同生活的第一周里逐日增加的了解，我发现她是无法达到这种身心分离的状态的。

还在生母子宫里时，莫莉就是一个身心一体的存在。在诞生之后，她就像大部分婴儿那样，进入了一个灵魂和身体高度统一的状态。我把这种灵魂与身体的和谐状态称为"婴儿灵魂阶段"。

尽管相信灵魂存在的人普遍认为，灵魂是永恒的，他们在灵魂进入身体的具体时间上依然存在分歧。有人认为是从受孕那一刻开始，基督徒和创世论者普遍拥护这种说法；古代的吠陀经和印度教圣典则记载着灵魂是在受孕120天后进入身体的；犹太教的典籍则认为灵魂和身体的结合应该是发生在诞生的时刻。尽管各种说法不一，我认为至少有一点是正确的：在孩子诞生之前，某种关键的、充沛的能量，或者精神，又或者力量就已经扎根在了这个新生命的体内，让这个生命变得完整，充满无限潜力，正如一粒小小的种子终将成长为枝繁叶茂的大橡树一样。

莫莉作为婴儿的存在将她与她的灵魂（诗人沃尔特·惠特曼笔下的"真我"）紧密联系了起来。和所有婴儿一样，在莫莉人生的开端，周遭的世界徐徐展开，向她展示了一个全新的领域。这里充满了感知、冲动、预感、未经思索的念头，以及各种需要即时满足的需求。在这个阶段，婴儿尚未建立时间先后的概念，因为他们不懂得时序和因果。他们也没有"他者"的概念，因为在他们心目中，自己和母亲是一体的。他们有的只是真实的、原始的体验，很大程度上，这些体验的内在基调构成了婴儿对世界的感官印象。

莫莉是婴儿的一体世界的绝佳实例。对她来说，只有当下是有意义的，她的意识被当下填满，一分钟，下一分钟。一分钟以前的时间属于过去，与当下已然无关。莫莉的感觉飞出了身体，释放到了远离她的空中，像一只蝴蝶般自由地飞翔。她过着纯然属于灵魂的生活，真切地感受着"当下"——不被"以前"和"以后"所干扰。

哭泣家，歌唱家，欢笑家和尖叫家

在每一个婴儿诞生之际，医生和母亲都焦急地盼望着他的第一声啼哭。莫莉发出的第一声啼哭向世界宣告着一个独立生命的到来。出生时的啼哭是第一个肉眼可见的婴儿自主行为。莫莉已经发出了她的第一次声音，通过首次呼吸清除了呼吸道里的黏液（这也是第一声啼哭的生理功能），她将继续探索她声音的表达潜能，而我则充满敬畏地看着、听着。她恣意地练习：甜美、可爱的声音，但同样频繁的还有响亮的、充满沟通欲望的（令听者抓狂的）号哭声。

所有的宝宝都能发出四种截然不同的啼哭声，对应着痛苦、沮丧、饥饿和愤怒四种不同的情绪状态，所有的种类我都从莫莉的声音中听到过，并对它们的强烈和确定感到惊讶不已。莫莉的哭泣与成年人完全不同，成年人的哭泣声仅仅是从咽喉部位喷出，而莫莉哭泣时却调动了全身的力量，从低声部到高声部，展现出了强大的音域。她就像一位天赋惊人的歌剧演员，同时担任了女高音、男高音和低音部。她的啼哭中满溢着她整个的自我，而她的身体则像一个装满了尖叫声的容器，尖叫声从中溢出，萦绕在她的身体、自我抑或是存在的外围。只有她的皮肤将她的自我和外界隔绝开来，否则她内在的自我一定会喷薄而出，充满周围的空间。这就是婴儿的生活方式，也是我们应该向往的生活方式——从我们的内心向外延展到身体的末梢，将自我充盈到全身每一个角落。

　　和大多数天生健康且得到了良好照料的婴儿一样，莫莉在她人生最开始也是最为敏锐的几个月里，过着完全遵循自己灵魂的生活。这种内在的同一性反映出了她的感觉与表达之间完全一致的步调。尽管没有任何词汇储备，表达方式也极其有限，她依然能够将自己的声音和身体协调到完全一致。她不仅仅是一个哭泣家，还是一位歌唱家。莫莉那婴儿特有的哼哼声，竟然还带着音阶的起伏，我管这种哼哼叫作她的"催眠曲"。每天晚上，她都哼着这样的催眠曲让自己入睡，第二天一早又总是在自己响亮而圆润的笑声中醒来，两种声音仿佛是无缝衔接，中间全无间隔。我看着她大笑，然后我也会跟着笑起来，笑声中充满了因她的存在而感受到的欢愉。我俩的笑声就这样在彼此间相互感染。

　　莫莉不仅仅是个哭泣家、歌唱家、欢笑家，她还是一位尖叫家。或者说，她可能更加接近于一位嚎叫大师。从她的尖声嚎叫中，我感受到她与最本质的自我仍然明确地联结在一起，她的自我得到了最充分、最具爆发力的表达。我知道日本人会举办婴儿尖叫大赛，叫声最响亮的婴儿被认为最健康，因为他的声音充满活力（日本谚语云："会哭的宝宝长得快。"）。莫莉的尖叫与哭泣有着本质上的区别，尖叫是出于对拥有声音的欢悦。这样的声音还无法形成词汇，但依然透露出了微妙而独特的意义。

通过不同的声音——哭泣、歌唱、欢笑、尖叫，莫莉表达出了她内在的灵魂。确实，莫莉和我一起发出声音的时候是我们最快乐的时候，这是我们最早的"对话"。是莫莉的尖叫让她坚持表达着专属于她的自我，但是，我们齐声的尖叫又唱出了含义丰富的二重唱。

我们尖叫的唯一目的就是彼此之间的情感投入。这里面没有蕴含任何话题、任何主旨，没有任何过往需要解释，也没有任何将来需要谋划：唯一有的就是心心相印。在这样的状态下，我们时而高叫，时而低吟；我们先是齐声尖叫，继而又接力发声；我们时而模仿对方，时而有问有答；一个人担任主唱，而另一个人则充当和声。我们一起尝试了很多类型的尖叫，并从中获得了极致的愉悦。

从莫莉和我寻找到对方的那一刻起，我们便拥有了持续地营造彼此之间的亲密情感的能力——从她的笑声、哭泣声、尖叫声，以及她的小小催眠曲中。没有什么事情能比抱着她、爱着她、倾听她、看着她更能让我快乐。我知道她需要我，我也想要这样的关注。我的女儿莫莉·玛尔维娜·戈德伯格用她每一次充满活力的呼吸深深地吸入尽可能多的能量，这些能量充盈着她小小的身体。她鼓舞着我，让我精神焕发。

灵魂的交汇

法国精神分析学家雅克·拉康（Jacques Lacan）把母子之间的共生与融合称为"真实的国度"。只有在这里，人类才能达到极致的统一和完整。母亲和孩子在这里没有自我和他者之分，词汇是赘余的。在这个世界里，你的感受是圆满的，没有任何缺失，因为这里没有分离。我认为拉康的看法是正确的，他认为这个身心合一的人生阶段比后面任何阶段都来得更为"真实"，一旦我们拥有了语言能力，它就会无可挽回地离我们远去。

婴儿和母亲在心灵最深层处相遇，他们是对方的一切，这是发自他们灵魂深处的天性。他们一次次地邂逅这绝对的真实，这是彼此灵魂交汇的表现。婴儿们无须做任何事情来创造这样的交汇，他们天性如此，这本来就是他们存在的要义。母亲们也是一样，在她们与新生儿的互动中，她们被新生儿激发，自然而然地联系到和表达出同样深层次的感觉和最本真的自我。弗洛伊德认为，母子之间的这种共生体验"犹如大海"，言下之意是，这样的体验如同大海一般辽阔、深邃和完整。我认为他形容得很对，在我的感觉中，母婴之间的联系是人类可能拥有的最强大的联系。每当我问其他女性对孩子的爱和对丈夫的爱有何不同时，最常得到的答案就是，她们可以不经思索、毫不犹豫地为孩子付出生命，而大部分人则难以为丈夫、父母以及其他心爱的人做出这样毫无保留的牺牲。我相信，是母子之间无所不包的共生让母亲愿意将孩子的生命价值置于自己之上。

我相信，婴儿和母亲的灵魂一定紧密相连着。这种灵魂的交汇就是"共生"的真实内涵，它正是母子情感牢不可破的根源所在。在我和莫莉共处的最初几个月里，我们的灵魂在此相遇，彼此的联结坚不可摧。

在我们最初的共处时光里，我给予了莫莉她所需要的亲密感，因为这对她的未来至关重要，因为从成为她母亲的那一刻开始，我就承担起了照顾她需求的责任。但是我这样做也是因为我自己同样需要它，这与莫莉的需求同样强烈。她从心理上满足了我成为母亲的需求，尽管在她到来之前，我甚至没有意识到这一需求的存在。她让我变得完整（就像几十年前的我让母亲变得完整一样）。有了莫莉，我感到自己的人生圆满了。

我知道，只有通过莫莉和我最初的共生状态，通过我们共享的亲密无间，莫莉才能最终拥有她独立的自我。我俩之间早期的互动为培养她今后与他人交往，和解读他人行为的能力奠定了基础，这种技能将陪伴她终身。作为她的母亲，我的职责就是映射出她的样子（听觉上、视觉上、触觉上）。研究得知，这样的映射就发生在大脑中——根据神经科学家瓦莱利亚·加佐拉和克里斯蒂安·凯瑟斯的研究，大脑中存在"镜像神经元"。母亲和孩子拥有"共享线路"，他们总是在观察和聆听彼此，然后采取相同的行动，表达出相同的情绪，体验着相同的情感。这样的模仿过程存在于脑部的基质中，因此，在大脑的电活动和化学活动层面上，母亲和孩子互为镜像，都在模仿着对方。这种映射行为（既是有意为之，又是无意识的化学活动）协助婴儿在漫长的心理、生理、神经发育过程中获得成长，并最终形成稳定的自我。

我明白，作为莫莉的母亲，我的职责就是为她映射自我，让她清楚自己是谁，想要做什么。我需要为她提供来自母亲的关爱，帮助她亲近自己的灵魂，从我灵魂的映射中找到自我。这种情感的投入能帮助引领她的灵魂不可逆转地与我分离，走向独立的自我。我明白，在现阶段我要做的是同她一起歌唱、欢笑、尖叫、嚎叫。在我俩共度的时光里，莫莉把我的声音当成了歌唱。在喂她食物、给她洗澡、陪她玩游戏的时候，我一直都和她一起笑着、哼着、低唱着。

各自通向永恒的道路

中国古代哲学家张载认为，每一次的诞生都是气的凝聚，每一次的死亡都是气的消散。美索亚美利加的神话中也持有相似的二元理念。他们相信有两个太阳：一个年轻的白日朝阳，它新生的光芒产生了强大的能量；与之形成对抗的是一个古老的黑太阳，它是万物的母系起源。子宫和坟墓都体现在了这两个太阳相互对立的特质中，将诞生和死亡永恒地联系在了一起。

莫莉出生前十年，我陪伴母亲度过了她生命中的最后几个月，我觉得她的"存在"开始从体内瓦解，并分散到了天地之间，成为永恒的纯粹能量。对这种能量而言，时间不复存在。

现在，和莫莉在一起，我能明确地感受到这种能量的存在，它们高度地聚合在婴儿身上。待在莫莉身边，我发现和所有婴儿一样，莫莉眼中的世界只存在于当下这一刻，现在即永恒，当下即全部。她就像大爆炸初期的宇宙，向外散发着高密度的能量。我的母亲和女儿就这样，通过她们各自通向永恒的路，和我联结在了一起。

陪伴莫莉的体验和陪伴临终的母亲颇为相似。不管是生气勃勃的莫莉，还是孱弱的母亲，世界对她们来说都是永存的；每一个珍贵时刻在她们眼里都是即时的，当我和她们在一起的时候，我的感受也是如此。对莫莉而言，未来会衍生出几乎无限的可能性；而对我早已与世长辞的母亲来说，未来已经来过，然后离去了。

09. 母亲与孩子的共生

在我们共同生活最开始的那段时光里，莫莉和我经常长时间地凝视对方的眼睛，通过这种方式，寻找彼此情感的联系，确定自己在彼此情感中的位置。我们的眼睛就是彼此之间情感流通的媒介。英国精神分析学家D. W. 温尼科特描述过这个过程：母亲凝视着臂弯里的小宝宝，而宝宝也凝视着母亲的面孔，"在那里，她会找到自己"。

当我们目光交汇时，我感觉到我们的视线到达了彼此的最深处。我和临终阶段的母亲也有过类似的眼神交流。不管是当年还是现在，我们的眼神中都没有防备，没有隐瞒，有的只是纯粹的交流，看见彼此，看向彼此最深处的自我。母亲离死亡的距离越近，我们之间的眼神交流就越深切。与之相似的是，莫莉离出生的距离尚且不远，她的眼神透着同样的单纯和充满信任的率真。

眼神与共生

当我意识到自己无法自然生育，决定领养孩子之后，我就很坚定地想要领养一个女孩。女孩和男孩不同。我对男孩一无所知——唯一确定的是他们长大后一定会让我心碎。当我告诉领养机构我要一个女孩时，他们告诉我，女孩的话等待的时间会更长，男宝宝则不用等那么久。对此我完全没有犹豫：我决定等。

我的直觉早就告诉了我一个已经被科学证明的事实：女孩比男孩更容易产生情感上的联系。研究表明，男性和女性从出生第一天起，在看东西的方式上就表现出了明显的差异。出生刚一天的女婴会盯着妈妈的面孔，而同样大的男婴则更偏爱他视线范围内的手机。在接下来的三个月里，母女之间对彼此面孔的凝望次数会增长四倍以上，女婴会把母亲的面庞当作镜子。但是在这三个月里，男婴依然更喜欢盯着手机看。这种差异是与生俱来的。从出生第一天起，女婴就寻求并渴望着情感上的交流，终其一生都是如此。

有句话说，眼睛是灵魂的窗户，我认为更确切的说法应该是，眼睛是情感大脑的窗户。大脑会产生一种化学物质叫作催产素——俗称"爱的荷尔蒙"——它对情感的联结起着关键作用，对母亲与新生儿之间依恋关系的初次体验至关重要。所有亲密的情感交流中都会产生催产素。

这种眼神的交流会促进彼此的亲密感。我曾经听过不同的母亲表达这样的感受，不管是生母还是养母，都会从与孩子的对视中感受到彼此之间深切的情感联系。母婴之间的眼神交流是如此直击心灵，正因如此，领养机构才会不让生母看孩子。他们清楚，当孩子直视母亲的双眼时，母亲会意识到彼此之间的情感羁绊，要放手让孩子离开，就会变得更加困难。当初在寻觅莫莉的过程中，我曾经遇到过一个女人，她千里迢迢赶到罗马尼亚，只为寻找"她的"孩子。她是从电视节目《60分钟》里看到这个孩子的。那一期节目讲述的是罗马尼亚孤儿们的艰难困境，当时她就感觉到其中某个孩子向她发出了召唤，于是她踏上了异国的土地，在那里逗留了九个月，期间她走遍全国，从一家孤儿院到另一家孤儿院，只为寻觅那个在电视节目里一眼瞥见的孩子。我问她这个孩子究竟有何独特之处，能激励她去完成这项难度不啻大海捞针的任务。她毫不犹豫地回答："因为他的眼睛。"

对莫莉和我而言，或者说对天下所有的母亲和婴儿而言，这一瞬间的眼神交接其实是有备而来的，早在莫莉出生前的数月里，她就在为这一刻的眼神交流做准备了。怀胎九月这段时间里，当生身母亲的身体在辛苦地为分娩调整着自己时，她腹中的胎儿也在忙碌着，成形、完善、协调自己，为最终的出生做好一切准备。

声音与共生

很久以前，莫莉还没有来到我身边，一个胎儿开始了它的发育，逐渐地构建出了一个后来被我唤作莫莉的小人儿。还在子宫中时，莫莉的听觉系统就已经得到了充分的发育，她能听到大量模糊的声音，这当中应该有她生母心脏跳动发出的持续的砰砰声，消化系统发出的汩汩声，循环系统发出的嗖嗖声，所有的胎儿都能听到母亲体内的这些声响。

但是与生母体内的这些声音相比，她的嗓音对莫莉的意义更为特别。她柔和的声音能缓和莫莉的心跳，她激动的声音能让莫莉手舞足蹈。因为母亲的声音能通过喉咙、脊椎、骨盆一路传导到羊水，莫莉在她的模拟听觉体验中接收到的，除了声音之外，还有触觉上的振动。振动传导到了莫莉的耳膜和皮肤，让她不仅能听到，也能感觉得到。对母亲和胎儿而言，母亲每一次说话都是未来宝宝模拟听觉演习的机会，更是母子俩身心合一的亲密体验。

莫莉的生母还通过声音给予了她首次分离的体验——远在分娩造成的自然分离之前，更在生母送养莫莉造成的人为分离之前。尚在生母子宫中时，莫莉就能感觉到生母的声音起伏不定，时而响亮，时而柔和，时而有声，时而无声。这些声音的变化和消失让仍是胎儿的莫莉感觉难料和随机。伴随着生母的声音在子宫内无数次的起止，胎儿开始体验到令人痛苦和恐惧的分离。

对婴儿而言，母亲的眼睛能为他们提供视觉上的镜像功能，从中"能看到他们自己"。与之相似的，母亲的声音对他们起到了听觉上的镜像作用，婴儿们从母亲的声音中第一次听到了自己。初临人世的新生儿就已经表现出了对人声的偏好。他们能从诸多女性的声音中辨别出母亲的声音，并表现出对它的喜爱——哪怕他们在离开母亲子宫后大部分时间都待在医院的育婴室，与母亲的声音少有接触。四天大的婴儿已经能分辨出不同的语种：法国宝宝在听到法语的时候吃奶会更有劲头；而俄国宝宝则对俄语的反应比法语来得更为强烈。母亲的声音是联结婴儿出生前和出生后的生活的纽带。

英国作家安妮·卡普夫将母亲的声音称为"声波形式的羊水"，这种说法不无道理。与之不同的是母亲的视觉形象，婴儿可以直接看到他的母亲，也可以有意或无意地将母亲的形象阻隔在视线之外，可是母亲的声音就像从音响设备中传出的环绕立体声，360度无死角地包裹着婴儿。正是由于这个原因，在莫莉来到我身边很久之前，甚至在她来到人世间很久之前，她就已经通过生母的声音所提供的听觉镜像形成了早期的自我意识。

婴儿初临人世时发出的第一声啼哭，让他们首次听到了自己的声音。婴儿的哭泣大部分是对自己焦灼情绪的释放，传递出的是自己的不适。新生儿尚未意识到，啼哭是他们最得心应手的工具，也是最好用的交流设备（有时候还可以当作武器）。但是，六至八周之后，他们已经懂得如何去探索，如何利用啼哭来作为互动工具。这是我在出生不久的莫莉身上观察到的，也是所有妈妈从宝宝们身上观察到的：在两个月大的时候，莫莉会在哭泣一通之后安静下来，似乎是在等待回应。此时的她看上去高度警觉，期盼着我的声音和我的出现。我在另一间房间里呼喊着她，告诉她我马上就过来，我发出的声响——也就是我的声音迅速来到了她身边，仿佛飘荡在她周围的空气中——让她再次确定了我的存在，知道我马上就会出现在她身边。对莫莉来说，这种"听得见但看不见"的交流方式大概是我们所有交流方式中最为奇妙的（这也许就是小孩子喜欢玩捉迷藏的原因，因为它唤起了孩子们对母亲时而出现时而消失这一体验的早期记忆）。

尽管莫莉尚不具备对语言的理解能力，我的声音依然能让她感到安心，能帮助她建立强大的情感联系，培养她的同理心以及其他社交技能。在我离开她一阵又再次出现在她眼前的时候，我的声音总是能帮她缓解由分离引发的焦虑。

在我养的狮子狗奥斯卡身上，我发现了同样的现象。每一次分离之后，我的声音总是能迅速地安抚它。通过对动物的研究，我们发现与母亲的分离带来的不仅有心理上的影响，还有大脑上的影响。在一项研究中，人们发现与母亲分离的啮齿类动物出现了大脑边缘系统的改变。尽管如此，母亲的声音对大脑的变化起着修复的功能，对动物和人类宝宝皆是如此。

几周之后，我又注意到，莫莉的兴趣不再局限于我的声音，她开始用自己的声音创作属于自己的交响曲。在这个过程中，她对自我的意识又向前迈进了一步。通过自己的声音，她开始具备辨识"我"和"非我"的能力。她的声音成为自我的外化，她的自我在大声呼喊，希望能被人听见，能得到回应。她的声音联结了她的内心和外部世界，消弭了我和她之间的距离。

母婴之间声音交流的作用是不可估量的，这种作用并不止于具体某对母子之间良好的亲子关系的塑造，它对整个人类的进化同样有着巨大的影响。英国研究和理论学者保罗·麦克林认为，婴儿由于分离而导致的啼哭是大脑新皮质进化的驱动力量，大脑新皮质是人类所特有的，是人类大脑最后进化出来的部分，语言的产生即源自于此。我们能成为这个星球上最聪明的动物，部分也是因为宝宝们不喜欢与母亲分离，他们通过哭泣向我们传递着这一信息。

抚触与共生

从我第一次将莫莉抱在怀中之后，就没有人能将她从我这里带走了。不管我到哪里，她都和我在一起，我会用背带将她绑在自己背上、胸前或是身侧。母亲们总是渴望和需要抚触她们的宝宝，而宝宝们也渴望和需要来自妈妈的抚触。

和所有的婴儿一样，莫莉生来就喜欢被抚触，这也是从出生前到出生后一直延续的另一个喜好。胎儿不仅能听到母亲体内生理活动的声响，他的皮肤还不断地感受到这些声响的抚触。不仅如此，胎儿还会频繁地抚摸自己。八周大的胎儿会用手摸自己的脸，用一只手去拉另一只手，会抓住自己的脚，还会用手去摸脐带。最神奇的是，他还会转身，会在羊膜囊壁上上下移动。终于，到了出生的时刻，剧烈的宫缩标志着子宫已经做好投递这个包含生命的包裹的准备，它通过对婴儿内脏的触觉刺激，帮助婴儿适应离开子宫后的独立生活。

皮肤和大脑都是由同样的胚胎组织发育而成的。我们可以把皮肤看成外在的大脑，它对刺激无比敏感。在我们通过抚触刺激皮肤的同时，我们也在刺激着大脑的发育。对婴儿来说，抚触具有与母熊对幼熊的舔舐相同的功能——它能增强婴儿的免疫力、活跃身体各大系统、增加抗体数量。婴儿从抚触中获得的好处能让他受益终身。抚触还能促进生长激素的分泌，而生长激素正是调节人体内分泌功能的总枢纽。

尽管亲子触觉刺激能带来诸多影响终身的好处，在当今的分娩过程中，母子首次分离带来的创伤却经常被放大而不是减小。在大部分医院里，标准的操作就是尽快割断胎盘——母婴之间最后的生理联结。大概是为了给身体保暖，婴儿们几乎是刚刚诞生就被用毯子包裹起来。多数医院和妇产中心都将母婴最初的亲密时间限制在一小时以内，紧接着，婴儿就被用车推着去接受各项测试。这样的操作流程减少了母亲对孩子的回应，影响了母亲对孩子投入情感的能力，对母子之间整体的互动都产生了不利的影响。

来自受损自我的指令

在母子共生和分离的过程中，有很多种情况都可能会导致事情的发展偏离原本的轨道。有一类悲剧因忽略而起，它们的发展都是阶段性的。这类悲剧总是从不恰当的感官刺激开始——要么过多，要么过少。过度的忽略或者泛滥都有害无益。在这些悲剧里，母亲或者缺位，或者令人窒息，如影随形的母亲的声音、形象、触摸导致了过于泛滥的视觉、听觉、触觉刺激。

母亲的消失随之引发的是婴儿感官刺激上的缺乏，这会引起孩子的愤怒和抗议，程度比饥饿更甚。一开始，母亲的分离行为会导致意料之中的哭闹和抗议。如果母亲很快回归，婴儿就能重获舒适感和对世界的兴趣。以此类推，如果母亲的回归在预料之中，如果她的来来去去总是遵循着同样的模式，婴儿就能了解到她在每一次消失之后总会再次出现，从而对母亲消失的恐惧感就会逐渐降低。

如果母亲没能及时回来，婴儿会再次啼哭，啼哭是婴儿的第一种自我表达方式，但也是第一次学习在互动中轮流表达的机会。婴儿会表达他们的感觉和欲望，然后停下来等待回应，再继续表达他们的感觉和欲望。

对婴儿缺乏情感投入的母亲，和充满活力以及爱意的母亲，在声音上是有区别的。一位沮丧的母亲发出的声音是扁平和空洞的，节奏慢、语气弱、音量也低。这样有气无力、有头无尾的声音减少了母子之间的有效交流。当婴儿，尤其是女婴试图从母亲的脸上寻找自我时，反射到她眼里的是一张缺乏情绪表现力，缺少回应的面孔。而一位精力充沛、富有感情的母亲，则能通过她的形象和声音激活婴儿内在的活力。反之，如果婴儿总是得不到这样的激发，她就会逐渐反映出来自母亲的抑郁，女儿会表现得更加明显。女性天生就对情绪更加敏感，何况这样的情绪是来自她自己的母亲，因此这会导致女性受到更为严重的困扰。她可能会思索自己究竟做错了什么，为什么得不到母亲的关注，在她这时候的理解中，关注等同于"爱"。这样的疑问，以及她从自身的不足中去找出来的答案，可能就是她将轮回母亲的道路，也是逐步陷入抑郁的开端（同时轮回的还可能是对态度冷漠的男人的兴趣）。

对新生儿缺乏必要的共生依恋的母亲，则可能无法通过声音的互动和孩子形成对话。或者，她可能无法让孩子体验到通过凝视母亲的眼睛从而"发现自我"的愉悦体验。如果母亲对婴儿缺少足够的抚触，婴儿的神经系统发育将会受到影响，她可能一生都无法从他人的爱抚中感受到充分的感官愉悦。成年之后，她有可能难以感受到性的愉悦。

缺乏情感投入的母亲无法看到婴儿的真实本质——一个小小的、无助的、需要她的爱和呵护的小家伙。她投射到婴儿身上的是自己的身份、自己的恐惧和期待。精神分析作家爱丽丝·米勒曾就这种情况做过如下描述："孩子在母亲的脸上找不到自己，他只能从母亲的困境中找到自己。这个孩子一直没有镜子可供观照，终其一生，他都会徒劳地去寻找镜子。"

当孩子被迫过早地与母亲分离，或者与母亲之间的依恋关系过于脆弱，分离的状态以及与之相伴而来的孤独会在婴儿心中反反复复产生。长期的疏离感会导致孩子终生渴望重新获得和谐，因为她被过早地剥夺了这种和谐。这个尚在成长中的孩子，再次体会到了刚来到世界时那种强烈的无助感，她依然无法影响自己的情感环境，无法满足自己的需求和欲望。当绝望和无力成了她习得的主要情绪，这个孩子便越来越远离真实的自我和真实的感受，由此产生出一种与内在的自我深深的错位感。那个真实的"我"丧失了对个体生命的驱动力。之后，所有从共生衍生而来的美好情感，诸如亲昵、亲近、情感的交流，都会因为早期的伤痛而变得困难重重。

童年的经历永不会消失

今天，大多数健康专家都已经在以下观点上达成了共识：个体的基本性格特征在小时候就基本成型了；更重要的是，母子关系对孩子早年的人格发展起到尤为深远的影响。个体对各类情况的典型应对模式、对情绪的处理方式、表达方式都萌芽于早期的童年生活，一定程度上取决于母亲如何协助孩子处理成长中出现的这些问题。

以上结论并非表示，不良的应对模式就无法改变，但是改变它们所花费的精力要远大于一开始形成良好应对模式所需要的精力。相比之下，在第一次需要处理这些问题时，如果能在母亲的协助下采取正确的做法，之后就会更加容易，而纠正起来则相对困难。

仅仅在20年前，研究者们还认为，婴儿的大脑结构是由基因决定的，在出生之前就已经定型了。然而现在看来，这种假说显而易见是错误的。早期的童年经历强有力地决定着错综复杂的大脑神经回路的形态。基因决定的只是身体的基本构造，比如心脏的跳动和肺部的呼吸，而其他的一切都取决于神经系统的形态和运转，即突触连接。单靠基因是无法维系个体的运转和发育的，这就给个体的经历留出了发挥作用的余地，正是经历给孩子提供了组织框架，孩子经历过的一切在很大程度上确定了他内心世界的情绪风格。情绪的转换为突触连接的建立提供了最好的条件。

经历对大脑有着无与伦比的影响，而这一点也带来了一些副作用：我们的精神和心理机制都对精神创伤极其敏感。如果孩子最主要的情绪体验是恐惧，那么对恐惧的神经化学反应就会构成他大脑的基石。在创伤体验中，应激激素比如皮质醇的分泌会显著提升。在孩子三岁以前，大脑的皮质醇水平越高，大脑的蓝斑区域活动越频繁。蓝斑主要负责唤起人的警觉性，因此，蓝斑的持续活动会让大脑长期处于高度警觉状态。在这个孩子之后的人生中，一旦某种经历、回忆甚至幻想让他再次想起以前的创伤，哪怕是微微一闪念，大脑的这部分区域都会被再次触发，并再次分泌出大量的应激激素。而应激激素的反复分泌则意味着大脑负责其他情绪的区域无法得到恰当的激发。

大脑中负责情感依恋的那个区域特别脆弱。研究者曾发现，遭受过虐待的儿童大脑这一部分区域比正常情况要小20%到

30%。童年时期受到过虐待的成年人脑部的海马体（大脑中与记忆相关的区域）要小于未受过虐待的成年人。这一研究结果从神经学角度为下述现象提供了解释：童年时期被虐待的经历，尤其是被性侵犯的经历往往会被遗忘，转而深埋入潜意识中。这不仅仅是一种心理学的现象，从神经学来看，是受害者的神经通道数量受到了影响，从而无法保留这段记忆。

即使有了这些关于大脑和心理的重要发现，科学上对如何从心理方面着手来改善大脑功能的研究也只是刚刚起步。然而，凭着对大脑变化机制的有限理解，心理学、心理治疗和精神分析领域已经开发出能有效改善人们的感受和功能的技术。心理健康从业人员常常看到，他们的病人的生活发生了翻天覆地的变化：愤怒的人变得平和；尖酸刻薄的人变得富有同情心；没有安全感的人变得自信；针锋相对的婚姻变得和谐；叛逆的孩子变得配合；癌症晚期的病人目睹了癌症的消失……那些用自己的专业帮助别人的心理健康从业者，有时会觉得自己就像格林童话中掌握了把稻草变成金子的神秘侏儒怪。精神分析师和心理治疗师如同中世纪的炼金术士，他们的目标就是提炼出深藏于一切事物中的金子。

母爱的学习

好母亲会温柔地爱着自己的孩子，养育他们，理解他们，这是我们今天所熟知的母爱。这样的母爱始于数百万年前，远远早于该隐和亚伯（《圣经》中的人物，亚当与夏娃的两个儿子）的诞生，那时，有一种生物史无前例地进化出了比基因能储存更多信息的大脑。或许，母爱最好的状态就是处于本能和直觉之中，但好在我们可以思考，可以学习，还可以不断再学习。

10. 恐惧、战栗，以及创伤

母子之间的亲密是永远不够多的。尽管分离让人恐惧，尽管大多数母子都享受过幸福的共生——莫莉出生前和她的生母享受过，母亲和我在我出生前后都享受过，莫莉和我在我们相遇后的最初几个月也享受过。然而，来自分离的召唤、自我的召唤以及想要与母亲不一样的渴望，也和对亲密以及一致的需求同样迫切。它们都是铭刻于我们基因中的生命法则。

走向自我

作为莫莉的母亲，我处理共生与分离的方式，以及莫莉对这两个过程的体验都至关重要，这两个过程事关自我的创造，与她情感的整体健康利害相关。成功的分离是我们俩终生的追求。她的首次分离体验始于出生之日，到她蹒跚学步之时，分离仍在继续，此时的她其实也是在探索着离开母亲的方法。莫莉现在还不能明确地意识到自己离开我的欲望，但这种欲望就像小鸟对飞翔的需求一样，是一种铭刻在她生命中的印记，是来自生命的召唤。然而，无意识的欲望最终会转化为有意识的决心，她和我终将分离，事实上是终需分离。这是出于共同的愿望和对彼此的理解，也有益于我们两人的身心健康。

在我们彼此分离并走向自我的过程中，冲突会时有发生，引发冲突的问题和担忧是相似的——我们该如何在情感上与过去的自我分开？身为母亲，身为孩子，我们热爱最初的亲密，我们的自我在妊娠期、孩子的婴儿期和童年早期充分融合，我们从这种共生的和谐中得到升华。当亲密关系形成之后，母亲和孩子必须适时地放弃它，为必需的分离做好准备。作为孩子，我们主动离开母亲——我们的生命纽带，曾经是生理上的，但永远都会是心理上的。然而，在分离的行动中，我们又被驱动着，努力为自己再造出一条象征性的脐带，让自己的生活不至于脱离轨道。在用行动脱离母亲的同时，我们迈步走向了自我。

作为母亲，我们面临的最大挑战是要向这个在我们体内安营扎寨的异物敞开我们的身体和心灵，尽管它们的到来可能只是一场意外，甚至是我们压根就不想要的（在美国，51%的怀孕发生在母亲的计划之外，这个比例是所有发达国家中最高的）。最好的情况就是，在一段时间之后，母亲和胎儿逐步适应了对方，开始享受彼此之间的同步状态。母亲的身体也接受了这种生理上的同一性，服从了自然规律，自然而然地与这小心翼翼地守护了九个月的小生命缔结成了联盟。这种从共生到分离的过程，在养母和养子的身上会有所不同，因为他们绕过了在母亲子宫中形成的自然联结。尽管如此，不管是对亲生子还是养子，母亲都会纠结，该如何尊重并鼓励孩子成长为他自己的需求。母亲也好，孩子也好，我们应该如何达成所有这一切，并且保持各自的完整呢？

由于母亲和女儿生理上天然的相似，她们的分离过程会来得更不容易——有别于母子、父子、父女的分离过程，母女的分离可能会更加复杂，更加艰难。母女关系的一个显著特征就是，在彼此的认同过程中无须跨越性别界限。儿子虽然最初出自母亲，但是如果他是异性恋的话，他的身份认同最终会从母亲转向父亲。父女关系可能亲密而厚重，然而女儿对父亲的身份认同终究不是完全的。但是对母亲和女儿而言，我们源自女人，且将成为女人。

从与母亲一体共生到走向自我，直至自己成为母亲，这个过程于我而言并非水到渠成，因为我对母亲与我之间的联结感受深切，超越了我与其他所有人之间的联结。对于男人，我爱过，也被爱过。我对男人的感情，左右着我对相当一部分时间的规划。是男人把我的激情带到了难以想象的高度。但是没有一个男人能够像我生命中的第一个女人那样，给我恒久不变的感觉。我依赖着母亲，她永远都是我坚强的后盾，而父亲则多少有些阴晴不定。男人们在我的生命中来来去去，我交过一些男朋友，有过一任丈夫，现在在我身边的是格雷格——我女儿的父亲。

其实，有一阵子我感觉自己有格雷格，还有自己的事业，人生如此，别无他求。那段时间里，我根本没有冲动或者欲望要去当一个母亲。但是后来我想起了自己的母亲，以及她和我共同创造出的"我们"，期望从我心底涌起，我想要构建出类似的生命体验。每当此时，没有什么感觉比成为母亲更加迫切。

每一次的创伤都会反复上演

母子的分离大概总是伴随着恐惧。对分离的恐惧流淌在我们所有人的血液中，这是哺乳动物的祖先留给后代的遗产——在特定情况下，这些古老的、动物时期的大脑残迹依然可以被激活。

数百万年以来，与母亲分离，对哺乳动物来说就意味着死亡。神经科学家保罗·麦克莱恩认为，哺乳动物幼崽最痛苦的经历就是与母亲的分离。他发现，哺乳动物幼崽与母亲分离时的哭泣反应是根植于大脑中的，消除哭泣反应的唯一方法，就是通过手术切断大脑相关部分之间的连接。

和所有婴儿的自我意识形成过程一样，莫莉初生的自我意识在诞生那一刻便开始萌芽了。弗洛伊德和他的门生奥托·兰克都认为，出生，是在孩子心理发育过程中最重要的事件。

在母子一体共生的妊娠期，那个生活在妈妈黑暗子宫中的小生命是个浑然一体的存在。这种自我的统一不仅仅是因为与母亲的共生，同时还有内在与本体的统一。虽然胎儿在成熟期的精神世界是粗糙的，但是也因此免去了出生后复杂的心理活动所产生的悲和喜。

从胎儿的角度来看，子宫中的日子是相对（也是史无前例地）平静的。可是忽然间，它的世界发生了剧变。曾经将它安全紧密地包围其中的墙壁振动起来，开始挤压它，而胎儿也开始向下滑落，完全不知道自己会去向哪里。在一番晕头转向、令人恐惧的游历之后，宝宝被强行地从它甜蜜的旧居中抛了出来。

弗洛伊德用"创伤"一词来描述出生的过程。这个词源于希腊语，涵盖了从"伤口"到"受伤"的意思。出生给人带来了首次典型的分离经历，让人在没有任何主观意愿和自主能力的状态下被逐出旧居。弗洛伊德认为，出生为我们带来的创伤需要我们用一生来恢复。从此时开始，创伤与分离就紧密相依。之后的每一次创伤，每一次让我们深受困扰、难以承受、痛苦不堪的情感经历，都不过是过往的重演，是最初的创伤模式的近似版本。在从出生到死亡的一切创伤中，主要的情感成分都是无助的焦虑和恐惧。

变成面目全非的人

在情感和认知上，与母亲的分离是我们走向情感成熟的必经之路，无论这段旅程潜藏着多少恐惧和痛苦。在婴儿的发育过程中，尽管这种日趋明显的现象通常被称为"分离焦虑"，我们仍然可能会意识到，它不仅仅是一种焦虑，而更接近于极度的恐惧。类似于出生带来的创伤——婴儿从他的第一个家中被驱逐出来，心理上的分离同样令人畏惧。从孩子的角度来看，明明前一刻还和母亲其乐融融，突然间，这种顺遂的生活就戛然而止，着实令人费解。这种感觉的产生可能只是因为母亲离开了房间，孩子突然意识到身为保护者和供养者的母亲不在身边；也有可能是因为母亲在忙其他事情，没有及时回应孩子。作为保护者、供养者的母亲也有可能对婴儿发脾气，此时她仿佛变成了一个面目全非的人，与前一刻那个慈爱的母亲毫无相似之处。在那一刻，婴儿眼中的世界变了，在这个世界里，危险和不适无处不在，母亲会提出不合理的要求（她可能会要求婴儿停止哭泣），还会发出令人生畏的警告（她会威胁婴儿如果他继续哭就把他放回婴儿床上）。婴儿搞不明白为什么会出现这些变化，从他的角度来看，它们的发生毫无理由，可是它们就这样发生了。对一个孩子来说，这太危险了，简直是生死攸关。孩子不具备先见之明，无法理解他的母亲（保护者兼供养者）只是短暂地离开，母亲的怒气是暂时的，噩梦般的孤独会如陡然开始般陡然结束。这就是婴儿对分离的情感体验。这种体验依然留存在我们的记忆中，它不属于有意识的记忆，只是深藏于我们的细胞组织和脑物质中。在我们的一生中，它随时都可能被重新激活：当我们感到无助和恐惧时，这些残留的过往会再一次被唤醒。

恐惧可能是所有感觉中最为强大的，它牢牢地抓紧我们不肯松手。母子之间持久的、强有力的纽带既是爱的纽带，也是恐惧的纽带。从文明的开端到今天，孩子的安危一直揪着母亲们的心，让她们时时处于忧惧之中。作家兼心理治疗师珍娜·马拉默德·史密斯称这种忧虑为为人母亲者"典型的美德和弱点"。无论孩子是新生的婴儿、中年人还是老年人都无关紧要，一旦母亲感觉到孩子的平安受到威胁，她都会感到心如油煎。从在产房分娩开始，母亲就拥有了一个警报系统，在之后的人生路上，它随时都会被触发，并发出无休止的轰鸣。

母亲即女巫

也许，正是出生的创伤给予了婴儿首次魔法般的体验。困境中的人总是希望能得到拯救，我们从那些受伤、受虐、濒临死亡的人那里看到了这样的渴望。从孩子身上也能感受到同样的希冀，尽管他们生活中的唯一问题仅仅是沮丧或者愤怒，而拯救他们的方式，无非就是帮助他们摆脱自己的不适感。其实我们大多数人都希望生活能有所改变，如果我们预期到改变无法通过合理的方式来实现，那么我们就会幻想它奇迹般地降临到我们身上。

通过产道的婴儿能感觉到自己的窘迫。人们用"窘迫"这个词来描述难产的过程。那种窘迫感一阵接着一阵。紧跟着的是各种糟糕的体验：刺眼的灯光、拍在背上的巴掌。但是，救星终于还是来了。婴儿来到了一个温暖的怀抱，听到了舒缓的声音，尝到了甜美的乳汁。这里简直就是天堂，这简直就是魔法。这，就是母亲。

母亲在孩子眼中如同女巫。从第一次接触开始，婴儿那蓬勃发育的小脑瓜就从来没怀疑过它模模糊糊的印象：妈妈会变魔法，她能减轻我的痛苦和烦恼，将它们转化为舒适和满足。

因此，在分娩完成之后，母亲的第一项任务就是帮助她的婴儿应对失去第一个家所带来的创伤。她必须让婴儿贴近自己，以此帮助婴儿消除出生带来的无助感和恐惧感。当婴儿仍在子宫中时，母婴处于自然的共生状态，此时的共生状态是生理性的，无须任何技能就能实现。母亲的身体和胎儿的身体用他们通过进化得来的与生俱来的智慧，共同完成了这项艰巨的任务。但是现在，分娩已经完成，母亲和婴儿被分开了。然而，尽管生理上已经与母体分离，婴儿在心理上仍然和当初在母亲子宫里时一样，对母亲有着心理上的共生需求。要应对婴儿的这一需求，母亲需要具备一系列的素质，这些素质有可能是天生的，也有可能是后天习得的：同情心、耐心、温暖、智慧、直觉等等，还有将情感转化为关爱和有效抚育行为的能力。以上的素质构成了人们心目中的母性，它们就是母爱的表现。

通过为孩子和自己创造一个心理上的共生世界，母亲得以帮助孩子在一段时间内继续保持着自我与外部世界的和谐统一——这正是孩子当初在母亲子宫里体验过的。在这个心理上的共生世界里，母亲与孩子在生理上已经分离，但在精神上依然统一。母亲分娩后，必须在自己和婴儿之间建立起强大的心理纽带，这样才能应对分娩过程中生理共生的破坏性影响，防止它造成长期的损害。

出生的创伤会给母亲和孩子带来极大的变化，但创伤在造成伤口的同时也会激发愈合。在分娩中，原本母子一体的本质被撕裂，造成了分娩时的身体痛苦和分离时的情感痛苦的双重叠加。可是，一旦母子间重新形成联盟，愈合也便随之到来。新生的婴儿将母亲的注意力从分娩创伤中转移开来，给予了她更加完整的情感体验，让她得到了象征性的恢复和抚慰；而一旦母亲紧抱婴儿，将婴儿带进她营造的安全国度时，婴儿也会立马得到疗愈。

11. 生死之间的灵魂之旅

现在，莫莉和我已经共同生活了数月，我们的关系开始进入到一个新的阶段。当她用声音表达自己的感受时，我就在一旁警觉地观察着，等待着那第一个，象征着我们美妙共生阶段结束的标志出现。我等待的这个标志指向莫莉和所有人类的共同宿命，它表示莫莉已经开始了转变——从完美的和谐统一状态，转向内在的分裂，自此，她具有了冲突、矛盾甚至是欺骗的能力。作为她的母亲，我需要协助我的孩子过渡到下一个发展阶段，并将重点放在她的思维发育上。我想要帮助她实现这种转变，同时希望她不要忘了自己的灵魂，不要忘了她与灵魂的联结。

学习"处理它"

莫莉现在已经八个月大了。一天早晨，我醒来看见她坐在一旁，并没有像往常一样咯咯笑，她似乎在想些什么，或者在凝视着什么，一动不动，和格雷格或我都没有任何交流。格雷格正看着她，于是我问他："怎么了？"

莫莉养成了咬她床上方的床沿的坏习惯。她会费力地让自己高于床头，精确地调整自己的身体，使得嘴巴和床沿达到同样的高度，然后开始咬。我们刚刚开始教她理解"不"的含义，这堂课就正好围绕着"咬床沿"这件事展开了。当格雷格对莫莉说"不"时，她并没有动，也没有发出任何声音。我问莫莉在做什么，格雷格说："她在思考如何处理这个问题。"

我看着眼前这一幕，莫莉正在形成她的是非意识。或者，这其实是她的内心在起冲突，思索着该配合还是反抗？又或者，她的道德意识正在迅速发展？她第一次清醒地体验到了愤怒？但唯一重要的问题是：正在学会"处理它"这一思维过程中的莫莉，还会不会在自己咯咯的笑声中醒来？我认为，学着去"处理它"，事实上是莫莉开始脱离她的"婴儿意识"的第一个明显标志。在我看来，这是她的个性萌芽的第一个标志，同时也是我们不可避免的分离的第一个标志。

当莫莉的生活仍然完全遵循着灵魂的指示时，她是一个统一的个体，完整而自由。但是，当她的生活开始更多地遵循着思想的指示时，当她开始具备深思熟虑的能力时，她同时也具备了冲突的能力、否定的能力、歪曲事实、责备他人、自我攻击等能力。

意识的诞生

正如出生时的分离会终止生理上的共生一样，心理上的共生也终将结束。任何一个慈爱的母亲在面临这种共生向分离的转化时，即使是在孩子生命的第一个阶段，也会感到冲击和矛盾。意识的诞生——精神分析研究者玛格丽特·马勒将其定义为"第二次出生"——和生理意义上的出生一样令人担忧，充满危险和困难。一些研究者坚信，"第二次出生"和第一次出生一样，不是一蹴而就的，而是在一段时间内慢慢发生，并且比生理意义上的出生更加重要。

马勒将分离的自然发展过程与磁场进行类比，而我认为它更像一个被拉伸的橡皮筋。"蹒跚学步的儿童冒险离开自己的母亲，并不时返回去重新加油，以确保母亲依旧在自己身后，作为安全的港湾、向导的灯塔。"当谈及母亲的角色时，马勒如是说。当学步的儿童在发育过程中安全感提高，便会逐渐增加与母亲之间的距离，这也象征着双方关系的橡皮筋越拉越长，从而绷得越来越紧。

孩子迅速成长的独立性与其思维（主要是指幻想和创新想象力）的发展有着错综复杂的联系。独立的驱动始于婴儿早期有母亲在场时的独处体验。孩子自己玩耍，并且知道妈妈会随时提供帮助：通过对分离和独立的测试，孩子开始发现属于自己的生活，他开始产生独属于自己的想法和感觉。

成人和孩子都经常通过梦境来探索和掌控与母亲分离并且成为独立个体这一过程。这些梦通常是对"加油"这一场景直白且具体的再现。我的一个患者曾经梦到过她驾驶着一辆红色大众汽车，感觉自己正在世界之巅，充满自信与喜悦。突然，汽车没油了，停止前进，她的心情从狂喜陡然变成恐惧。她意识到自己正在一座山上，于是她决定让汽车自己从山上滑下来。在山脚，她找到了加油站，给汽车加上油，继续她的旅程和独立生活。

子宫里的互动仪式

心理上的分离与生理上的分离同等重要，也会造成几乎同等概率的创伤。研究表明，胎儿具有其基本的心理生活。婴儿可以生来就对出生这一事件具有准备，欣然接受它，或者，对出生毫无准备，恐惧它。

意大利精神分析研究者亚历山德拉·皮昂特利已证实，胎儿以及儿童的意识生活（psychic life）（以及听觉和触觉的发育）所遵循的模式具有延续性，从子宫内一直延续到出生之后。皮昂特利在孕妇怀孕的多个时期对双胞胎胎儿进行超声检查，并记录了在子宫内尚未出生的胎儿是如何以独特的方式相互联系在一起的。在充满羊水的第一个"家"中，双胞胎发展出了典型的（相处）模式，诠释了子宫内的互动仪式。例如，通常情况下，一个胎儿会比另外一个胎儿更加活跃，或者会支配另一个胎儿。皮昂特利观察到，某对双胞胎中的一个胎儿经常喜欢躺在右侧，同向侧卧贴紧着另一个胎儿。而另一对双胞胎中的一个胎儿经过持续努力，最终使自己的手臂像摇篮一样抱住她的兄弟。在一个超声波图像里，稍大一些的男性胎儿蜷缩在另一个稍小的胎儿的背后，不断用他的右脚踢他的弟弟。

皮昂特利分别在三个月、六个月，直到两年的时间内拍摄了婴儿们出生之后彼此间的互动，在每个发育阶段都观察到了相同的互动模式。在子宫中较活跃的双胞胎婴儿在婴儿床中也是较活跃的那个。同样地，在子宫中处于主导地位的双胞胎婴儿在游戏护栏内也处于主导地位。那个用自己的手臂抱着她兄弟的小女孩，在围着房子奔跑玩耍时依旧表现出对兄弟的保护和温情。甚至那个在子宫中踢自己弟弟的男孩，后来也被观察到在浴缸中玩耍时，依然蜷缩在他弟弟的背后，依然用右脚踢弟弟的背部。在子宫与婴儿床之间，子宫与游戏护栏之间，子宫与浴缸之间，子宫与外部世界之间，时间仿佛并没有流逝。

子宫可以提供一个能让未出生的婴儿开始发展出自我意识的空间。这是出生之前的婴儿生命阶段中的一个独特时期，在这个时期里，婴儿会感知到自己的存在以及它所居住的这个小环境。这是子宫的恩赐，在这里，生活的主要内容就是感知以及与母亲之间纯粹的生理共生。

但是出生之后，婴儿期的孩子与母亲依然保持着共生关系。无论"家"是在子宫内还是子宫外，婴儿都高度地专注于自身的需求。母婴之间在心理上依然保存着事实上的共生关系。怀胎九个月后，婴儿出生并不是因为它结束了与母亲的共生，而是因为其他的一些原因，其中最重要的原因是婴儿头围的长大，迫使这个即将出生的婴儿必须离开曾经舒适、现在却令人窒息的小家。

新生儿与母亲的共生关系还远没有结束。从情感和心理层面上来讲，人类婴儿是彻底的早产儿。婴儿对母亲的依赖和情感依恋比任何其他的动物物种都要持久。在出生后的相当长的时间内，婴儿依旧渴望得到母亲无条件的、全心全意的关注。出生后很长一段时间内，婴儿都会牢固地保持着一种共生和自恋并存的婴儿状态。

分离的顿悟

最主要的创伤并不是在出生的时候，而是在孩子意识到自己并不拥有母亲的那个时间点，反之亦然。母亲也必须经受这种令人不安的冲击。母亲需要建立一种和她的孩子分开、远离和互不联结（甚至有的时候互不关注）的生活；与之类似，孩子才能过上和母亲分开、远离和互不联结（甚至有的时候互不关注）的生活。这种分离的顿悟可以在孩子生活中的任何时间发生，并且通常会反复发生。作为孩子，我们要经过一番艰难挣扎才能放弃我们的自恋，要汲取多次的教训才能逐渐明白，自己不是母亲生活的唯一中心。出生只是产生这种意识的诸多可能性中的第一个。

意识的变化可能会发生在孩子人生中的重大事件中，比如第一天上学，或离家上大学，又或者结婚。但是它也可能以某种微小的、微妙的方式悄然发生，就像身体的成长一样，只有在事后回顾时，你才会意识到它的发生。

当母亲告诉我她将不再为我支付汽车保险费的时候，如同电光石火一般，我瞬间感受到了分离。当时我已经二十几岁，并且已经离开了家，然而我依然不敢相信自己的耳朵。这是我之前不认识的母亲，一个分离的母亲。她的决定让我焦虑不安。于她而言，这不过是一个为了方便而做出的小决定。然而她并没有预见到这会对我的情绪造成多么大的影响。我感到受伤和恐惧（也许还有一点恼怒），因为我明白，我们之间正在发生变化，正在远离那种我曾经习以为常的来自母亲全方位的呵护。

转瞬即逝的小事件、影响延续一生的小事件，这些事件成为母亲和我在这条不可避免的分离和重聚之路上的里程碑。这条路是所有的母亲和孩子都注定要走的。在这条路上，我们的亲密关系如同潮水般时起时落。

而现在，作为莫莉的母亲，我明白她全无拘束的快乐、她对声音的极致运用——她的哭声与笑声与她的存在完全统一——不会也不能持久。莫莉会成长，会走出全然被婴儿意识所支配的人生阶段。脱离婴儿意识是自然的且不可避免的，这种脱离始于婴儿与母亲幸福的共生关系，开始走向终结。我知道她的心智能让她完成灵魂无法做到的事情。这种心智的成长，即认知的不断扩展，在接下来数年的生活里将尤为显著，对她将来的成长和生存至关重要。

脱离婴儿意识

不同的精神分析研究者对婴儿的意识有不同的命名方式（这一阶段，个体的自我意识开始萌芽）。法国精神分析学家雅克·拉康将它称作想象的秩序（Imaginary Order）：它是自我定位的范围，在此时期里孩子持续不懈地试图建立自己的个性。结果就是，孩子获得了区别自我和他者的能力。它开启了对回归"前想象阶段"的一生的追求，"前想象阶段"即拉康所说的更加"真实的"状态，在这种状态中没有自我和他者的区分。或许正如拉康所坚持的，我们努力去获得的那种稳定、完整、统一的自我意识，其实只构建在我们的想象中，是为了弥补失去的、与母亲浑然一体的原初状态。

第二次诞生之所以对婴儿的身心和社会性发展都如此关键，我认为还存在一个比共生的断绝更为深层次的原因——意识诞生之时，婴儿首次认识到了他与母亲的分离，而他与灵魂的分离也才有了开始的可能。

通常在一岁的时候，婴儿开始发现他私人所有的"精神世界"，其他人无法窥见这个世界里的风光。这个内在世界的核心部分是思想与感受，但同时也包含了意图、欲望、关注和记忆。婴儿原来的世界几乎全部由有形的、当下的经历构成，而现在，这个世界里却充满了隐藏在过去、现在和不久的将来的主观事件。婴儿还会意识到，母亲和他人也拥有属于他们自己的精神世界。母亲和自己可以分享同一个精神世界，也可以拥有不同的精神世界。当分离发生时，当婴儿与母亲拥有不同的精神世界时，他们之间也可能产生误解和不适。

在"咬床沿"事件之后，也是我首次留意到莫莉的意识拓展之后的一段时间里，我发现了她脱离自我婴儿意识的更多证据。我看到了一个充满无限好奇和想象力的头脑，不时会夹杂着矜持、羞怯和难堪——每一个都是冲突的信号，也是分裂自我的信号。有时候，我还会看到分裂的自我所导致的更为深刻（也因此更加黑暗）的变体——羞愧和操控。它们都是复杂的心理活动，是创造丰富的内心生活的开端。自我的分裂也创造出了专属于某人的无意识世界。这个隐秘的世界里充满了恐怖和惊骇，童年时期的怪兽和妖精隐藏在这里，并在成年后的生活中，通过意识的活动转化成了更加复杂的恐惧、焦虑和迷茫。然而，只要我们遵循着自己的灵魂去生活，只要我们仍然没有与自己的灵魂分离，这种意识对我们的操控就并非必然，甚至根本就不可能成功发生。

灵魂的移位

从小到大，我在听到母亲抱怨外婆这个"还不如死人"的母亲中，在我自己失去母亲的痛苦中，以及在病人所描述的各种艰难的母子关系中，我看到了，无助和绝望在决定灵魂的迷失时具有与死亡同等的力量。在与母亲一同经历她死亡的过程中，我知道她死去的具体时刻，那一刻，生命离开了她的躯体。但是，我怀疑当死亡占据这具躯体很久之前，她的灵魂就已经与她的某些部分脱离了。直到如今，我的内在还有一个洞，这里曾经属于我附着于她的那一部分灵魂，它已经随她一起离我而去了。但是也许早在她去世之前，我的一部分灵魂就已经离开了我：通过我们各种各样的"微型死亡"，通过我们的分歧，通过我们不同的选择和态度，通过我们一路走来一直在进行的精神分离，以及我随之感受到的痛苦。我逃避我的痛苦，抵抗我的痛苦——只有逃离自我才能逃离痛苦。我知道，我的那些病人也时常会感觉到自己是不完整的，因为他们所感受到的痛苦让他们无法拥有完整的灵魂，这些痛苦源自他们与母亲的关系，并且一直如影随形地影响着他们成年后与爱人的关系。

萝丝是我的一个病人，她是一名成功的医生，她以其擅长的某项医技在医学界颇有名气。萝丝清楚母亲为她感到骄傲，事实上，正是她的母亲积极鼓励她去追求自己的医学事业，并在萝丝的一生中一直告诫她：职业上的成功以及成就获得认可，会使人生更有意义。

萝丝从小到大一直被这样教导：怀特家族（她的家族）才是最重要的。在她的成长过程中，父母反复地向她灌输他们的家族如何优越，怀特家的孩子生来优秀，在任何领域都出类拔萃的信念。对此她深信不疑。而且，正如父母所期望的那样，萝丝在高中时就成为一名成功的音乐人、优秀的运动员、出类拔萃的学生。在大学和医学院期间，她一直谨记父母的教导，对他们所说的一切都毫不质疑。

然而，在成为医生之后，萝丝却觉得饱受折磨。她非常痛苦，因为她内心的一部分认同父母的信仰，认为医生比其他职业更值得尊重；但是她内心的另一部分却真切地热爱唱歌和表演，并且渴求着同等的尊重。自从在高中的戏剧演出中担任主角之后，整个大学时期她都一直是戏剧社团的活跃分子，表演成了她的梦想。接受心理治疗的过程中，她说，只有当唱歌和表演的时候，她才感觉自己是在最真实地活着，做着最真实的自己。

萝丝当前的痛苦源于她早期的发育阶段，父母没有鼓励她去寻求独立。每一个孩子都应该学会对母亲说"不"，继而实现从共生的融合向独立自我的成功转变。从孩子口中说出的一个个"不"代表的并不是对母亲的消极回应，尽管它们常常会给母亲这样的感觉，对孩子而言，这其实是他们为成为独立个体而付出的努力。母亲应当将孩子说出的"不"视为他正在不断扩充的词汇库中尤为宝贵的一个词。"不"的含义也许很简单:"不,我不喜欢你给我的那个食物。"它也许很伤人:"不,我不想拥抱你。"当孩子说"不"时,他可能带着叛逆或愧疚,也可能带着愉悦,甚或是击溃父母的残忍。尽管如此,致力于协助孩子成长的母亲依然应鼓励这林林总总的"不"。她接受自己偶尔的溃败,因为她清楚这是孩子成功迈向独立的必经之路。

或许,萝丝的母亲将女儿的独立宣言当成了一个需要立刻平息的反叛。在童年的关键时期,萝丝本应被鼓励去表达自己,哪怕这有违母亲对她的期望。她需要培养对极具权威的母亲说"不"的能力,但取而代之的是,她保持着与母亲的融合。因此在后来的人生中,在她本应形成自己独立的人生宗旨和原则的节点上,她和母亲的关系在她尚处于成型阶段的价值体系中依旧占据了过于重要的地位。融合,是她习得的处理人际关系的方式。

尽管萝丝拥有良好的、稳固的婚姻关系,融合依然成了这段婚姻中主导性的互动模式。萝丝发现自己不知不觉中采纳了丈夫几乎所有的育儿准则。她在无数问题上都选择了顺从丈夫,认为丈夫的想法是唯一的正确思路。她将早期与母亲的关系复制到了现在与丈夫的关系中。

萝丝的痛苦源于一种我称之为"灵魂移位"的状况。如同所有灵魂移位的人,她走了一条人生旅途中的支路,并试图将其变成主路。但是这条路本不应是她人生的主路。迷失了灵魂的人们往往会假装自己已经选择的道路就是正确的道路,但是在某种层面上,他们又能朦朦胧胧地意识到,这不是他们该走的路。他们因移位而痛苦,因自欺而痛苦。他们感觉自己与自我分离了,也因此和他人分离了。

人类是适应的能手

萝丝的案例并非特例。我们中的大多数人都会或多或少地遭受灵魂移位的痛苦。我们想要遵循自己的本性去生活，但是大多数人都会遭遇不同程度的困难。

每个人在走向成熟的旅途中都会将父母的一些特点融入自己的内在形象中。这些内在形象能帮助我们去定义自己。正常情况下，我们会对父母的特点有所选择：融合我们所喜爱的，拒绝我们不喜爱的。但是那些与灵魂分离或者和灵魂不同步的人，会将这些形象等同于我们的全部而非部分。父母的特点无论好坏，他们都不加辨别，照单全收。

灵魂移位的人生活得好像没有独立的自我一样。他们没有活成他们的内在本性使他们应该成为的样子。他们从本应属于自己的生活中被连根拔起，移植到了别人的身体或意识里。通常情况下，那个"别人"就是他们的母亲。只有当他们抛弃那个不真实的自我，重新找回之前遗弃掉的原本的自我，并且以此为坚固的根基构建出自我的结构，他们才能得到成长。

与灵魂的分离通常发生在与母亲原初的联结不够充分的时候，或者是在对母亲和孩子的分离处理不当的时候。在这些情况下，我们会产生一种长时期的断联感，即思想和身体与灵魂分裂开了。每一次这种内在的分离都像一次微型的死亡。于是，在真实的死亡到来时，那种灵魂的抽离有时候不过是长久以来的心理过程的终极表达——真实的自我早已断联，活着的无非是一具没有灵魂的躯壳。

始于童年时期的灵魂移位，在成年后会转化为一种慢性的痛苦状态。一些成年人格中的伤痛和缺陷，其实起源于童年早期。纽约大学母婴研究中心主任露易丝·卡普兰认为，不充分的分离，会导致一个人在"爱他人、养育孩子、驯服自己的攻击性、对当下时空边界的判断、缅怀逝者、关注人类命运"的时候产生困难。直面分离的挑战在一定程度上使我们成为更加透彻和深刻的人。

我们人类都是适应的能手。我看到我们用各种方式不断地补偿不完整和错位的灵魂。琳达是我的一个病人，她一直在勇敢地对抗着自己的孤独感。她饲养蜘蛛、狼蛛和老鼠作为自己的宠物。她说，人们对她这些宠物的感觉就是她对其他人的感觉。她觉得自己充满了怨愤和痛苦，以一己之力对抗着整个世界。只有通过她的画作，她才能知晓自己的灵魂。她的画作充满童趣，色彩丰富，发乎内心且充满喜悦。只有当她动手作画的时候，才终于能感受到平静、自由，以及与身外世界的联系。

神经学家奥利弗·萨克斯从他的病人与音乐的联系中发现了类似的现象。他发现一些病患因为神经受损而无法行走、无法上台阶，他们可以一动不动地连续待上数小时，但是这些遭受过神经错乱或者头部重击的病患却能通宵舞蹈。他还发现，有一些不能讲话的病人，却能像百灵鸟一般歌唱。从一些自闭人士身上，我们也发现了类似的现象。他们几乎没有语言，却在音乐创作上展现出了卓越的天赋。萨克斯将此形容为音乐对这些个体的"激活"。这个现象的产生是因为，人类大脑中的听觉部分和控制我们的运动/活动能力的背侧运动前皮质之间有一个独特的连接。由于人类大脑神经的独特结构，音乐能够帮助这些苦难的个体重新找回自己的灵魂，哪怕神经的受损阻碍了他们大脑基本功能的运行。

寻找"女王国"

因为灵魂移位的人不能遵循自己的灵魂而生活，所以他们也不能完全地遵循自己的身体而生活。我的很多有灵魂移位的患者都在现实中有各种身体障碍。其中一位名叫哈里特的患者有恐慌症，这些症状令她极其虚弱，它们毫无预兆地发生并在随后数小时里耗尽她的精力。她也许刚刚结束午餐，也许在家里与丈夫和孩子一起休息，然后突然之间，没有明显的原因，她的心脏会开始不受控制地狂跳。她喘着粗气，感觉自己即将死去，这种感觉就和濒临死亡差不多。因为来自恐惧的袭击会突然出其不意地发生在她身上，她每天都生活在威胁之中。有时候，这种对恐惧的预期本身就超出了她的承受范围。

我问过哈里特，当她的身体不受控制地疯狂摇晃时，这究竟意味着什么。她告诉我她母亲对她的抚养准则：只有丝绸才配得上接触她的肌肤。她的母亲想将她培养成一个女王。对她母亲而言，她就是女王，而她们的家就是她的王国。

哈里特解释说，她现在的问题就是，在她离开了童年的城堡之后，母亲没有再为她提供另一个可供她"统治"的王国。

想象一下，一个女王在寻找她的王国时的沮丧：她的才华不能得到充分的施展，她的声音不被听见，因为这个世界不会听从她（的指挥），如果这个世界可以听从她该多好！没有地方可以供她挥霍钱财，展示她对财富的慷慨无私。没有王国的女王的处境无疑是极其痛苦的，然而这就是哈里特每时每刻都在经历的生活。她痛斥着自己的无能，恼怒着那些拒绝听从她的人，怨恨着那些妨碍了她展示自己的美好和慷慨本质的人。更多的时候，她无法忍受自己的痛斥、恼怒和怨恨。

哈里特与她的灵魂移位了，因为她没有过上属于自己的生活。她依旧遵循着和母亲在一起时的生活方式。她在实践（或者至少在尝试着实践）母亲为她规划的生活。

灵魂移位产生癌症

癌症在灵魂移位的人群中并不罕见。我的患者中有一部分癌症病人，在治疗他们的过程中，我聆听到了将死之人的心声。他们恐惧自己的身体，这具让他们饱受病痛折磨的躯体，但他们同样也惧怕离开这具躯体，因为从病体的解脱即意味着死亡。但是，与这些恐惧相伴的是，他们还在延续着灵魂移位的生活，体会着与自我分离的无助。也许，我们从癌症等其他绝症中，能学到的重要一课，就是如何找回自己迷失的灵魂。

玛莎在被确诊癌症之后不久，就来到了我这里接受精神分析的治疗。她想要探求她的癌症是否与自己的心理状态有关，因为她怀疑是自己和母亲"有毒"的关系导致了她的疾病。

玛莎的父母在政治上的态度积极而开放。她的父亲曾是20世纪60年代民权运动中的积极分子，并在20世纪70年代参与了抗议越南战争的运动。玛莎的弟弟跟随了父母的步伐，曾因参加各种政治抗议运动而多次被捕。

以下是玛莎在被确诊癌症之前对自己生活状态的描述：

> 我的母亲是一个情感强烈而内敛的女人。很明显，她在弟弟面前可以更轻松地做一位慈母。我记得在我的童年时期，她总是对我说："别再折磨我了。"我至今仍然能回忆起她说出那句话时我的感受。那句话总是出现在我没有继续扮演"好女孩"的时候，或者是当我对母亲给予弟弟的关爱嫉妒到发狂的时候。经过好几年的训练，我学会了把"有

毒"的情绪深埋在体内，将自己假扮成完美的女孩。但是，看看现在的我变得多么脆弱。

玛莎对我描述了，当她从母亲那里感受不到爱时她的处理方式：

> 我的母亲总是理所当然地认为，我的所有事情都会水到渠成。她向我传递了这样的讯息："你可以自己完成。你的弟弟比你更弱小，更黏人，他比你更需要我。"我再次回顾了和她之间的交流，并发现了一个漏洞：生病。生病是必然能获得她关爱的方式，生病让我变得重要。

玛莎的情绪太难应对，也太过痛苦，她不能放它们进入她清醒的意识中。而一旦玛莎将生病发展成为应对这种情绪的固定模式，她的计划就拥有了自主性，脱离了意识的控制：

> 当我的弟弟因为参加政治运动被关押时，我太过于内疚，以至于在很长一段时间内，我都很难去做那些他在监狱中无法做的事情。如果我确实做了什么能让自己感到开心的事情，我总是会想，这是现在的他没法享受到的。这种感觉就像我和他都在坐牢一样。但是，与此同时，我感觉母亲得到了她所期望的——一个英雄的儿子，一个正义的儿子，一个可以为了正义的事业牺牲生命的儿子。她为自己的儿子感到无比骄傲。
>
> 弟弟被逮捕之后，我患上了出血性结肠炎，并且在随后的数年里间歇性反复发作。
>
> 几年后，我再度陷入了弟弟的生活和我自己生活的冲

突之中。一场新的政治运动提出了释放他的诉求，我理应加入帮忙，可是我当时正在从事一份全职工作，并且还在学习全日制的硕士课程。我记得在那个糟糕的秋天里，我的身体产生了异样的感受，常常因紧张而僵硬，不断地促使我的生活为他的生活让步，这种绝望的感觉让人难以忍受。四个月后，我被诊断出了癌症。我记得在确诊之前我曾对自己说："我现在需要的是某种恐怖的疾病。"在我的脑海中，它只可能是癌症。

玛莎展现了一个清晰的孩童形象：一个从情感上遥不可及的母亲那里渴望获得爱的孩子。为了应对母爱的贫瘠，玛莎伪装出了对弟弟的认同感，活成了她眼中母亲会期待的样子，而抛弃了真实的自己。

过不属于自己的生活

由于母亲与孩子之间原始的共生关系，孩子对母亲无意识或无言的愿望、恐惧和感受尤其敏感。较之母亲和儿子之间，在具有相同生理特征的母女之间，这一状况则更加明显。心理学家荣格曾评论道，没有什么能比家庭生活中"沉默的事实"，或者"墙壁的低语"——那些能从父母的生活中察觉到，但一直未说出口的事情——更能够影响到孩子。与其他事情相比，我们更容易从母亲未曾满足的心愿里，和未能实现的梦想中发现这样的低语——即荣格所说的她"没能过上的生活"。孩子察觉到了母亲的不快乐，并且极度渴望改变她的不快乐，因此，他会竭尽全力去取悦她。然而，孩子并不具备这样的能力。

一个能够读出母亲无意识的（举动）的敏感孩子，会尽力去满足母亲无意识的愿望。正是出自对母亲的爱，或者出自孩子自身希望被爱的心愿，孩子才会试图去拯救母亲，避免让母亲因没能实现自身的梦想而产生自我憎恨。当然，从痛苦的泥潭中走出来，本身就不是一个人可以帮另一个人完成的任务。但是，这个任务对一个小女孩来说尤其沉重，她认同自己的母亲，并且受制于孩童的异想天开，误以为自己或许真的可以成功。于是，孩子开始呈现出母亲无意识领域的阴影面，而完全意识不到，她所过的生活在某种程度上并不是她自己的，而是她母亲的。

成长的必然旅程

在那出生时的痛苦号哭之后，成长就是我们伴随终身的漫长旅程，我们学习着更高效地使用自己的声音、自己的头脑和自己的身体。在这个旅程中，与灵魂的纯粹和简单相比，思想要复杂得多。思想赋予了我们表里不一的能力。不同于灵魂，思想能使我们自己拒绝真相。

在离开母亲走向独立个体的漫长道路上，孩子会记得来自灵魂生活的真实感受，以及这种感受的真诚、愉悦和深刻。但是，孩子也同时学会了隐藏。人类可以以其他动物无法完成的方式隐藏自己的真实感受。一个婴儿（即使是一个月大的婴儿）已经能够在这么小的年纪学会了，在其看护人对痛苦的哭喊做出惩罚性反应时，隐藏自己不舒服的感受。婴儿不仅仅能瞒过他的看护人，甚至还能瞒过他自己。他们可以学会同他们的愿望和需求断联，他们还能同他们真实的感官印象——即他们的预思考和预感知——断开联系，目的就是为了让自己适应这个世界。从向他人隐藏，到欺骗自己、忘记真实的自我，这之间只有一小步。即使是婴儿也能够学会压抑本性。正是这种欺骗，这种让我们一步步远离自我中心的内在的隐藏，导致了我们与固有本质的分离。

曾经有一些病人在开启他们的治疗时告诉我，她们爱慕自己的父亲，憎恶自己的母亲。在治疗结束前，他们逐渐意识到，对父亲的爱其实是一种防御性反应，借此来对抗因父亲的情感疏离而产生的愤怒和被忽略的感觉。他们也意识到，对母亲的憎恨，遮蔽了自己对母亲给予的真诚及坚定的关注的感激，以及因为对母亲的深爱而导致的脆弱感。有一些病人来找我表达他们想要离开配偶的意图，但是后来发现，对配偶的愤怒其实是一种错觉，根源在于他们压抑已久的对缺位的父母进行报复的幻想。此外，我还见过一些病人，他们宣称目前的婚姻让自己心满意足，堪称完美。但是经过深刻的思考之后，他们发现这段婚姻的基础犹如散沙，摇摇欲坠，充满变数。

灵魂不会说谎，也不会受骗，它是真实的。它对纯粹和真诚高度敏感，这种敏感是思想所不具备的。我们生而与灵魂同在，然而早期成长的痛苦会导致我们不时背离自己的灵魂。对完整而圆满的灵魂状态的回溯，也许就是我们成长的必然旅程。

赋予完整的自我融合

和所有母亲一样，我肩负着将完整的自我融合赋予孩子的责任。莫莉纯真、信任的天性在睡觉前表现得最为明显。她从来都不愿意睡觉，毕竟，她才刚开始体验这个美丽新世界，这里的一切都令她着迷，错过任何一个珍贵的瞬间都会让她感到烦恼。再说，她和我的关系正处于不断演化的阶段，对她来说，我就是全世界，她不愿意失去任何与我在一起的宝贵瞬间。

每天晚上，不管她白天玩得有多累，让她闭上眼睛直到产生睡意，都需要花费大约一个小时的时间。最后的几分钟是一个游戏，我会对她说："晚安，莫莉。我爱你，明早见。"她会顺从地闭上眼睛，深深地呼吸，但一会儿之后，她会再次睁大眼睛，脸上还带着顽皮的微笑。这个小剧目每晚都会重复上演五六次，有时候长达15分钟，直到她配合地将眼睛一直闭到睡意来袭为止。

我陪她玩着这个游戏，因为她的灵魂充满了活力和趣味，还有莫莉特有的幽默感——这是她发明的小游戏，她由此感到孩子气的骄傲。也许，她并不想对我说晚安，因为一旦进入睡乡，她就会暂时离开我。

等莫莉再长大一点，她将会赋予我教育她的权力，我可以对她下指令，告诉她应该做什么、说什么甚至感受什么。在某个特定的年龄，她可能会听从我的一切指令。我可能会让蹒跚学步的莫莉穿过房间去取她的洋娃娃，她会顺从我的要求，乐意地、开心地去完成这件事情，绝不会产生一丝反抗的念头。我还能以同样的理智和冷静，命令她去做一些毁灭性的事情，这简直易如反掌。

我可以允许她残忍地对待其他孩子，并在她真的付诸行动时袖手旁观；我可以不断在她面前批评她的父亲，不对她的父亲展露任何爱意，用这种方式潜移默化地向她灌输敬仰母亲而贬低父亲的意识……我可以用一百万种不同的方式去塑造这个孩子，而她一定会迁就我。她可以为了迁就我让自己得上胃溃疡，她可以在余生都悄悄地惧怕着她的噩梦，以及身边的男性或女性。但是，她还是会迁就我，因为我是她的母亲，是她信任的人。

我有能力摧毁孩子灵魂的生活。她对我的爱和需求（这两者目前还是一回事）赋予了我这样的能力。在她目前这个人生阶段，我可以选择不陪她玩她的睡前小游戏，而是暴躁地强制命令她立刻睡觉。事实上，在一天即将结束的疲惫时刻，我巴不得她能马上睡觉，但是这对她不公平，会打断她发自灵魂的表达。

让灵魂记得它的原始意图

也许人的一生，从出生到死亡，一直都在努力去重新获得生命之初的和谐感，即新生儿的那种依从灵魂而生活的状态。在大多数情况下，也许正是我们的母亲赋予了我们遵循灵魂而活的力量，或者强行将我们与灵魂分离。

希腊神话中的记忆女神谟涅摩叙涅（Mnemosyne）是缪斯之母，所有的创造力都源自她，源自对母亲的回忆。创伤通常伴随着记忆的丧失。也许出生让婴儿的灵魂（也包括心灵）受到创伤，因为离开超凡的领域并进入物理的领域，会导致记忆的丧失。灵魂忘记了自己是什么、从哪里来，但是创伤的痛苦立即重塑了婴儿的整个内在世界，从而减轻痛苦。

通过拥抱母亲，原始的内在平衡得以重新建立。或许正如柏拉图在《会饮篇》中所说，我们用整个人生去铭记——寻找丢失的记忆，以实现与我们遗失的灵魂重聚。或许，我们只有通过个体的独特经历，通过在抵御痛苦和伤害时累积的疤痕，才能遮盖住出生的创伤、灵魂分离的创伤，以及其他伤害造成的创伤。当走到这一步，灵魂才终于可以记起它的本来面目，成就它的独特身份。或许在死亡的时刻，我们才能完整地回归到"本来的我"——回到拉康所说的，我们出生时的"真实状态"。

12. 焦虑的双人舞

我对女儿的爱如同一曲二重奏，需要我们俩的共同参与。我们的亲密无间让我感到激动：世界上有那么多的孩子和母亲，而我们从中找到了彼此。

然而在这段亲密关系中，在莫莉和我跳的这曲爱的双人舞中，潜藏着深深的焦虑。在夜深人静的时刻，恐惧会向我袭来。我的焦虑只有在梦中才能渗出。我的梦境向我显示了我焦虑的根源：分离。梦境反映出了我的恐惧——害怕女儿离开，害怕今后的生活里没有她的存在。

多维度的安全之声

每天晚上，莫莉和我都遵循着固定的生活规律。我觉得这非常重要，因为对莫莉而言，我给予她的新生活来得如此突然，如此出乎意料，所有事情都变得和过去不一样了。我知道，哪怕我用吸尘器清扫屋子的频率与莫莉生母怀她时完全一样，我的吸尘器也不是她熟悉的那一部，它嗡嗡作响的声音可能和莫莉熟悉的吸尘器的声音全然不像，也许更加低沉，也许还有点磕磕绊绊，而莫莉原先熟悉的吸尘器却运行得平稳而丝滑。再说，我的声音也和莫莉在生母子宫中听到的声音不一样。我多年前就已经离开南方去读大学，早已丢掉了南方人说话的腔调；但是我很确定，莫莉那位在南方土生土长的生母一定还保留着浓厚的路易斯安那州口音。

我们每晚都会重复着同样的事情，因为我想让莫莉知道，尽管她经历了很多巨变，但她是安全的。每晚重复这些小习惯，还可以让我们感受到共同生活带来的愉悦感。我确保她在每晚睡觉前都能听到我的声音——这个她生活中全新的声音。有时候，我会自己编一些故事讲给她听，像一些关于小兔子罗比、小鹿黛比、小鱼弗雷迪的童话；有时候，我会为她阅读经典的童话和神话故事。我尤其喜欢长发公主的故事，她的金色长发在她那个时代太富有传奇色彩了。我的母亲和我曾经在数不清的日夜里一起分享过这个故事，现在它很自然地来到了我们的生活中。

我知道，莫莉还不能理解我的言语和我想表达的意思，但是我在为她创造一种经历——我用重复的行为告诉她，这是她母亲的声音，尽管她现在还无法表达，但是她会本能地处理这些信息。莫莉能听到我抑扬顿挫的声音，它们时而平静，时而兴奋，时而难过，有时候可能还带着夸张的恐惧或者戏剧性的愤怒（它们反映了故事的基调和内涵）。待在我们安全的家里，享受着亲密的关系，听着让她觉得安全的声音，莫莉听见了故事的基调和内涵。而且，她听到的这种让她感觉安全的声音，是一种多维度的声音。

我为莫莉读童话故事，也是为了我自己。不仅所有的事情对莫莉来说不一样了，对我来说也不一样了。我现在的很多感受都是之前从未有过的。有时候我会求诸童话故事，因为我想要再次确定我的这些挣扎和焦虑是所有女性都会有的——我不是那种古怪的、不正常的母亲，我想要同自古以来的女人们和母亲们联系起来。于是，我回归到了神话和童话里，因为它们是一种万能药，能将人类再次联系起来，无论古今生死。

童话故事之所以有这样的魔力，是因为它们接受和面对了生命困难重重的本质，却没有失败主义和无意义、不相干的逃避主义的色彩。不同于母亲和孩子阅读或聆听这些故事时的安全和愉悦感，童话和神话的实质内容绝不是全然"安全"的。它们通常以母亲或父亲的去世，或者小孩被绑架作为故事的开头。故事里总是包含着失去、分离以及之后坚定不移的努力——去重新找回他人或自己，完成重聚的梦想。

我为女儿读童话故事，还因为这些都是关于自信心的故事。我希望我的女儿能成为一个自信的人，每一天都相信自己能做到任何自己想做的事，成为任何自己想成为的人。童话故事大多与道德无关，它们讲的并不是要成为一个好人或坏人、富人或穷人、有权势的人或微不足道的人（尽管这些主题在故事情节中都出现了）。确切地说，所有的童话故事都提出了同样的问题——你能否直面生活的挑战？你有没有可能驾驭生活的困难？毕竟，当一个人自觉渺小的时候，成为一个好人、富人或者有权势的人，对他来说又有什么用呢？因为分离是我们人生中遇到的第一个挑战，它对我们能否成功形成有安全感的自我非常重要。一个孩子能在多大程度上驾驭分离的挑战，恰恰取决于母亲能以怎样的决心和技巧来帮助孩子应对他矛盾而纠结的欲望——既想亲近母亲又想远离母亲的欲望。

在长发公主的故事中，她的父母从女巫那里偷窃了食物，随后，他们与女巫达成了一项可憎的协议：他们将自己的女儿长发公主送给女巫，以此来抵偿被他们偷走的莴苣。在很多年里，长发公主似乎对自己的生活很满足，尽管她被父母当作过错的抵偿品，尽管她与生母各自分离。长发公主几年来一直没有意识到，那个被她当作母亲的女人并不是她"真正的"母亲，并不是她出生时的母亲。长发公主似乎并没有思念亲生父母的意识，就像我自己的宝贝养女莫莉一样，全然地接受了和养母之间独特的关系。

消失的孩子

多年来，我时常听到很多身为人母的病人，诉说她们在第一个孩子降生之后随即遭遇的恐惧、焦虑和噩梦。在这些母亲的梦境中，她们刚出生的孩子会频繁消失：突然一下，或者逐渐地不见了。其中一个病人曾反复梦到在商场丢失了她的孩子，前一刻孩子还在她身边抓着她的裙子，后一刻这个孩子就消失了，以某种难以捉摸的方式去了某个神秘的地方。还有一个病人梦到她的孩子丢失了一天，莫名其妙地回来了一周，然后又不见了。在母亲们的梦境里，孩子们以千奇百怪的方式消失：有的以新生儿的形态消失，从此不再长大，在记忆里，他们永远以婴儿的面貌出现；有的死于火灾；有的被绑架；有的则消失在想象中的未来，以他们应该成为的面貌消失。在一些母亲的梦境中，她们的孩子成为青少年，他们离家出走，在大街上流浪，变成了瘾君子；而在另一些梦境中，孩子已经成年，他们莫名其妙地死于某种不知名的绝症。梦境向母亲们揭示了她们对孩子最为惧怕的担忧。

随后，我也加入了古往今来的这些母亲的行列。我和她们一样，在夜晚难以安眠。家里的其他人——格雷格、莫莉、保姆、狮子狗奥斯卡、豚鼠巧克力和香草——都睡得很平静。在莫莉生命的头六个月里，我做了大量关于她濒临死亡的梦。它们就像一场永不结束的电影——下一场噩梦总是从上一次噩梦结束的地方开始。莫莉躺在游泳池底部，她的身体已经没有了活力。我把她拖起来，对着她的嘴吹气，但是她仍然一动不动，我知道她即将死去。这种想法让人难以忍受。它不可能发生，它不会发生。我对着她一声接一声地尖声喊叫。我尖叫中的强烈情绪，我对她离我而去的可能性的坚决抗拒，以及由此发出的人间最响亮的尖叫声，是它们把她唤了回来。"莫莉，回来！回来！"我强烈、激烈、猛烈地哭喊着。谢天谢地，她听见了我焦虑的恳求，回到了我身边。

在另外的噩梦中，她从栏杆上掉了下来，而我则在她即将落地的一瞬间，如同空中飞人一般，以一种奇迹的身姿将她接住了。在每一个噩梦中，都有不同的奇迹，不同的与死亡的抗争在上演。每次醒来我都会去检查她的呼吸，确认夜晚是夜晚，白天是白天。

当清晨带着我的感激降临时，我能足够清醒地去理解这些关于莫莉死亡的梦境，它们都是我的潜意识向我传达出的，具有象征意义的信息。我知道，梦境反映了我对于分离的焦虑。毕竟，还有什么比死亡更为极致的分离呢？在我的梦中，我们的分离总是源自一些不幸的遭遇，或者我们无法控制的事件。

我知道，这种焦虑于我而言是深沉和悠久的，我的很多病人都是如此。我知道，我的焦虑与童年时期的亲密和分离有关。我知道它起源于我和母亲的关系——我与她的亲密联系，以及我对与她分离的恐惧。之后，它跟随我进入了我和男性的关系中。它塑造了我一生的相爱模式，与母亲在一起是怎样，与男人在一起也是怎样；进入依恋——对母亲是如此，对男人也是如此；害怕失去——对母亲是如此，对男人也是如此。

现在，我和莫莉拥有的这些深沉的爱和依恋，以及对失去她的焦虑和恐惧，给我带来的感觉和从前一样，这种情感如此强烈，仿佛海啸的巨浪随时可以将我淹没。大部分与婴儿成功地建立了亲密关系的母亲都有相同的感受：她们说自己如同自由落体一般与孩子"坠入了爱河"，没有任何在沙滩上软着陆的可能。

养育，着迷和陶醉

当提到"母性的本能"这一概念（不管是固有的还是习得的）时，我们有必要注意到，科学家已经提炼出了一种激素，叫催乳素，它能促进养育、防御和保护行为（甚至对男性也是如此）。但是我们也需要意识到，催乳素在体内的存在也和其他情感倾向相关联，包括敌意和产后抑郁。和新生儿"相爱"的状态并不仅仅出自情感；它存在于母亲的体内，在她的激素和她大脑的化学物质中。

当我们试图理解与母爱相伴随的焦虑时，比较有用的方式是，我们应该记住：科学家们对大脑的生化研究表明，化学反应所引起的大脑状态，同痴迷、狂躁、沉醉、饥渴等状态有着相同的脑回路。

13. 无言的痛

我知道，对我女儿来说，我是一个无可挑剔的模范母亲——我对待她的方式，就如同她是我的生命之光。我充满情感和爱意地将她抱在怀中，给她读书，和她玩耍，为她唱歌……我做了所有能和婴儿一起愉快享受的活动。然而，除了付出我全部的爱、无微不至地关爱她之外，我还感到一股透不过气来的挣扎和难受：不止是因为害怕再次失去她的潜意识焦虑，我还深深陷入了一种表达僵硬症（paralysis of expression）的折磨之中。

抑制性冷漠表达

这种痛苦对我来说，由来已久。这也是我之所以去做个人精神分析的原因之一。直到治疗之前，我都一直是一个很难找到合适的理由去说话的人。我们家有一个津津乐道的故事就与我有关。那是在我五岁的时候，隔壁搬来了新邻居，哥哥和我一起去欢迎他们。我们站在新邻居家的门口，女主人走出来迎接我们。我哥哥（当时大概七岁），立即勇敢大方地打招呼："嗨，我叫大卫。"然后，邻居的女主人把头转向我，笑容满面地问："那……这位小姑娘叫什么？"我站在那里，没有回答，表现得就像根本没有意识到有人在跟我说话一样。随后，她再次用甜美的嗓音（或许还带着一丁点儿不耐烦的语气）对我说："哦，你肯定是害羞。"被激将了一下，我突然有种难以遏制的表达欲望。我愤怒地回应了她对我身份的误解，挑衅地说："不，我不叫害羞，我叫简！"

即便是成为一名合格的精神分析师，我也深受这种抑制性冷漠表达（inhibiting indifference to expression）的痛苦。我记得有一位病人还曾对此抱怨过我，但直到她向我提出申诉，我都没有意识到我的行为是有一点令人不悦的。我的同事朱迪是个活力四射的精神分析师，总是会富有感情地与人沟通。她如果有事找我，通常都会按响我办公室的门铃，而我则会直接拿起对讲机问："谁？"她总会给予一个友好的回应，不是报上自己的名字，而是会热情地用"你好啊，简，最近怎么样？"之类的话作为回答。但我通常的回应则是直接让她进来，从不会回答"哦，你好呀，朱迪"或是"请进来吧"这样的客套话。我什么都不会说，空气里只有电子对讲机嗡嗡作响声，代替我的回答。

或许，我当初之所以被精神分析师这个职业吸引，就是因为这是一个"聆听"的职业。"聆听"这个词，从语法意义上来说可以等同于"沉默"。而事实上，精神分析师从理论意义上来说，是有理由不说话的。然而，在我职业的早期，我就认识到了，持续不说话是让你失去来访患者最快的方法。这些来寻求心理帮助的患者就像是婴儿和孩子，他们需要也渴望着语言和情感的交流，那些富有感情的语言就像食物，没有这种食物，他们就无法得到滋养。当那种饱含情感的喂养没有如期而至的时候，很多人就会尽早离开。

然而，讽刺的是，站在我的立场，我强烈想要聆听，说话（我甚至觉得这是自己对害羞的反抗）则成了一种精心炮制的反抗，也是一种能让我对自己沉默的弱点感到好受一些的策略。除了对我的母亲之外，我就是不擅长用语言来表达自己的感情。我习惯于隐藏那些难堪的情绪——愤怒和受伤，而那些爱的表达对我来说，则觉得太显而易见，所以无须多说。

长久的逗留

人类之所以发明语言，有着各种各样的理由，从我们最早期原始的咕噜和尖叫声，以及那些因喜悦而发出的咯咯声，因疼痛发出的呜咽声开始，所有这些都是通过被"听见"而展示的被"看见"和"了解"的需求。古希腊哲学家赫拉克利特就曾用ksuniemi来表达"认识"这个含义，但这个词最初的含义实际上是"通过聆听而了解、认识"。或许，那些发明出了复杂发声技术的祖先们一致决定了，任何思想和情感都值得被翻译成可以被聆听的语言，而语言就这样被精心设计成了我们表达内心世界的工具。我们将声音与内在的处理过程精准地结合起来，使得我们可以让自己内在的体验为他人所见、所闻和了解。

我和莫莉一起时做的一件事，就是让她拥有聆听的体验，聆听我们在一起时我内心的世界。我明白，通过这种分享，我正在给予她一种能够构建我们关系的经验，就像英国作家安妮·卡普特说过的，这是一种"听得见的胶水"，用来代指母亲对婴儿的呢喃话语。而这种像胶水一样黏着的情感，是我传递给莫莉的，它必须是能够被聆听和被看见，同时还能感受得到的。我内在经验的感受有一个名字，我很想说出来，我希望将这名字归为己有，就如同我在拥抱着属于我的孩子时的感受一般。然而，我无法告诉我心爱的女儿，我爱她。

我张开嘴巴，准备说出这个简单的、古老的词汇："我爱你。"然而，这句哽在我喉咙里一辈子的词语并没有蹦出来。我觉得自己几乎就快脱口而出了，我甚至为此已经准备好了脸上的笑容。但我最多只能说出："妈咪爱莫莉！"或者问："莫莉，知不知道妈咪有多爱莫莉呀？"我尽可能地张开双臂，就仿佛要把整个世界都拥抱在怀里，但我一直都没能说出这句最简单的告白：我爱你。

我绝望地想要喊出这些字眼，试图用意志力说出这几个字。当我没和莫莉在一起的时候，我会进行彩排（为了让自己看起来不像个疯子，被人误以为该送去精神病院，我不会真的嘟囔出来，只是在心里面一遍一遍地对自己说）。然后，当时机来临，我们亲密地在一起的时候，这几个字还是说不出口，它们深深地卡在我的喉咙里。这感觉就好像有一首歌，它来自我的潜意识，我记得歌词和旋律，却失去了唱出它的能力。无论我怎么努力，我就是无法将这个表达了我情感的动词，从我的身体里，从我灵魂的深处抛到空气中，让那些词语流进莫莉的耳朵，让她听到并"了解"。

或许如我所担心的那样，我和莫莉，就像我妈妈和我一样，如果我紧紧地抓住这个孩子，我怕自己再也不能放手。我想，是对可怕的分离的焦虑，让我望而却步。或许，这爱的语言是抵抗我和我女儿分离的最后的、必需的壁垒，这也是我能够抵御让自己绝望地爱上她的最后一招（一如我母亲对我一样）。

这种如鲠在喉的经历伴随我的一生，始于我的母亲以及其他家人，然后是对我的男朋友们以及女朋友们，接着是格雷格，现在又轮到了莫莉。我高中时最好的朋友叫辛西娅，从我们见面的第一天起，她就注意到了我这一点。我和辛西娅之间有一段美好的、温暖的、充满关爱的友情，我们诚挚地热爱彼此，最好的朋友也不过如此。但我几乎从不会像她对我那样，主动去拥抱她，我也从不会对她说出一些美好的词语，比如"见到你太开心了""我都等不及要见到你了""我爱你"……而她却经常对我表达这样的感情。某种程度上，这可能已经成了一种习惯。在过去的35年里，我们每周甚至每天都会交谈，有时候一天就会聊上三四次。所以，我就自认为合理地觉得，反正再过几个小时，也许是明天，我们就又会聊天了，说"我爱你"会显得有点奇怪。尽管问题的关键不是不说，而是我说不出来。即使当我知道自己将会有一段时间见不到她，我依然不会去拥抱她，向她道别。我见过她和别的朋友在我面前拥抱，但是当轮到我的时候，我只能站在那里，双臂僵硬地放在两边（当小莫莉第一次伸出手来要我接住她的时候，我的手臂也是这种瘫痪的状态），无助地等待她先拥抱我，希望她能帮我打破这无止境的痛苦循环。

过去的这些年来，辛西娅是真的在努力帮我克服这个困难。她对我说，她爱我，然后告诉我，现在轮到我对她说了。当然，那种时候我不得不说。有时候，我想用"我也是"来搪塞过关，但她不会就此罢休，她说："我亲爱的简，告诉我！"但是，那三个字就哽在我的喉咙里，无论我怎么尝试，它听起来就是非常别扭。好吧，这至少是个开始。

流畅地表达爱的语言

这种哑言的痛苦绝不是我们家族的新鲜事儿，它当然可以追溯到我母亲那里。即便我长到了这么大（可笑的是，当莫莉来到我身边的时候，我已经过了可以生育的年龄），有着训练有素的认知（拥有硕士和博士学位，同时是认证精神分析师）以及发展完善的情绪力（30年的精神分析生涯的经验塑造的），我的身体里依然烙印着来自我母亲的许多印迹。即便我已经在个人、专业、情感和精神上都成长和进化了很多，但唯有在这一件事情上——我无法直接地表达自己的爱意——我依旧在效仿我的母亲。我表达爱意的局限，就如同我和她在一起时的局限一样。尽管我很清楚，母亲爱我，胜过一切，超越她生命中的其他人，但现实是，她从未告诉过我。那三个字仿佛在她的词汇表里不存在，而我也确信，这三个字也不在她母亲、她外婆的词汇表里。就仿佛它们存在于我的基因里，在过去的35亿年间，无数母亲学会了说爱的语言，但对所有那些叫玛德琳·玛尔维娜（我母系祖先的名字）的人们来说，他们从未掌握这个简单的技能，从第一代的玛德琳·玛尔维娜没能学会说出这三个字开始，我们这个家族就一直处于爱的语言的残障状态。所以，我也有着同样的缺陷。

我对自己这一能力的缺失，一半认真地归为自己的"痛苦"（仿佛得了某种可怕的疾病），或是一种"缺陷"（就像我永远无法掌握打高尔夫球的精髓一样），又或是一种"复杂性"（一种被弗洛伊德归类为"一系列尚未解决的问题"）。现在，当我想要对我的女儿说出这些我从未学会的词语时，这种残缺对我的影响就日益显现了。我学会了感受，学会了承诺和奉献，以及随之而来的亲密关系，但我始终没有学会这些语言。这就是一种外语，我母亲没有学会，也没能将这种爱的语言的流畅表达传承给我。

所以，和莫莉在一起的时候，我的喉咙一直对爱的语言保持瘫痪状态。但莫莉并不知道我从没有说过"我爱你"这句话（就如同我也从未注意到我母亲的这一点，直到我自己做精神分析的时候才发现），而莫莉能在其他我为她做和说的事情里听到这三个字。在我对她的爱抚中，在我们愉悦交汇的眼神里，在充满兴趣和默契的认同时，在我们一起做的那些充满感情的活动里。她从我声音的语调里了解这三个字，那些带有"哦"和"啊哈"前缀的语言，这婴儿的语言，就如安妮·卡普特所说，这是"母亲的语言"，是真正的"亲密的旋律"。

但莫莉还是改变了我整个世界的结构。对于她，我那"含蓄"的表达变得不够好。我深知，我必须要像运用自己的感受和行动一样，运用语言来表达我的感性。我知道，我需要教会莫莉用词语去表达成人世界里爱的语言，就如同在情感和声音的语调中呈现的婴儿世界里爱的语言一样。我深知，如果我想把这个孩子养成一个健康的、有爱的、对社会有所贡献的中坚分子，我需要告诉她，我爱她。这三个字，和它们所表达的感情一样重要，这三个字会给予莫莉关于她和我的关系的一种特别的安全感，而在她今后的人生里，也会持续地影响着她对于自己在这个世界所处位置的感受。

我需要能够告诉她，因为"我爱你"这个句子里有两个代词和一个动词。动词意味着我对她的爱，一直都伴着吵吵嚷嚷的热闹声之意，它意味着我已经从"被人爱"的婴儿被动姿势，转换到了成年人的主动"去爱"的姿态。代词"我"和"你"会告诉莫莉，她不是我，我们是分割的。整个句子——动词和代词的结合——会告诉她，我们的分离是安全的。

我需要告诉莫莉，我对她的爱，轻松而且充满感情，因为只有通过与我相处的经验，她才能学会如何塑造自己。我需要能够做到这样，因为这是我成为一名精神分析师之后学到的最重要的一课：有感情地使用语言，是人类的伟大成就之一。没有语言，就没有成熟的自我，也就没有思想和情感的统一。语言使得自我拥有一个稳固的基础，语言使我们通过心智来消化情感。是语言，让我们的身体、思想和精神得到融合。它可以像胶水一样把我们黏合在一起，但它也会将人们分割成一个个独立的自我。

而我需要有能力告诉莫莉我爱她，因为我需要有能力和我自己的母亲分离。我得摆脱去世已久的母亲，她至今还对我产生数不胜数的掌控力。我需要将她看作是一个女人，而她仅仅是个女人，不被她的环境、成长以及性格所限制，我要正常地看待她。我需要重新认识她，而不是那个我婴儿时依恋的母亲，那个我的万物之源，那个给了我对一切的定义的母亲。我需要能够将自己从母亲那里分离，以此完成我和自己孩子的分离。

如果我能让自己对莫莉说出这句话，那么，我就会抚养出一个这样的孩子——她不仅知道她是她母亲人生里的一束光，她还能够对她未来与之共度一生的伴侣说"我爱你"，对她以后可能会有的兄弟姐妹说"我爱你"，以及最好能够对我（她的妈妈）说"我爱你"。

基于这些缘由，我对莫莉所使用的词语，精准到每个词句的用法都很重要，影响深远。就如同著名作家马克·吐温曾说的那样："准确的词和差不多准确的词之间的区别，就像萤火虫和灯光一样大。"

14. 认识另一个同类

　　每当我想要表达爱的语言时，就深受喉咙失灵的痛苦，这也意味着，我比别人更能够识别出身边患有同样病症的人。就像犹太人在全世界哪儿都能找到自己的同类，内向的人也总能在一场单人舞中很快就识别出孤独的同伴一样——我总是能一眼看出我的同类患者们。

时断时续，间歇性失语的时期

　　我注意到，我的一个病人玛尔妮也和我一样，饱受喉咙失灵的痛苦。玛尔妮第一次来找我的时候，还是个被人遗弃的青少年，经历过自杀和歇斯底里，拒绝沟通。我用一些她要么不会回答，要么无法回答的问题开始了谈话治疗，但她总是用一脸冷漠甚至厌恶地转过头去来回应我，或者干脆对我不理不睬。在治疗的早期阶段，我感觉想要了解她非常之难。我们只能沉默地待着，彼此都在厌恶、不满中煎熬，大部分的会面都是无声的。然后，终于有一天，她开口了——她告诉我以后不会再来了。对于这一点，我并不意外。我对自己的反应感到震惊。我告诉她，过去的这段日子里，她是一个很好的病人。她大笑——这是她来到我这里以后，第一次浮现有情绪的表情。她的笑容有些僵硬，带着一点不相信，或许还有一些轻蔑和傲慢的味道。她以为我是在拿她的诊疗费开玩笑，就像曾经的我，被别人粗暴地误解为是个害羞的人一样。我突然找到了自己失去多年的声音。我告诉玛尔妮，因为"曾是个好病人"这个梗，她第一次说话了。她问我，怎么可以说出如此明显充满讽刺的话，因为她一个字都没说。我说，她是出于自愿才来到这里，对于她这个年纪来说，仅凭这一点就已经算得上是奇迹了。我说，她显然内心有着巨大的痛苦，想要或者需要去谈一谈的痛苦。如果她愿意给予我了解她痛苦的特权，我将会非常愿意聆听。

慢慢地，经过了数月频繁的开始又暂停，间歇性地说话和无法说话的治疗过程，玛尔妮终于一点一滴地向我说出了她的过去。从出生起，她就被放在了一个孤儿院。在那里，她度过了很短暂的一段时间。从她打量世界的第一眼开始，她就从未收到过一个温暖的、被接纳的问候。相反，她人生得到的第一个情绪体验就是拒绝。对于这一点，我表示认同——至少在潜意识层面，所有被收养的孩子都是如此。她不像莫莉，遇到了我和格雷格，还有奥斯卡、巧克力和香草，玛尔妮没有找到一个"替代的家"，能够给予她最初的，被需要和被爱的感受。收养玛尔妮的养母在她六个月的时候把她带回了家。对她来说，这个家也只是在重复同样的拒绝的情绪体验（和她生母在抛弃她时给她创造的情绪氛围一样）。养母和被收养的孩子相处得并不和谐，她们之间从未发展出情感共鸣，从而疗愈玛尔妮，帮助她走出最初的拒绝性伤痛。就这样，玛尔妮在成长过程中感受到的是孤独、缺爱，缺乏与一个主体关系的约束（归属感），也因此无法发展出一个完整的自我。

我们的治疗进展很顺利。随着时间的推移，玛尔妮成了一个"正常人"。她开始想要了解自己的想法和感受，尽管它们时常令人不安。她发展出了一种心理分析师渴望其病人拥有的能力——用简洁的语言表达自己的想法和感受。玛尔妮拥有了一些良性的关系：她和她的弟弟（也是被领养的）关系密切；她和养父在一起度过了一些有意义的时光；她和一些女孩结成了友谊；她遇到了一个好男人，他是一名警探，她嫁给了他，拥有了一桩美好的婚姻。

但是现在，她带着"间歇性失语"的问题再度回到了治疗室，想要一劳永逸地解决这个痛苦。她坦承，对她来说，现在能够亲口告诉母亲自己爱她，是一件很重要的事情。她的第一个孩子刚出生，而她的母亲年事已高，随时都有可能去世，这个需求就越发急切了。而无法对母亲说出"我爱你"这三个字，一直都困扰着她。尽管她们之间有过无数的斗争、误解和敌意，玛尔妮还是想要完成这项任务，亲口告诉母亲：无论她是年轻还是衰老，自己都一直很爱她。

数年之后，我们被迫又回到这里，讨论玛尔妮的语言瘫痪问题——一种她曾以为自己已经解脱了，如今却盛装打扮再次出现，重新解决折磨她的问题。她比任何时候都更渴望能够完成自己和母亲的关系，从而能够用这些爱的语言，开启她和自己女儿的关系。我问她："障碍究竟在哪里？"问的时候，我已经知道她会给出的答案，因为她和我在这方面别无二样。"没什么障碍，"她说，"没什么可说的，这个词就是说不出来，这是个无法修复的问题。"

我迫切想要治愈这个女人的"问题"，就如我渴望治好自己的一样。我想着，如果我能够治愈她，我就能以某种渗透性的方式，让自己也收获这胜利的果实。我们交换了她和她母亲关系的讨论，在这个地方，我们的感受分道扬镳：她母亲显然经常发火暴怒，而我母亲则不会。由于母亲经常性暴怒，令玛尔妮非常害怕。她把自己生活中的许多问题都归因于母亲的愤怒。无论何时，她老板如果批评她的表现，她也会逃避到恐惧的情绪中去。有时候，她害怕说出自己的想法（这在我们第一阶段的疗程中就显现了出来）。但是，她依然坚持认为，她生病的母亲的暴怒表现都只是过去的事情，母亲现在几乎是半个盲人，还有关节炎，伤害不了任何事物，而玛尔妮也已经原谅了她。反正，在坚持对这一切既往不咎的情绪下，玛尔妮还是无法说出那句爱的语言。

我是如此地认同玛尔妮，以至于有时候我以为自己甚至可以帮到她。一听说她的言语瘫痪症，我就开始对自己的痛苦感到不耐烦，然后，当我和她在一起的时候，我的不耐烦就开始在我的思考和感受上表现了出来。我开始越来越不耐烦，甚至有些专横霸道，不仅是对我自己，就连对玛尔妮也是一样。我想让她赶紧行动，像个法官一样训斥她："你怎么能如此没有爱呢？在这个可怜的女人离开之前，赶紧行动吧！"但即便是在我指导她"去做吧，深呼吸，告诉母亲我爱你"的缝隙里，我瞥见了自己不耐烦的踪迹，我还是小心翼翼地隐藏着自己的秘密——我真是五十步笑百步。我只是觉得，让她去做我自己根本做不了的事情，这感觉有点不太好，虽然我总是在说服自己，如同体育教练们对他们的运动员做的事情一样。

玛尔妮反抗了我（她当然应该如此，命令在治疗工作中鲜少会带来行为上的改变，即便是在母亲的责任中也是如此）。现在，每次玛尔妮的母亲来参与治疗讨论的时候，玛尔妮都会睡着。我们决定下次治疗的时候，想办法让她母亲睡着，让玛尔妮保持清醒。我指导玛尔妮不要再谈论母亲，然后，当她开始能够舒服地叙述新出生的女儿那奇迹般的感受时，她才又重新活了过来。

在一起是我们宇宙的命运

是莫莉最终"治愈"了我的"痛苦"，使我能够用言语来爱她，同时也使得我能帮助玛尔妮和她的"语言瘫痪症"。是莫莉的榜样作用，教会我如何去爱；她的那种觉得自己有权被爱的与生俱来的意识激发了我，也改变了我。

我知道，自己对爱的语言的瘫痪和内心根深蒂固的挣扎有关。我始终觉得自己应该属于某个人。自从母亲去世之后，我就从未真正感受过任何人只属于我，也从未觉得我只属于某一个外人。甚至，当我刚结婚没多久，我还是强烈地感觉，我不属于这个男人，他也不属于我，以至于我很难称呼他为丈夫。好几次，我看到他对别人介绍我是他的妻子，就好像你要探出脑袋去张望——他说的是谁啊？因为你觉得他说的好像不是你。我就从未觉得自己嫁给了他，所以他也并不属于我。

事实上，除了我的母亲，我的生活里没有人会让我觉得是稳定的、安全的、会一直存在的。如果所有人的活动线路都是一条轨道，我感觉自己的轨道是一段单向旅程，只有很偶然的时候，只有很短暂的一些时光，我才会与他人有交集。

没有人给过我那些母亲曾给予我的感受：我的存在对她来说至关重要，我们的轨道永远交汇在一起。我感觉自己是被喜欢甚至有时候是被爱、被尊重、被重视、被仰望的，但不是必需的。因为母亲的死，我太想念这种被需要的感觉了。

我想，为了不再为女儿感到焦虑，不再困扰于喉咙的瘫痪中，我需要找到母女连心的感觉，她是我的女儿，是我的孩子，是我的宝贝，而我是她的妈妈，在这段短暂的时间里，只有我们俩，别无他人，我们享受在一起的时光，我们是一体的。我需要感觉到我们处在彼此的轨道上，却又互有交集（在这段共生一体的时期里，甚至会把格雷格排除在外）。我需要和我的孩子建立这种母亲曾给予过我的感受。

赋予爱的特权

科学家研究了母亲和婴儿之间产生的特有的"爱的双重奏"。通过分析交互模式，研究者可以在宝宝4个月的时候，预测出哪些宝宝在12个月时会成为最安全型依恋者。其中起着关键性因素的，不是我们曾以为的连续性同步交互。也就是说，那些对母亲发展出最安全型依恋模式的婴儿，既不是与母亲接触、同步互动最多的人，也不是与母亲接触、同步互动最少的人，而是那些能够与母亲有着多种多样的互动交流的人。也就是说，母亲和婴儿之间最好的交流，是既有预测性又有多样性的关系，他们在重复中建立安全感，在新奇中激发兴奋感。但科学家们还没有研究，婴儿寄托在母亲身上的安全感有多强。没有研究能够预测，像我这样的人成为母亲以后，会发生什么样的改变。

莫莉是最好的老师，她教我如何去爱，让我认为爱是伴随着归属感的——而这种归属感我是可以获得的。她抓起我的手，放在她的脸颊上，就在那恰到好处的位置，放在她渴望的地方。然后，当她从这小小的、爱的交换动作里获得了足够的满足，她会故意把我的手推开。我们之间这小小的动作，皆因为她拥有我对她爱的担保，她从不怀疑这一点。我会想要一遍遍重复这个接触又分离的动作，因为它太有爱了。莫莉认为她有权得到我的爱，有权要求我爱她，这能大大缓解我的焦虑。尽管我还不能完全靠自己达到这种理所当然的归属感，无法像确认白天之后就是黑夜一样确定我们是彼此依靠的感觉，但她会教我这么做，而我也全然地相信她。在她的世界里，无论是过去、现在还是未来，都不可能想象除了我之外的任何其他归属。而也正是通过这个过程，她了解自己属于我，我也开始知道，我属于她。

显而易见的是，即便是一个婴儿，或者像莫莉这么大的孩子，在尚未习得语言之前，就已经有足够的自我意识知道自己想要什么，也有足够的驱动力去追求自己想要的东西。我知道，作为她的母亲，我的职责就是要确保她能保持这种权利的意识，不会做任何可能剥夺她享受这种爱的优待权的事情。作为她的母亲，我的职责是追随她那与生俱来的、健康的天赋，成为她需要的那种母亲。

所以，莫莉确实是"治愈"了我初为人母的害怕、焦虑和不安。莫莉坚定地认为自己有权做我的女儿，她坚信我们是注定要在一起的、独一无二的母女，任何孩子和母亲都无法替代。正是莫莉的这些信念，带给了我声音上的突破。在我成为莫莉母亲的第182天，这一天快要结束的时候，莫莉终于听到她的母亲亲口对她说了97次"我爱你"。而一旦掌握了怎么去说以后，我简直停不下来，这感觉实在太好了。

驱散人生故事的幻觉

现在，我终于知道用什么可以疗愈玛尔妮了。她的疗愈就是我的治愈。她需要从我这里听到我说："我爱你。"她需要让自己人生故事的幻觉消散。她需要知道，即便她从未被告知她是被爱的，并不代表她不可爱。现在，我对这方面可是个行家了。那三个神奇的字从我的嘴里冒出来，我告诉她，我爱她。这很容易做到。我说得坦诚且真挚，经过了这么多年的相处，我逐渐了解了深藏在她内心里的一切，这份爱早已真切地流露出来。玛尔妮也真的是个很可爱的人。她听到我的话后，如释重负地大哭了。在她生命中，这是她首次明确地知道自己是被人爱着的。

在玛尔妮接下来的治疗阶段中，她向我描述了自己观察到的一幕：她的母亲第一次抱起她女儿的经历。电话铃突然响了，她不得不跑到另一个房间接电话。她没想那么多，随手就把女儿放进了旁边母亲的怀里。接着，她看到她的母亲小心翼翼地抱起宝宝。就在那一刻，她突然觉得这个女人一手养大了她和弟弟，这简直是件不可思议的事情。她的母亲看起来和刚出生的宝宝一样脆弱和害怕。被转移到外婆的手里，宝宝开始大哭。而玛尔妮目睹了此刻母亲脸上情绪的转变，这张脸上有她从小到大都很熟悉的，也是最令她恐惧的情绪——害怕转变成恼怒的脸。

玛尔妮终于理解了母亲的愤怒，也理解了母亲的痛苦。因为宝宝的哭泣，诱发了母亲久远而疼痛的，觉得自己不配成为母亲的痛苦。那一刻，玛尔妮的解释是："我感觉自己完整了。"她了解女儿被交到一个陌生人的臂膀中产生的不安感，而与此同时，她也懂得了母亲恼怒的根源——她觉得自己不是一个称职的好母亲。而突然间，玛尔妮成了女儿的母亲和母亲的女儿，在与母亲和女儿的认同感中，她才能在爱着她们的同时，又感受到自己内在的完整。就在那个内在变得完整的地方，玛尔妮终于对着自己的母亲，说出了那句话——我爱你。

莫莉为我点起了一根蜡烛，这蜡烛在我手中，我用它点燃了我病人的蜡烛，而玛尔妮现在正握着这根燃烧的蜡烛，她会照亮她的女儿，并将之传承下去，经久不息。点亮的蜡烛，让之前漆黑的地方充满了光亮。而莫莉则填补了我这个失语的母亲不知道延续了多少代人的、无法表达的沟壑。

15. 丧失全能的母亲

现在，莫莉已经长成了个蹒跚学步的婴童，我看着她卖力挣扎着想要从我手里挣脱，试着迈出几步，建立她小小的自我。我看到了她在试图承担起自己的小世界的过程中遇到的种种沮丧和挫败。她满怀信心地朝着宇宙中属于她的领域进军。她可能会想打扮自己，或是从冰箱里拿些食物，又或是用手去触碰乒乓球。但出于某些理由，这些任务都无法完成。她的左手放进了右手的袖口，鸡蛋掉落在了地上，乒乓球也从她身边呼啸而过，抓也抓不着。她感到沮丧，而紧随失败感而来的愤怒，则从来不会指向她自己——她的愤怒总是生气勃勃地朝向我。即使我根本不在她旁边，即使我和她的失败处境一点关系都没有，但我永远也脱离不了干系。每一件进展不顺利的事情，都是我的错。

我知道，她责备我，对于她这个年龄来说，是一种健康且合适的情绪疏导方式：她把愤怒指向我，总好过将攻击的矛头指向自己，而后者一旦形成了心理机制，会让她一辈子在无能感、缺乏自我价值感和害怕失败的泥沼中挣扎。我也知道，在她将愤怒指向我的时候，莫莉自己也正在面对一个突如其来的现实——

我不是一个全能妈妈的糟糕现实。正是她作为一个小孩子的无力感，对应我作为一个母亲的无力感，才导致了她的狂怒。我完全没有理由去责备她。

无力感是一种渐进的觉醒

我认为，在母亲和孩子的分离阶段中，伤害性最大、最令人恐慌、也最令孩子们恼羞成怒的，就是母亲不再全能。孩子渐渐开始了解，母亲不是万能的，她不能替他们带走所有的忧伤和痛苦，她不能保护孩子免遭一切的意外和伤害。世界有时候会侵犯到他们，而母亲则不是这个世界的主宰。事实上，随着孩子逐渐长大，母亲所主宰的领域会开始变小，直到孩子开始理解，有时候母亲能够主宰的可能仅限于自己和家庭。母亲无法掌控孩子离开家以后的世界，不能控制游乐场里其他孩子的行为。更糟糕的是，当孩子年幼的时候，母亲则可能永远地消失了——她去世了，或者失去了生存的能力。

与此同时，当孩子开始剥夺对母亲全能的认识，他们自己也开始确切无疑地摆脱自我的浮夸感。和母亲一样，孩子也不是宇宙的主宰。也许有些时候，孩子可以指挥自己的母亲，但不会永远如此，很多时候只能由母亲来决定。正常情况下，这种双方共同的无力感是一种逐渐发生的觉醒，而孩子逐渐扩张的身份认同也随之成长，以迎合这现实的苦痛。随后，在他们之后的人生里，成年的孩子才能够去认同母亲是另一个成年人，而不是一个令人失望的、全能的、童年时的母亲。

搞砸共生感的一件糟心事

当我还是个青少年的时候，有一次乘坐巴士从学校回家，中途需要转车。我当时正在换乘公交站等下一班公交车，无意中看见我母亲正开车经过。我大声叫她，追在后面疯狂地喊她，可是她完全没有听见，也没看见我，就直接沿着我熟悉的路线开回家了。我站在卡罗尔顿大道的街角，哭得像个孩子，我觉得自己被抛弃了。对那时的我来说，母亲怎么可能不知道我的存在呢？她怎么可能看不见我呢？这感觉太陌生了。我无法相信，却不得不带着情绪上的疼痛去接受这个事实——在我之外，她也有不包含我的那部分生活。

随着我渐渐长大，我开始确定地了解，母亲宠我、爱我，即便是在那一刻，我看着她的车消失在车流中，她却没有看见我的时候，她依然是爱我的，只是这种分离的感觉依然会像针刺一样让我疼痛和难过。这种痛源于她不知道我当时在那里，源于我们之间的连接性消失了，源于即使没有言语和沟通，我也希望她能够了解我想要或需要的每一件事，但事实上，她却并非绝对的了解。这种痛还根源于，我突然意识到，我们不再是一个整体，我再也不能对我母亲的全能持有坚定的信心了，这也是对我们共生关系的又一次沉痛的打击。

通过工作，我从病人身上了解到，失去对全能母亲的幻想所导致的创伤，以及随后而产生的愤怒感，会让母亲和她们的孩子，在本应该各自放手分离之后的很长时间里都相互牵绊着。

我的病人都会和我谈起他们的母亲。病人的母亲也都会谈起她们的孩子，无论她们是8岁、18岁还是80岁，均无例外。面对孩子们成长中发展起来的个性，母亲感到无助，震惊于孩子们偏离了自己预设的轨道。相应地，孩子们最终也会震惊地意识到，他们的母亲不会，也无法总是控制或保护他们，哪怕在他们叛逆的时候，母亲们也根本拿他们没办法。

所有的孩子，总是或多或少地以某种程度、在某些时候，对自己的母亲感到愤怒。他们的愤怒甚至会达到不可理喻的强度，不管母亲是否实际应该"承受"，也不管母亲是好母亲还是不合格的母亲。当这种非理性的愤怒发生在12岁之后，通常愤怒的根源并不是当前的某个情境刺激了他们的情绪，而是这种情境把他们带回到早期童年时的状态。如果这种对失去全能的母亲的愤怒，在孩子的童年时期没有被妥善处理或释放，那么当他们长大以后，他们会发现自己依然会对这种挣扎产生强烈的反应，依然会责备自己的母亲。对所有的孩子来说，要从这种困扰的现实认知——认识到自己的母亲不能越过高楼，不能飞上天空，也无法像超人一样的行动中——恢复，是一个艰难的过程。

与共生相悖的欲望

母亲们既给予，又保留，几乎所有的母亲都是如此。婴儿还没有发展出这样的心理机制，将那个令人满意的母亲和令人沮丧的母亲视为同一个人。因此，从婴儿那仍处于最基本的自我意识的角度来看，母亲被认为要么是"全善"的，要么是"全恶"的。随着孩子逐渐长大，将"部分的母亲"融合成一个完整的人，这个心理过程才逐渐开始。至此，母亲的角色看起来才更具现实感，少了很多理想主义的成分。她就像是一个情绪的容器，安稳地承接住孩子所有的情绪和冲动。只有当这种对母亲的现实认知被孩子采纳了，孩子才能看得到，不止是他们的母亲，整个世界都是现实的、矛盾的、模棱两可且充满冲突的。

现在，和莫莉在一起的时候，我们曾如此享受的、彼此依赖的共生关系，变成了一件随时可以丢弃的遗物，被归入到我们的心理史中。如今，我们的冲突伴随着互相对立的欲望，在朝着分离的进程继续进展的同时，又总会想要回到被我们抛弃的共生中。在母亲对我的关系中，我看到过这一进程，在我对母亲的关系中也看到过，现在，我在莫莉和我的关系中又看到了。作为分离的自我，莫莉和我并不是完全相同的，但也不再彼此融合。有时，我们会发现自己对彼此感到愤怒、厌烦、不耐烦，以及其他方面的不满意。

我对莫莉的愤怒，就如同她对我的一样，几乎总是关于分离的。没有其他的事情能够激起我们对彼此同等程度的不满意。我生气，因为我依靠着她（我让她把搞得脏乱的一摊子东西收拾干净），而她则向我展示了她的不可靠性（在某些方面，在某些时候，她和所有的小孩子一样）。她对我生气，因为她依靠着我（她让我和她玩耍），而我向她展现了我的不可靠性（在某些方面，在某些时候，我和所有的母亲一样）。

有时候，莫莉坚持地认为，她不是我，她有着与我完全不一样的想法和主张，正是这一点扰乱了我的平衡。当我只想快点离开房间时，她想让我继续和她装饰芭比娃娃。当她饿的时候，我正需要处理一个紧急电话。这种时候，愤怒涌上心头，我几乎总是希望她立马消失，想要一个人静一静的情绪达到了顶峰。有时候，这情绪甚至都怪不到她的头上，或许只是因为我太累了，累得无法再多听一句请求、问题或抱怨。有时候，我需要和她分离的时刻，正是她最渴望亲近我的时候。现在可能正是她整个人生中最可爱、最甜美的阶段，但我有时候却只想让我的身心属于我自己，就如莫莉出现之前时一样。

愤怒总是会充斥着内疚。我们都会为对彼此的负面情绪而感到内疚，因为我们都知道（我是有意识的，而莫莉还尚未意识到），切断婴儿和母亲的情绪纽带，会让彼此都感到痛苦和不快乐。

作为一名精神分析师，我不该也不会为这些事情感到惊讶，但作为莫莉的母亲，这些事情却总能让我操心费神。以一个精神分析师的角度，我会很期待甚至预测这些事情。在与病人谈话治疗的过程中，我很清楚地知道，爱与攻击的情绪之间有着很深的关联性。但作为一名母亲，爱永远会压倒其他一切情感，然而逐步朝我涌来的，却是那些消极的情绪——它们本来不存在，但会突然间喧闹地、爆炸性地出现在那里。

另一个母亲

通过被领养而获得的另一个母亲，这个角色是全能母亲这一角色中最为惨痛的例子。很多母亲放弃她们的孩子，是因为她们觉得自己没有足够的支持或资源来抚养孩子，或是宗教、文化上对非婚生子的拒绝等。在所有因这些原因而存在的案例中，母亲都要面对自己不能成为一个合格母亲的无力感。

玛尔妮的现在，或许正代表着莫莉的未来。我知道，从某些方面来说，莫莉必须面对她生物学上的母亲放弃了她的这一决定。我不知道这对莫莉来说究竟意味着什么，但我害怕这个过程，我害怕不管新家庭给予她多么强烈的接纳，她的内心始终会有一个残留的伤痛——在她生命的最初几天里，痛苦的两次分离所带给她的伤痛：从她生母温暖的子宫，那个与新生儿共享的安逸环境中分离，以及与第一个真正的母亲的实际分离。我担心这其中会有一个自我，是莫莉要与之斗争终生的自我，是感觉被抛弃的那个自我。

孤独之伤

在治疗阶段，玛尔妮依然和我斗争，她对包括我在内的全人类都有一种本质的陌生感。我感受着她的孤独和孤立。现在，她的母亲已经去世了，她又回到了沉默的状态。她觉得自己和母亲的关系从来没有好过，而同样的绝望感又笼罩在了我和她的关系里。她再次陷入了挣扎。她虽然和我交谈，但我发现语言只会让她感觉更孤单、更空虚。她甚至想知道，我是否足够关心乃至聆听她所讲的话。

分析师对病人说的话，就像医生开的处方药一样，必须绝对准确：话太多会刺激过度，话太少又刺激不足。我从另一个病人身上注意到，每当我说话的时候，她就会陷入一种混乱无序的精神状态。从此以后，我停止说话。在接下来的五年时间里，我们的治疗进展喜人。直到她告诉我，她要离开了，非常感激这几年我给予她的帮助。我觉得很好奇——她觉得我对她有帮助，是因为在过去的五年里，我一句话也没有对她说过吗？她解释说，她真的很感激我不说话，因为这给了她一个靠自己解决问题的机会。在找我之前，她还见过另一个精神分析师，那个人一直不断地向她解释问题出在哪里，而她讨厌这种被侵犯的感觉。

所以，我会按照玛尔妮要求的方式与她接触。她不说话的时候，那么我就来说。我会和她谈论所有的事情，我告诉她我这一天过得如何，我告诉她周围的世界正在发生的事情，我给她读故事。我会像任何一个好母亲照顾自己的婴儿一样对待她——通过不停地说话，来教她如何去说。

然后，玛尔妮找到了一种说话的新方式。她会在每一次谈话治疗前后给我写信。尽管面对面的时候，她还是无法说出任何有意义的词语，但在会面前后，我总能收到长长的、发自肺腑的、充满痛苦的信件，事无巨细地描述了她的内心生活。尽管她的外在还是失语的状态，但她的信却能表达出她的内心正处在情绪沸腾的状态：

亲爱的简：

上次会面结束后，我在路上给你打电话，但你当时应该在接见另一个病人了。我一直在想，如果你能给我一把枪，我可能会直接射向自己。然后，我努力地思考一个问题，我为什么那么恨自己，恨到要做出这样的事情？在我们会面之前，我很悲伤。在会面过程中，我几乎快要落泪了。不知道为什么自己会有这样的感觉。现在，我觉得自己很无力，无法去做我真正想做的事情。我想和你在一起，想让你看到我。但我想，这是不可能的。我试图去想自己要说些什么，想尽可能地让你看到我最好的自己，但我发现，根本没什么值得告诉你的，于是我就减少了自己的话语，最终减少到没有。这就是你现在看到的我。我想好好照顾自己，我强迫自己和别人相处，以给他们一个了解我的机会，哪怕我感觉自己就像被压在石头底下一样难受。我本以为，我们一起走到了今天，自己会越来越好。我恨我自己。

玛尔妮的信向我揭示了她正处在心灵的底层——自我厌恶的领地。正是这种自我厌恶感，令她麻木且沉默。

带着早期被遗弃的记忆，她始终觉得自己既不被生母需要，也不被养母需要。玛尔妮内心主要的冲突，伴随她一生的脆弱，一直都围绕着分离的事件而产生。只要她还有记忆，这种孤独的创伤就会如影随形。因为这种情绪上的损毁，让玛尔妮活着的每一天都觉得是自己不够可爱，所以才不被人爱；不够可爱，甚至都不配活着。一直以来，分离对她来说既是一种恐惧，又是一种永无止境的欲望；既是她获得拯救和救赎的希望，也是她最痛苦的诅咒；既是她一直想要逃避的，也是她不得不去接受的。

制造太多麻烦

玛尔妮一直通过沉默或离开的方式，来抑制她想要与我分离的冲动。她也曾离开过我很长一段时间，而我也和她一样，竭尽全力地克制着自己想要放弃她的冲动，就像命运最初对她那样。有时候，我觉得自己对她的感受，她的两位母亲肯定也曾有过——觉得她是一个大麻烦，她让我的人生变得太艰难了，最好是将她逐出自己的生活，才能彻底解决问题。我一直都在努力抑制自己的冲动，耐心地用语言劝导她，帮助她，强迫她继续自我探索的旅程。

伴随玛尔妮一生的创伤都和分离有关。这意味着，哪怕是关于我要离开她的一丁点的暗示，无论多么轻微的刺激，对她来说都是灾难性的后果。她在我身上注入了一个全能的母亲的力量，我有能力摧毁她，让她失去她可能拥有的任何一丝希望。鉴于我们的会面是她情绪的大本营，仅仅是结束会面的过程，都显得像荡秋千一样起伏。我知道，如果她察觉到我想让她离开，或者我对我们会面的结束感到一丝的如释重负，又或者我着急要去处理别的事情，哪怕是去见下一个病人……如果她从我这里感受到一丝一毫的这类情绪，她就再也不会回到这里了。为此，我不能去度假，不能更改会面的约定，不能让她在等我的大厅里与我的其他病人擦肩而过。和她在一起的时候，我不能有丝毫的分心（例如电话铃响了，或是我被外面嘈杂的交通声音影响，短暂地分神都不行）——而如果不是她再次陷入后退，跌入那个让她感到自己不被需要、被驱逐和迷失的心灵空间里的话，这一切事情都不会发生。这是她授予我对她的权力。

而她的回应，永远都是离开。她的那种来自不被需要的疼痛感扎根得太深，令她无法忍受。她经常会离开，一走就是很长时间。有一大堆刺激的因素会导致她离开我们的治疗。她会在自己感觉好些的时候离开，也会在自己感觉更糟糕的时候离开；当她无法再忍受，觉得自己在我们的关系中投入太多的时候，她也会离开；当她感激我对她的关心和关注的时候，她也会离开。但除了她脑海里那个自我厌弃的恶魔形象驱使她要离开之外，也没有别的刺激了。她对我说，如果没有她，我就自由了，说得就好像她用枷锁捆绑住了我，强迫我违背自己的意愿来容忍她的存在一样。她的想象力拒绝去用魔法召唤任何的理由，来解释我为什么愿意和她在一起，然后她只能得出结论：我不得不为了钱而这么做。

但她也总是会回来，我也总能让她回到我们的治疗中来。通常是我追到楼下把她拽回来。多年来，我们延续着这样的"离开-回来"的模式，努力寻找着一种声音。我看着她又生了两个孩子，看着她以真切的喜悦和满足感来接受这些角色的到来。渐渐地，她在治疗之外的生活变得丰富且充沛了起来。她逐渐成熟了，成了一个独立的，高效的女人、妻子和母亲。然而，在我们的治疗中，她依然停留在自己的开放性创伤处，不肯走出来。就如同她自己所言，"我把生病的那部分自己留给了你。"

引诱我拒绝她

在精神分析治疗中，大多数病人会对自己的个人历史产生兴趣。分析一旦开始，之前被遗失的记忆会重新涌现，梦也会变得更加生动。一个人的心理基调会变得更宽阔、更深厚，就像这个人的情感生活从黑白变成了彩色一样。

当玛尔妮开始追寻自己早期的历史，这成了她在精神分析中的关注点。在探索过去的过程中，她开始相信，只要找到了生母，就能填补自己的空虚感，满足她长久以来对母女合为一体的渴望——这个渴望占据了她的心灵。我们一起探讨了这个想法，讨论了关于她生母的所有可能性——她的生母已经死了；她的生母是个吸毒的妓女；她的生母是个又丑又胖或者令人厌恶的人；她的生母会再一次拒绝她。玛尔妮就像一条斗牛犬一样，紧追着想要找到生母的念头。

在心灵探索方面，玛尔妮变得格外优秀。有时候，她简直是个模范病人，积极探索，喜欢询问，充满兴趣。有些片刻，甚至好几个星期，她已经能够放弃自己对亲生母亲的执迷，专注于现实和治疗了。我花了好一会儿才追赶上她的节奏。但我最终意识到，她提出的许多问题都是一些操纵技巧（虽然是无意识的），用来使我重新唤起她曾经的感受——她和生母之间的联系。即使我终止治疗，或者以度假为借口逃离她，都不能充分表现出我的生活是独立于她的存在。事实上，她想要我明确地、有意识地拒绝她，她想要从我这里重新体验亲生母亲曾带给她的被漠视的疼痛。不得不说，她的做法挺聪明的。这也是每一个精神分析师在等待和期望的：患者将核心冲突带入了分析中，事实上，是带进了分析关系本身，而这个核心冲突也正是一直困扰着他们的、无法动摇的担忧。如果玛尔妮不在我这里经历最初被亲生母亲抛弃时所体验的疼痛，她的问题就没有解决的希望，就不存在将她从痛苦中解脱出来的可能。

玛尔妮侦查我的清洁工，那是一个年轻又帅气的男人。她小心翼翼地问他是不是我的儿子。起初，我感觉自己被冒犯了，我不觉得自己这么老了（清洁工差不多和玛尔妮一样大）。随后我猜测，她应该是希望他是我的儿子。我问了玛尔妮，她拒不承认我所猜测的事实——她"想要"他成为我的儿子，因为她"想要"感受到嫉妒、疼痛、拒绝，因为我的孩子竟然不是她。

然而，她知道自己正在努力重新找回失去的自我。她也很清楚，这场努力与她早期的育儿经历有关。她还理解，她已经将自己所有关于早期母亲的冲突都转嫁到了我身上。所以，她在信里这样写道：

> 我一直都在努力成长，努力成为我应该成为的人，但我始终找不到合适的工具。我有两个母亲，两个人都不爱我。我的心和灵魂里像是有一个洞，什么都无法修补。我不想被这些打败，但不知为何就变成这样了。我感觉自己在打一场注定要失败的战争。我需要有一个人永远都站在我这边，并且让我随时可以去寻求安慰和支持。我一直在尽力把你和那些伤我至深的女人区分开来，对我来说，不相信所有的女人会更容易。很多时候，因为我是个孤儿，所以我想如果每个人都能这样行事，世界就会变得更加可爱和值得信赖。如果我能说，我的生活开始发生改变，是在遇到了查尔斯（她的丈夫）之后，那就没什么好困惑的了。

这种成长的过程，使玛尔妮回到了最初对她造成毁灭性伤害的疼痛里，而随之而来的成长，则让我和玛尔妮花了比我们想象中更长的时间。慢慢地，她开始有意识地允许自己交出一些信任：

> 在我们上一次的会面中，当你提出那个关于我生母的问

题时，我目瞪口呆。我不想（也是第一次）发誓再也不要和你说话了。

我想，或许这些事情最终开始改变了我们。我想要去了解到底发生了什么，我想和你一起去理解这件事。谢谢你。

玛尔妮向我保证，她已经准备好和我一起去面对自己的过去，去找到当初抛弃了自己的母亲。她还决定，无论真相如何，都比这样永无休止地猜测、渴望真相要好。她开始了自己的寻找，然后真的找到了自己失联已久的生母。

希望，尽管还不足够自信

我相信，莫莉最终也会和玛尔妮一样，到达一个足够成熟的节点以后，她可以用一种多层次的处理模式去面对自己被收养这件事。我相信，莫莉有一天也会开始理解，她的生母放弃她，这件事是有美好的和理性的因素存在的。我毫不怀疑，有一天她会开始感受到，她能来到我的家，比起留在生母身边，是一个更好的归宿。但这些终归是一些理性的想法，而且也不会消除她某个潜意识自我的存在，这个自我有一天会突然发现自己再也无法感受到最初9个月在子宫里的熟悉环境了。我认为，许多被领养的孩子，终身都生活在害怕失去的创伤里，就如同他们来到这个世界的最初经历一样，失去自己所熟悉的一切。

我曾希望玛尔妮也能到达一个解决的节点——她终会在自己的心灵中找到一个地方，那里坚强且平静，不再被她过去的丧失感、久远的抛弃感所折磨。我一直都这么希望着，却并没有足够的信心。

16. 飞行梦，以及灵魂其他的欲望

现在，莫莉一天天长大了，每一天我都能看到她原始自我的残留。原始自我，也是宝宝的灵魂自我，会成为他们日后所有内在自我的根源。而随着她逐渐长大，和那个原始自我日渐分离得越远，她就越会周期性地想要返回到那个自我中去。更具讽刺意味的是，她脱离原始自我越远，她就越会对探索自我产生兴趣。

探索基本元素之家

自我发现的过程，会全方位向我们指出：当下——只有当我们双脚牢固地踩在地面上的时候才会体现；未来——我们正奋力奔赴；遥远的过去——在时间中倒退，当我们还是一个完整的个体的时候，这是属于婴儿时期的范畴，通常感觉上比现在本身更真实，也更现实。对我们的过去感兴趣，使得我们能够发展出一张地图，帮我们回到发展时期的旅程，那时的我们刚开始离开婴儿的统一的自我，走入各式各样的自我，那些都是成熟的自然结果——那些我们曾因羞赧而抛弃的自我，或因觉得无用而解除的自我。

从五千年前的瑜伽科学，到被医生帕拉塞尔苏斯践行的后文艺复兴时期的医学，不管是古代还是中世纪的文化里，都曾通过元素比例的组合来定义平衡。这四大元素是：土、水、火和气。在这些文化里面，这些元素都有其象征意义：土，我们行走之上的大地，代表母性能量的基础；水，其无边界的流动性，代表着潜意识，它深层、黑暗且神秘；火，从太阳中喷薄而出，一种自我催生的能量，代表着我们最大的家园——宇宙；而气是分散的、看不见的，代表着生命本身的能量。

或许，我们的灵魂和身体的一项任务，就是在穿越时间的朝圣中，去占据这些构成宇宙的元素，并使它们在我们身上获得平衡。当我们还是孩子的时候，我们像回家一样熟悉地航行在这些元素之中。一个婴儿最初的环境就是含水的，潮湿的溶液，也就是围绕着胎儿的胚胎液（羊水）。然后，在子宫里，将要成为宝宝的孩子开始了自己的第一堂游泳课，也是他们最后一次体验在水下呼吸。和我的家人一样，很多人都发现自己本能地会被水元素吸引，或许正是因为这是他们在子宫里的第一场感官体验吧。

莫莉和我们这个家族里的人一样，年龄一到就爱上了水。这也是她来到我位于新泽西的家中时，我给她的第一次体验。我的房子在一个湖边上（为了重现我童年时期居住在庞恰特雷恩湖畔的原始经历）。那是六月初，水温刚好适合游泳，非常舒服。就像是一种洗礼，一回到新家，我和她一起第一次在湖里游泳。我们愉快地拍着水花，就像许多年前我母亲和我一起游泳时一样。

正常的发展进程，会引领孩子继续他们在各个元素中的旅程：通过躺和爬行、孩童时期的蹒跚学步以及正常行走，他们开始了解坚实的土地，从而去理解土元素。如果在婴儿期的经验中土元素不够充分，婴儿会遭受长期的伤害。从一些主流文化中，我们了解了这件事。在亚马孙丛林里，有一处地方因为地势险峻，所以那里的孩子在学会跑步之前，不允许接触地面，爬行作为一个孩童的发展阶段被整个忽略掉了。正如研究早期儿童发展障碍的临床医生鲍勃·多曼所说，这些孩子由于早期的爬行行为受到干扰，导致他们都有着不同程度的"神经系统效率低下"的问题。来自这一地区的人们，普遍缺失语言技能，提炼概念能力差，且没有留下书面语言。

婴儿每次面对母亲的乳房时，都会感受到火的能量。来自母亲身体的温暖，整个包围着宝宝，让宝宝也随之温暖起来。和其他的元素不同，火元素不能与土元素（木头会生成火焰）和气元素（空气会助燃火焰）共存。因此，火似乎是一种关系的元素，比如母亲之于孩子。

空中飞人

现在，只有纯粹的气元素会令莫莉为之着迷。气，蝴蝶和灵魂的旅行媒介，通过这一媒介，我们学会优雅而轻松地移动，这是一种超越的元素。

莫莉刚出生后几天，就迎来了人生的第一次飞行——她大老远飞到我这里。来到我和格雷格家后不久，我们就经常带她去波多黎各。她正式上学之前的六年里，我们带着她在波多黎各的农场和新泽西的家之间来回穿梭。莫莉很早就知道飞行是一种行动的方式，就如同她从小就理解水元素的意义一样。

飞机飞过头顶的声音，是莫莉识别出的第一个户外声音。她仰着头看向天空，观察飞机划过云霄的轨迹。我知道，她也渴望能那样穿过云层，就仿佛自己有一对翅膀。当我们一起跳蹦床的时候，我把她扔向天空，她会像空中飞人一样飞翔；当我把她举高高再推动她的时候，她会像一只小鸟，或是一架飞机，或是一个女超人一样飞翔；当我躺下用脚把她托举起来，将她的胳膊和腿伸展开来，她会像个会飞的天使一样飞翔；当格雷格、我和她一起散步，他牵着她的一只手，我牵着她的另一只手，我们往上提起她，这样她就可以在我们之间晃悠，她一边晃荡着，一边唱着"会飞的莫莉"。莫莉希望自己能像彼得潘、温蒂、机器猫那样，仅仅靠意念的力量就能学会飞行。她想在空中漫步。我觉得，这些飞翔的愉悦感，对莫莉来说绝不仅仅是感官的快乐。我相信，她灵魂的一部分是自由的，不被大地所约束。这是所有和她一样年纪的孩童们都共有的与灵魂的连接。

在一次去往波多黎各的旅程中，我们在肯尼迪机场路过了旧的环球航空终点站（现已废弃），她用小小的手指朝上面指着，我顺着她指的方向看去，那是一个挂在天空中的巨大雕塑，金光灿灿，华丽无比，高高垂悬在上，似乎正朝着高耸的拱形天花板移动。乍看上去，像一个正在飞向天堂的大天使。但事实上，这只是一个凡人。这是个艺术家创造的"达·芬奇"，他在手臂上装了一个机械翅膀，假装自己是个空中飞人，虽然不是永恒的天使，但他也在努力抵达天堂。和其他的小孩子一样，莫莉相信自己有一天可以不受约束地飞翔。

或许，莫莉和我误把那个男人当成天使，这正说明了，只有那些刚出生的——往往也是那些即将死去的人——他们才能最接近自己的灵魂，和我们所有人最初和最终的归宿亲密接触。我们的孩子是可以教我们有关人类心智最好的老师，他们纯粹、绝对、毫无杂质，自由而明确。

潜意识是灵魂的提醒

一百年以前，当弗洛伊德开始研究人类的心理时，他其实是在扩展一串串冗长的词汇。希腊人很早就认识到词语的疗愈力量。而比治愈身体的医生更为受人尊敬的，是那些能够给灵魂致"欢呼词"的人们。基督教告诉我们，先有光，随后是上帝的语言创造了世界："世界的开始是词语。"词语是神圣的；词语诞生了生命。弗洛伊德还被古代传统的故事讲述所吸引。数千年来，人们用歌唱、讲述和表演的方式来传达故事。在人类的大部分历史中，绝大多数人都不会阅读。民间故事、民谣和戏剧是人们用来解决生命里出现的害怕、挫折和恐慌的主要手段。或许，我们甚至可以说，吟游诗人和演员是这世界最初的"疗愈师"。

早在弗洛伊德开始探索潜意识、形成自己的精神分析理论之前，他就已经对那些未被说出的词语产生了浓厚的兴趣。他第一个产生兴趣的是失语症———种由于大脑受损导致无法使用词语的病症。后来，他使用了荣格的自由联想法，才发现另一种未被说出的词语。他发现，如果我们在日常对话中的正常交流环节刻意保持沉默，当我们暂时性地抛开理性和逻辑时，我们几乎会本能地倾向于判断自己的想法和感受，这时候，另一种语言就会呈现在我们面前。这是一种潜意识的语言。潜意识是我们内心的语言，而这种内心的语言又几乎总是没有词语可以表达，甚至没有声音可以听得见，就如早期精神分析学家西奥多·赖克（Theodor Reik）所说，它"非常轻柔"。

当我们进入潜意识状态时，魔法似乎已经开始展现了。古代波斯的魔法师精通巫术。那些精通如何利用潜意识的人们都知道如何像那些古老的智者、法师一样施咒。当代魔法师们——那些精神分析学家、心理治疗师或催眠师，他们都有创造神秘和魔幻效应的能力。这当然是因为，他们都是深谙潜意识技巧的艺术家，他们知道如何解读有意识的意识和刻意的意图背后的信息，并与之合作，而这些信息我们看不见、听不见、闻不到、触不到也尝不到。

很多事情都出乎意料地从潜意识中喷涌而出。弗洛伊德认为，梦、玩笑、下意识代替了他人语言的"说漏嘴"，或是那些在没有意识到的情况下就发生的行为，都是潜意识从我们内心的最深处产生并表现出来的迹象。

跳入时间的记忆流

在重访过去的过程中，病人谈论什么并不重要。病人们可以把所有的治疗时间都用来谈论他们的母亲，或者完全不提及母亲。我有个80岁的病人，她到现在依然一刻不停地在谈论自己的母亲，而她母亲已经去世五十多年了——母亲是这位病人唯一有兴趣谈论的话题。病人们会谈起他们人生最初的六个月——而他们对此并没有有意识的记忆，或者他们期待的接下来的六个月——而这往往也潜伏着凄凉的预兆。我有一个病人完全拒绝谈论关于自己或家人的过去。她说她父母又老又脆弱，她不想暴露任何自己尚未解决的愤怒，因为她担心在不知情的状况下把这些感情传达给他们，从而伤害到他们，加速他们的死亡。病人谈论什么并不重要，因为在潜意识里是没有时间的：过去、现在和未来都是同时存在的。我们有时候会掉入这串时间线，忘了自己究竟在哪儿，以及我们正在踏足的是时间的哪一个部分。我们生活在当下，却好像始终活在过去。或者，我们相信自己是先知，就像古老的魔法师一样，能够预测自己的未来。我们带着期许的焦虑生活在当下，就好像当下已经是一个可悲的未来似的。

在很大程度上，潜意识的记忆比我们有意识的记忆能决定更多的事情，它决定我们的行为、我们害怕什么、我们在逃避什么，以及我们会被什么吸引。我有一个做精神分析的老师，她告诉我她第一次被一个男人吸引，是因为他握笔的姿势，这个男人后来成了她的丈夫。她说，她花了好多年才从记忆中发现，她父亲也曾有过一模一样的握笔姿势。

在精神分析中，我们学着捕捉病人潜意识的能量，并将之转化成疗愈的力量。通过对潜意识是无所不能和无所不知的这一基本假设，精神分析师对病人施下咒语。潜意识就像一个有着神奇力量的巫师，这力量可以惩恶除暴，也可以为非作歹。在那些魔幻的故事里，英雄在故事的开始总是显得不太聪明又很弱小的样子，他们必须去学习、吸收来自巫师的力量。同样的道理，我们的病人也是一样的，在分析治疗开始的时候，他们都显得不聪明也很无力。在分析的过程中，精神分析师帮助他们探索自己是如何创造出一个精神的宇宙的，然后再赋予他们成为自己主人的力量。

科学家们对大脑科学的开发还只处在早期阶段，只能使我们有能力去开发一些内在的心智潜能。研究者和临床实验者有一些技术，能帮助提高记忆和扩展创意性。但很显然，在清醒的意识状态下，我们只用到了大脑很小一部分的认知能力。梦和其他的意识形式，有时候会引领我们进入大脑中未被开发的资源。我记得自己曾梦到过一首交响乐，在睡着的状态下，我自己谱写了整首曲子（尽管我弹了一辈子钢琴，但在清醒的时候，我只写过一个小调，而且毫无旋律可言）。当我睁开眼睛的一瞬间，我那天才的交响乐也随之消散得一干二净了。我曾梦到过自己设计高级时装（尽管我的衣服价钱从来没有超过89美元），还梦到过写抒情诗（在清醒的状态下，我甚至讨厌读诗，更别说写诗了）。

有些名人比我的运气好得多，他们能记住来自潜意识的礼物，结果就创造出了伟大的、不朽的艺术作品。威廉·布莱克就曾在采访中说自己是如何"写"出诗歌《弥尔顿》的，他说自己其实并没有写，"我是直接听写了这首诗，一次12行或20行，根本没有任何预谋，这甚至是违背我的意愿的。"无独有偶，歌德也声称自己的某些作品，根本就没有经过有意识的思考。这让人不禁想起了自动书写或是占卜板，一个人拿着笔，笔在纸上不受控制地移动，创造出书信、词语和句子。披头士乐队的保罗·麦卡特尼是在梦里写出了他的名作《昨日》的旋律。爱因斯坦曾说过，他的整个事业都是建立在他青少年时期曾做的一个梦的基础上的。他梦见自己骑着雪橇沿着陡峭的雪坡滑下，速度加快，接近光速，然后所有的颜色融合在了一起。由此，爱因斯坦开始了持续一生的研究——关于在光速下发生的事情。

灵魂的科学

精神分析师和其他形式的心理治疗师不一样：大多数的心理治疗都是会支持自我的。精神分析师则会扩展自我。支持意味着向上垒高，扩展则意味着向外扩张，然后再在一个宽厚、稳定的基础上垒高。如果你建造一幢地基有10000平方英尺的10层楼房，会比你在只有5000平方英尺的地基上盖20层高楼能得到更多的支持，也更稳定。如果你有两个地基占地面积一样的大楼，但强风一来，先倒的可能是高的那幢楼。这和我们的自我是一样的道理。自我受到驱动力、冲动、感受和欲望的支持，而这些都是精神分析师总在试图摧毁的东西，也是我们通常会认为"疯狂"或不理性的东西。除非我们能够让这些构成我们基础支持结构的材料自由施展，否则，建立在其上的自我将会弱不禁风，脆弱不堪。

潜意识不仅会将我们与我们大脑内部深处的区域连接，还会连接我们和自己的灵魂。弗洛伊德一直都深感敬畏的人，不止是那些故事的讲述者，还有那些被精神定义为"灵魂"的存在。弗洛伊德从不掩饰自己对宗教和宗教信条的厌恶，将它们解释为，人类有时候需要的、非必须且不成熟的拐杖。尽管如此，弗洛伊德并没有放弃自己作为精神性犹太人的自我身份认同，这也导致他将精神分析的行为概念化为一种对灵魂的治疗。就如美国心理学家戴维·巴肯（David Bakan）在其写的《西格蒙德·弗洛伊德与犹太神秘主义传统》中提出的：有充分的证据表明，弗洛伊德确实保留着与犹太神秘主义的戒律相关的、深刻的灵性意识，并且很可能作为犹太人的灵性意识，最终导致他将精神分析概念化为对灵魂的治疗。在展望精神分析的未来时，弗洛伊德曾说过："我想去相信（精神分析）是一个不存在的职业，是一个世俗意义上的灵魂的牧师……"随后，他又说："精神分析是心理学的一部分，是致力于灵魂的科学。"他又继续申明，他毕生的工作都献给了竭尽一切可能性地去了解"人类灵魂的世界"。

弗洛伊德对其作为灵魂工作原则的概念化，恰好能够在他精心选择的词语"psychoanalyse"上体现出来。当他决定用这个相当复杂的词语来描述自己的新技能时，他非常仔细地去思考了这个词的意义，无论是字面意义，还是其背后隐藏的意义，因为他所从事的科学就是研究隐藏意义的。弗洛伊德的头脑里有一个二分法，他把这个词拆解成两个希腊词根psyche（精神的）和analysis（分析）。他很清楚，这两个词有着截然相反的意思。"分析"意味着理性和逻辑。这是一种正念的思考，一种有科学参与的、以试图看到和理解其组成部分为目的的行为。而psyche的字面意思是"精神的"，这个词的定义最初来源于古希腊，另一种解释就是"灵魂"。它暗示的则是正好相反的意义：它指的是一种虚无缥缈的、柔和的本质，其蕴含着与灵魂相连的美、脆弱和无实质性。

然而，精神分析师则是一种融合：既是一种学习，同时也是一种经验。它既突出了极致的理性和科学性，同时又完全是非理性和精神性的。它既沉重、有分量且落地，同时又轻盈、没有分量且很空洞。

Psyche这个词还有一个古老的意思，而这个意思也给弗洛伊德的新科学增加了深度。和灵魂一样，psyche还有"蝴蝶"的意思。蝴蝶是一种超然灵魂的原型性象征，有着神秘和转化的重生之意。灵魂是一种被解脱出来的存在，它可以飞，它不受世俗的束缚，不受身体重量和引力的牵绊。精神分析也是一种对灵魂的理解，引领我们去展开自由的飞翔。

然而，就如每一个学龄儿童都了解的，蝴蝶最初是个丑陋的幼虫，然后慢慢变成毛毛虫。我们很难想到，一个这么美丽的东西，竟然会从如此丑陋的状态中转变而来。当弗洛伊德选择了"精神分析"这个词的时候，他敏锐理解到的不仅是"psyche"这个词根作为"灵魂"的含义，还有其"蝴蝶"的意思，他也想到了这个词本身所具有的转化的内涵。超越了婴儿期之后，到了某个时期，我们都会开始逐渐与自我断开联系，灵魂的飞翔一直都是有可能的。但为了从我们自身的重量解脱，为了像蝴蝶一样自由，为了从更全面的视野去看这个世界，我们必须首先向内探寻，以抵达我们自己的根本。

灵魂如何成了心灵

大多数当代精神分析师（以及病人）都没有意识到，精神分析最初是用来帮助人们回归自己灵魂的治疗过程。当弗洛伊德的作品被引进到英语世界里，并被许多的医学专业人士（机构）所采纳，对他原文的翻译不仅改变了他原本的意思，还改变了其传达的思想。弗洛伊德在使用psyche这个词的意思时，他指的是"灵魂"，但我们却把这个词翻译成了"心灵"（德语中，mind的意思是geistig，它和弗洛伊德使用的psyche这个词一点关系都没有）。所以，翻译只是在试图诱导读者对人类及其行为发展出一种严格的科学态度。而弗洛伊德本打算作为一种精神追求的东西，变成了一种医学治疗手段，而精神分析也失去了与追寻人类灵魂这一最初概念之间的连接。

我的第一个精神分析学老师曾对我坦白说，她在做出成功的分析前最主要的改变，就是她开始编织东西了。如果你有一个理论，这个理论强调的是"头脑"，那随后能够开始进行编织，听起来就没有那么令人印象深刻了。但如果这理论假设自己是灵魂，且在研究的过程中深受触动，那么，解放你的手指去编织，或者在派对上演奏"编织棒音乐"吧，因为灵魂会让你的行为显得很傻气。或是解放你的声音，开始学习声乐课，哪怕在此之前你一直都坚信，自己五音不全——这些全都是一个人彻底的改变。这些是心灵的改变，但同时也是大脑的改变。如今，通过对进行心理治疗前后个体的大脑进行PET扫描，我们有了能够证明的文件材料——"谈话治疗"确实改变了大脑的活跃度，使之更正常化了。当你在心灵、精神和大脑层面上做出了这些改变，你就已经创造了一个不同的世界，让你的灵魂得以在此寄居。灵魂渴求这样的自由，灵魂也只能在这样的自由中才能茁壮成长。

灵魂最喜欢的欲望

为什么二十世纪早期的医生会错误地将"心灵"而不是"灵魂"作为精神分析学的研究主体？这很容易理解。在现代世界里，我们大多数人被教导要重视心灵，贬低感受的重要性，并对灵魂是个存在我们体内的、活生生的、有机的概念充满怀疑。结果，由于自我产生的各种观念，身体、心灵与灵魂割裂了，自我成了一个被分裂的内在自己，灵魂被迫与自我的其他部分分离了。

我在工作中观察到，我的病人们的灵魂不同步，或者与他们真实的剩余部分割裂分离。我想到了一个视觉化的隐喻，就像一系列不断增大的同心圆，每一个都叠加在另一个上面，每一个都代表着自我存在的一个不同方面。这些不同的自我通常伴随着冲突和矛盾发展，但也有着必要的整合，最终形成了一个完整的人格，从而定义了一个完整的自我。然而，当我的病人们经历了某种心理上的不平衡后，代表着各种自我的同心圆就不再是恰好叠加在前一个上面了，这些同心圆开始变得扭曲。代表着最内在的自我，或者说是灵魂的、最内部的同心圆，不再能够支撑起本应从这个中心朝上发展的其他各种各样的自我。这样一来，中心和其他部分就无法形成有意义的汇合点了。

重温我们情绪的过往，就如我们在精神分析或是其他形式的心理治疗中一样，都会让我们更接近灵魂生活的早期阶段，也就是所有婴儿拟人化的宝宝灵魂。成年的我们，要回到婴儿灵魂状态的努力是非常微小的，但这至少会帮助我们了解到，那里才是目标。精神分析，以及它所代表的对自我的探索，就是灵魂的药。

成年的我们可以大致模仿出孩子的自由。在我们的梦里，以及幻想的时候，我们大多数是自由的。在我们做梦和幻想的时候，我们可以感受到一切——爱，恨，愤怒，同情，伤害，复仇，同理心……但来自黑暗的冲动不会带来危险，我们可以烧掉房子，朝敌人扔石头，或者向我们的朋友扔气球和泰迪熊。在梦想的世界里，那些感到自己被养育孩子的责任所监禁的母亲，可以在没有意识、没有损害的情况下，挣脱束缚，哪怕只有一小会儿的片刻休息。所有这些行为，我们都可以在大脑中展现，且都不会造成任何错误或损害。当我们居住在自己的潜意识中，我们不受理性、明智、关心、利他主义、合乎情理或公正的束缚。在我们的梦和幻想里，我们的想法和感受就像灵魂一样可以自由飞翔。

弗洛伊德认为，每个人都可以从过去对我们施加的窒息的疼痛中解脱出来。当我们能够去面对，自己是如何存储和放置我们过去的事件和情绪时，我们就能够感到更自由——没有负担，没有束缚。这种从过去的解脱，使我们能够更完善地活在当下，而这种进步会推动我们走向未来。随后，我们的灵魂会开始记起它最初的目的地，从而找到完整的自我。灵魂会想起它最喜欢的欲望是飞翔，而这是所有的人在婴儿期都有过的能力。当我们在各自的残酷中挣扎，越过一个个分离的里程碑，然后到了能够掌控分离的时候，我们再次回到了那最初、天然的能力中，来让我们的心智趋于完整，灵魂获得自由。我们不受大地的约束，不被自我施加给自己的那些内疚、愤怒、悲伤和痛苦所捆绑。我们可以起飞，飞向我们完整的、完善的自我的天堂。

17. 言语的世界

　　随着莫莉继续朝着我们的分离前进，她开始在独立的个体中成为她自己，我们都在与想要回到最初被我们抛弃的、天堂般的共生的欲望挣扎。每一天，我们都困惑于这样的矛盾和冲突——既想要重返共生的欲望，又因着我们相反的需求而想继续这分离的行程。

　　我们想要在一起的需求和分离的欲望往往不同步。当她想坐在我大腿上时，我需要接待病人。当我准备好想跟她一起玩耍的时候，她正快乐地沉浸在绘画中，不愿意被人打扰。莫莉越来越强烈且惊讶地意识到，她和我是分离的——事实上，我并不总是随叫随到，一直在她身边待命的。她和我们所有人一样，注定要一次又一次地经历这种痛苦的感觉——有时候你渴望的那个人并不总是能如你所愿，而那些你需要、想要和最爱的人也并不总是有捷径可以接近。这是莫莉作为我孩子的困境，也是我作为她妈妈的困境：有时候她那些无法抵达我的痛苦，也正是我无法拥有她的难过。

分离的小型彩排

我观察到莫莉对我隐形的需求。在躲猫猫游戏里，她想让我在看不见她的时候，知道她在哪里。反之，她会要求我注视着她，崇拜她，关注她。她会在我面前跳舞，打扮自己，就仿佛我是她的镜子一样。我注视着她为分离做的准备——她说"妈妈，你走开"，然后她就会忙着安抚自己的12个洋娃娃入眠，或是给其中的一个娃娃上厕所。这些小小的行动，是分离的彩排，是她为将来更大的分离而做的筹划，到了那个时候，我对她的兴趣会令她感到侵犯或难以忍受。

我已经看到了我们之间这种冲突的预兆。我观察到，有时候她能和我分离的唯一方式就是说："妈妈，你走开。"像是一个命令，仿佛她是个指挥官，而不是一个小孩子在发出请求。或者，当她要在我的朋友雪拉和索尔面前举行第一次即兴演唱会时，她坚持让我把头转到一边去，不要看，仿佛我在场会让她很生气——她没有召唤我出现的时候，我的存在就是一种冒犯。当我们去参加她的音乐运动课的时候，其他的妈妈都会愉快地抱着孩子一起唱歌，而莫莉已经长到了不需要妈妈参与的阶段。她对我强调（甚至有些咄咄逼人地）让我不要唱歌，然后她继续和其他人一起唱歌跳舞，度过一段愉快的时光。在此期间，我只能看着，什么也不能做。我照做了，我允许自己成为被动的存在，因为我很清楚，她正在度过自己的一个很重要的分离阶段。她在对我说，在这个时候，宇宙里并没有我们在同一层面上共存的空间。她可以歌唱，而我不可以。事实上，她只会在我不唱歌的时候唱歌。她需要在我的心上跳踢踏舞，她需要我在这种野蛮的折磨中生存下来。

当然，莫莉的这种掌控自己宇宙的需求，也会超越我们的关系，延伸到她遭遇的每一件事情上。我们在厨房里发现了一只瓢虫，她想把它捉起来，养在家里，好随时都能看到它。我们玩了一会儿瓢虫，然后没多久，它就飞走了。莫莉紧追不舍，大声对着瓢虫叫嚷着："回来！"结果第二天，我们一起去康涅狄格州的朋友家玩。这位朋友患有多发性硬化症，为了方便轮椅推行，她把一楼改造了一下。她已经有一年多都没办法上楼了，所以楼上的房间常年没有人打扫。我们把自己的行李搬到二楼的卧室，然后令莫莉狂喜的景象出现了：200多只瓢虫散落在窗户下的地板上。事实上，这些虫子全都死了，一动不动地在那地板上躺了好几个月。但这幕景象并没有让莫莉惊恐，她把所有的虫子都搜集起来，用一个废弃的小鞋盒给它们安了个家，走的时候还坚持要把它们带上车，跟我们一起回家。我问她，为什么想要这些死掉的瓢虫。她告诉我，比起它们活着的时候，她更喜欢现在它们的样子："它们不能飞走，就不会离开我了。"

试图解决分离矛盾的孤立母亲

被丢下，这是莫莉遭遇的最激烈的冲突，这也正是我母亲和我一直苦苦挣扎的、最痛苦的感受。我母亲将这种没有我的恐惧传给了我，现在我好好想了一会儿，似乎我已经将同样的恐惧传给了莫莉。但我本能地更了解莫莉的恐惧，因为这也是我的、我母亲曾有过的恐惧。这恐惧存在于我们所有人心里，无论我们各自的情感历史如何。

莫莉已经开始上学前班了，尽管她在语言发展和认知能力方面发育得特别快（她基本上比同龄人早熟一岁半），她还是在与我分离的能力上竭力挣扎着。每次我要离开她的学校的时候，她都会大哭着恳求我留下。

开学已经两周了，我是班里两个还在教室里陪读的妈妈之一。所有的孩子都似乎毫不费力地完成了与母亲的分离，他们开开心心地互相在一起玩耍，只有莫莉例外，她的关注点永远是搜寻我离她有多远。我在想，是不是要找个什么物件陪在她身边——比如死的瓢虫或者活的飞蛾——才能让莫莉顺利度过这最初的分离。

为了留下来陪莫莉，我不得不与学校斗智斗勇。她的老师用一种非常坚持的语气对我说："你需要离开教室。"

另一个母亲还在教室里。和我一样，她也希望等孩子不哭了再离开。在这场对抗学校行政方的权威中，我们成了战友。

然后，我观察到了一场让我泪目的事件。哈利本来是整个班里最爱哭的小孩，每天他都要哭满整堂课，整整两个半小时，从不停歇。他的保姆就在教室楼上。那个时候，哈利人生唯一的渴求就是和保姆在一起。然而，他的保姆对我们的解释是，他必须学会分离，他终将学会分离，而她依然坚持让哈利留在班级里哭泣——无论哭多久。哈利的哭声似乎永无止境，他对保姆的需求顽强不屈，以至于你根本没办法和他交流，耐心安慰他。到后来，连老师都开始无视他的哭泣了。

但出乎意料的是，有一天哈利就不再哭泣了。他开始环顾四周，开始记住了其他小朋友的名字，开始和别人一起玩耍了，显得相当的开心。

我没法放弃对这件事的琢磨。尽管哈利获得了一种新的快乐，但我仍然在寻找着迹象，因为我觉得这其中一定有一些调整，就像是某种交换。我在寻找某种隐藏的悲伤或者沮丧，来确认这一点。哈利不可能就这样屈服了，但我找不到任何的迹象。他似乎真的对学校里的生活很满意，就像是迅速地做好了心理调节，完美而恰当，没有任何负面效应。

哈利现在和班上的同学相处得很好，比莫莉或另一个和我一样守在班级里的妈妈的孩子都要好。当老师试图吸引莫莉的注意力时，莫莉有时会被班里的活动分心，但大多数时候，莫莉还是显得阴沉而回避，害怕我会离开她，总是在观察着我的一举一动，仿佛我在暗中筹划着溜走。另一个还在继续哭泣的孩子的妈妈也在试图与校方合作，配合老师的请求离开教室。最终，在留下来陪孩子和配合学校的要求之间，这位犹豫不定的母亲选择了配合学校。这样一来，留下来的就只有我一个人了，孤身一人的老母亲仍在试图解决这场痛苦的矛盾。

我和我的分析师讨论的每一个关于莫莉的问题（包括该不该把她留在学校），都会把我们带到同一条路上。所有的路都指向了我没有能力和莫莉分离，而莫莉也没有能力和我分开。我的分析师告诉我，在给予莫莉太多的共生的过程中，我不是在帮助她发展一个独立的心灵。我则会拿一些偏远地区的土著部落的例子来支持自己的论点，那些地方的人无时无刻不带着他们的孩子——在田里干活的时候带着，休息的时候带着，吃饭的时候也带着。她问我："那些土著部落中长大的孩子，有多少是聪明、阳光、充满雄心壮志、个性化（最后一点最重要也最关键）的人？"她赞成的是个性化。或许她是对的，我正在养育的这个孩子，她将来长大后会过于依赖别人，总是需要有人来关心她，只有通过拯救她才能回应她的求助，而不是给她信心，告诉她可以靠自己解决问题。又或者，我才是对的。或许，我正在给予莫莉一种安全感，让她知道当她在新环境里感到害怕的时候，总有人会在那里陪着她。在这个她还没有完全适应的新环境里，莫莉并不是不知道自己究竟在哪儿，她只是将我的这种令她感到安慰的存在自我内化了。或许，当我不在她身边的时候，这种内化将能够使她有能力面对人生中的新环境，甚至比我在她身边的时候更有耐受力。

但所有关于莫莉将会成为什么样的人的猜测，以及我处理分离的方式会把她塑造成什么样的人的假设，全都不是重点。重点在于，我的分析师坚持认为，个性化的形成应当越早越好，而我则坚信，共生的时间应该越长越好。而接下来，问题也不再是我能否继续在学校陪着她了，而是我已经不能选择别的方式来做这件事了。分离和抛弃带来的恐惧和疼痛已经让我深受其害，我无法忍受自己的孩子再度体验这样的疼痛。

三个星期后，校方和我达到了一个不可让步的态势。他们命令我离开教室，让莫莉继续哭。我告诉他们，如果他们逼我走，我会把莫莉也一起带走。然后，就在我似乎没有选择，不得不把莫莉带出学校的时候，莫莉开口让我离开了。"妈妈，你现在可以回家了。"那天，我从学校回家的路上一直在流泪，感动和欣喜溢于言表。我的女儿和我终于完成了这分离的壮举，她离开了我，我离开了她。

小心翼翼地想要阻止分离的浪潮

母亲和孩子的关系，是一场不断演进的对话。这是人类爱的基本对话，开始于彼此同为一体状态下的无条件的爱，随后是成熟后的分离。婴儿的母亲暂时搁置了属于她自己的世界，那个与婴儿分离的世界，那个与这个婴儿还没有发生关系的世界。然后，母亲还必须帮助她的孩子，从极端自我的婴儿式自恋，向外部世界前进，和其他人产生关联。在这之后，所有的爱都是在努力调和我们对失去的合为一体的幸福的渴望，以及与之同样强烈的对分离和个性化的渴望。

这一旅程基本上是通过语言开始发生的。当我们被融合，只有共生的合为一体的状态时——只有一个"我们"，没有分离的"我们"，也没有语言存在的必要。所以，最初的语言都是一些咕咕噜噜的声音，这是婴儿的语言。然而，词语从"我"，慢慢发展到了一个"你"，随后，声音变成了词语，词语成了被赋予意义的语言。母亲用声音传递自己的思想和感受，让她的孩子能够理解，并使孩子也能够用这种复杂的方式，来表达自己的想法和感受。

比起其他的认知和情绪的发展，是语言让我开始认识到，莫莉与我的分离是多么惊人且奇妙。当她开始有了自己的生活，一个有时候会远离我的生活时，在我毫不知情的情况下，她有了一系列的经验。现在，她在学前班里适应得很好，回家的时候，她会使用一些我从未教过她的词语，还表现出一些绝不是模仿自我的古怪行为。

莫莉已经进入到一个语言发展的新阶段。她已经能够理解象征了——一种代表其他东西的词语。一个词语被弹到莫莉这里，就像她小时候接到一个皮球一样轻松。尽管她早就知道一些词的含义，但现在，她已经进入了自己创造意义的阶段。

这个新世界把孩子带到了一个之前从未想象过的地方，一个在之前没有语言作为跳板是无法抵达的地方。当词语串联起来，孩子们又能回到比过去更久、去到比未来更远的地方。通过对话，孩子学会了在另外的人陪伴下进入新的世界。这种对话的能力为孩子提供了一种在一起的方法，甚至比他们早期的共生强度更大。

而就在词语作为象征的新世界里，莫莉突然显得和我熟悉的那个她不一样了，感觉有点陌生。我有时候想知道，这孩子究竟是谁。我试图掩盖我的惊讶，但最后还是做不到。这件事对我来说，是一种压倒性的体验。我问她到底还是不是我的莫莉。其实，当我问出这句话的时候，我知道自己不应该问，因为答案就在面前。她不是那个不变的莫莉了，不再是那个属于我的"我的莫莉"了，不再是那个我捧在手心、放在心尖的莫莉了。这是一个不一样的莫莉——她现在为我们的关系制定的规则和我一样多。这不再是那个只属于我的莫莉了——她更多地属于自己，而不是我。

但我还是问了。莫莉向我保证，她还是我的莫莉。好吧，她当然是。莫莉不会知道她已经变了，所以对她来说，我还是她的妈妈，她也依然是我的莫莉。我让她告诉我，她还是我的莫莉，是出于某种徒劳而神秘的希望，希望我能阻止这个孩子长大，这样我们就能冻结彼此在一起的时光。我试图阻止这分离的浪潮，就像我试图抓住一个滑溜溜的皮球——注定会失败，毫无意义。

当我观察着莫莉日益精进的语言能力时，我才发现，语言实际上是分离的必要条件。这是情绪成长的过程中不能没有的条件。语言赋予了自我一个坚实的基础，它使得我们通过精神去消化感受。人类使用文字来表达自我的能力，融合了身体、精神和灵魂。说出的语言能把我们结合在一起，但也能促使我们分离。语言定义了一个"我"和一个"你"。通过语言，我们才能以丰富的方式表达自己多样的感受和思想。语言使我们牢牢扎根在自己的身体里，我们会因其局限性而退缩，同时，当我们的话语从空中飞到另一个人的耳朵里的时候，语言又使我们获得了自由。

欺骗的十字路口

语言很神奇，因为它能帮助我们更有效地传递自己的需求。"不，妈妈，不要巧克力味的曲奇，我要香草味的。"它能让我们交流自己的感受和想法——"妈妈，我讨厌你"，"妈妈，我爱你"。

我很清楚，我需要让莫莉像她习得语言之前那样，尽可能和自己的灵魂保持亲近，方法就是帮助她尽可能真诚地使用词语。有一次，保姆要把莫莉从我身边带走，她泪眼婆娑地说出了第一个完整的句子："我要妈妈。"几个月后，她说出了第二个完整的句子。当时，我递给她一个瓶子，她回答说："我不要这个。"（为莫莉的第一次明确地表达"不"而欢呼，这也是她的个性开始萌发的显著标志。）现在，作为一个学龄前儿童，说"不"的准则被她保留得很好。老师递给她一些材料，她走开了，老师追着她问她要不要涂颜色，她坐在教室中间，拒绝让步，郑重而明确地说："我想要的时候我会做，我不想要的时候就不做。"

一直以来，莫莉总是很清楚自己的感受，知道自己想要什么、不想要什么。她的行为依然以自己为核心，从自己的欲望出发。当她发现了一块曲奇饼干，而我又不想给她的时候，她知道自己的愤怒来源于受挫的欲望，她很清楚地显示了这一点。两岁的时候，她已经可以发出呜呜的声音，抱怨着来告诉我她的感受。接着，那些原始的声音就变成了一些高级的词语。

莫莉正向我们展示，为什么分析学家们说性格在一个人童年的早期就已经形成了。即使是很小的孩子，也已经形成了明确的自我意识。他们会有自己的喜好和厌恶。他们活泼或害羞。莫莉的第一个句子创作，是从单纯的对单个字词含义的理解和模仿的一种进步，反映了她是如何将内心里的想法串联起来的一种成熟的能力。她明确表达的前两句话，分别的意义是：欲望——未被满足的渴望带来的挫败感；然后是分离——通过拒绝来建立起自己的精神边界。

语言也让我们学会了欺骗。一旦你掌握了语言，你就可以想着一码事，又说着另一码事：语言能让骗子以不公平的方式榨取数百万美元；语言能让已婚男子用虚假承诺作为诱饵，引诱毫无戒备之心的女人做他的情人；语言能使青少年说服他们的母亲，相信他们没有嗑药。语言可能代表了我们最好的部分，使我们区别于动物，但也可以让我们犯下大错。

　　在语言的世界里，莫莉和我走到了一个十字路口。在这里，我要么以她为中心，要么让她成为自己的这条路彻底受阻。一切都取决于我会如何影响她，也取决于莫莉是继续通过自己的语言表达她的感受，还是开始隐藏自己。比如说，我可以告诉她，她表达的那些感受都不予接受。或者，我可以告诉她，欲望是没有用的，因为她永远也得不到自己想要的。我可以让她了解，她还只是个孩子，她的感受和欲望一点都不重要，也不值得被认真对待，因为连她自己都不知道自己真正想要的是什么。我也可以告诉她，她的欲望很糟糕，根本没考虑到别人的感受。我还有一千种其他的方法，可以轻而易举地用语言颠覆她的世界。然后，她就会开始从自己的灵魂中离开。语言会成为欺骗的工具，而不是真相的表达方式。再往后，到了未来的某一天，她会需要重新学习真实地使用与灵魂相伴的语言，这也是我这个母亲曾经从她身上夺走的宝贵的东西。

第 三 部 分

自　　我

18. 我注定要成为的人

回忆过去（我的母亲），让我对未来（我的女儿）憧憬和渴望维系在两者之间，我找到了当下的自我（我自己）。

生命的大跃进

孩子们总是想探究自己的事情，而真正被收养的孩子，则会对他们的亲生父母充满好奇。我们真正的起源是人生的重大议题，谁也无法对此视而不见。终其一生，我们都在和两个令人烦恼的问题纠缠不清：我是谁？我要成为什么样的人？小时候，我像别的小孩一样，如同童话故事中的英雄思考着自己的真实身份：我是公主，还是乞丐？

几千年前，伴随着这个自我认同问题的出现，我们祖先大脑的容积变大、内部结构更为复杂，人类有了一次进化的飞跃。我们得以将自己与其他无法自我反思的动物区分开来。从此，我们不断地追问，那些关于我们的开始、结束，以及我们身份的终极问题。我们在永不停止地寻找自己存在的意义，无论是作为整体的物种，还是每一个个体的人。

每当深入自我分析时，我知道，在一切碎片化的、我称之为"我"的自我之上，是我作为一个女人的身份。在关于我的所有事实中，这是我一直以来最笃定和确信的部分。母亲开启了我对女性身体的爱。一开始，是她的身体所展现的抚育能力：我记得我在襁褓时期对她乳房的爱。作为一个婴儿，我肯定曾依偎在那双热情而丰满的乳房上，感受到被它们如同拥抱般的包围。然后是我自己的经验，我发现了体验身体的个性化所带给我的快乐：运动从最初的乐趣，变成了我最大的热情。和母亲一样，我从小就投身于体育运动之中。再后来，是对男性的吸引力，以及伴随而来体验性愉悦的能力。我记得自己13岁第一次穿上胸罩，目豪地炫耀我初具雏形的女性身体，仿佛这是一场荣耀的庆祝。母亲在月经初潮时祝贺我，成为女性俱乐部（这个杰出的精英俱乐部）的一员。

梦的解析

我的母亲特意选择了一名女性作为她的精神分析师，因为她从未感受过来自另外一个女人的爱（因此寻求体验）。我选中的精神分析师也是出于对方女性的身份，而我有被女人爱过的经历（因此试图重复这种体验）。

第一次见到我的精神分析师时，她承诺会帮助我步入婚姻，养育后代。那时，在母亲的影响下，我形成了深厚的独立意识，以至于在分析师提出帮助之前，我甚至完全觉察不出自己在渴望重复母亲的生活，去结婚生子。一直以来，我的明确目的是拥有和母亲完全不同的人生。彼时我30岁，在这个年纪，很多女人已经做出决定，与伴侣和孩子建立终生的关系。母亲在30岁的时候也已经拥有了三个孩子。

　　关于新病人带入精神分析的第一个梦，很多著述都进行过深入阐述。经过一段时间的分析，分析师在回顾中会发现，其他梦中出现的元素，基本都包含在第一个梦中。就好像潜意识在自我编写程序，并做好被揭示的准备（和婴儿准备出生一样，或许分析的开始应该被视为第三次诞生）。我和分析师的合作，开始于第一次释梦：

　　　　在分析师的办公室前，我正在敲门。门上的标志吸引了我的注意，上面写着：这扇门没有洞。我推门而入，并没有被标志吓倒。我似乎在等人，却无人进来，取而代之的是一只咆哮的大狗。我想着跳上家具躲避，环顾一周，却发现房间里没有高到可以躲避的家具。这时，大狗摆出猛扑的姿势。我意识到，不让狗靠近我的唯一办法就是大声尖叫，通过影响它的听力来阻止攻击。起初，我的叫声有些胆怯，一种从未有过的恐惧感充斥着我。或许是我的叫声渐渐超出了自己的想象，如此响亮而深沉，我甚至感受到一种难以置信的情绪释放，那是种前所未有的自由。大狗蜷缩在角落，然后我明白了它为何如此好斗。它有七只小狗，它在保护孩子。我大受震撼：它是一个母亲！我走到它身边，伸出友谊的手，它温顺地让我抚摸。终于，我们成了朋友。

　　梦的解析可以通过精神分析法的主要方法之一——自由联想法来实现：说出你脑海中形成的想法。其中，有些可能是过去的记忆；有些可能是当天发生的事件；有些可能是你殷切的期盼，或者是令你恐惧的期待。理解梦境的象征性，对于理解梦对人的整体性格，以及精神分析过程中经历的某种特定冲突，具有至关重要的意义。因此，我开始解析梦境。我自由地联想——让我的思绪飘荡，并跟随它的路线，去追寻梦中的影像。

因为在梦中，我站在精神分析师的门前，这个梦给了我一个关于寻求情感成长的信息。没有洞的门，给人没有出路的联想：门上没有可以装置把手的孔，所以无法出入。有些门上装有玻璃，让光线可以照进房间，但这扇门没有。一旦关上门，整个房间将暗淡无光。梦中门上的标志是警告我，开启分析师之门的旅程之后，只能永远向前。这里强调一旦进入便不能离开，出乎意料地让我感觉安心，而不是恐惧、控制或窒息。

大狗的形象激发了我特殊的共鸣，它让我回溯了童年的记忆：恐惧。四岁的时候，我被一条大狗追过。我特别害怕它会扑上来，咬住我的腿。在梦中，一旦进入那扇门的另一边，我将被迫面对自己埋藏的恐惧。

"洞（hole）"和"整体（whole）"，这两个近音词的联系向我揭示，梦中我的关注点是成熟期的心灵整合。双关语也表明，我的性成熟与成长过程中的其他方面密切相关。凶猛的大狗变成一个充满保护欲的母亲形象，表示我心灵成熟度的发展与性欲和母性有关，而这两者也关系到克服我的恐惧和焦虑。最后，梦境告诉我，攻击性对我是必不可少的体验。性欲/母性/攻击性，这些紧密联系在一起。

我防御、自我保护和攻击性的尖叫声，以及释放叫声中获得的自由，于我是恐惧的解药。我明白，进入有意识认知不会是出于外部力量的作用，而是内部的转变，来自我从恐惧到攻击中释放的情绪自由。而且，经过这个过程，或者说作为这个过程的结果，我能够拥抱我的那个作为母亲的自我。

寻找回家的路

多年前，在与分析师的第一次会谈中，她承诺将帮助我步入婚姻，并成为一名母亲。这击溃了我的防线——在看似固若金汤的独立宣言里，是我对家庭抱有的无限渴望。在结束第一次会谈离开时，我大哭了一场，这是喜悦的泪水，我无法描述这种得知我将拥有婚姻和孩子的心情。

早在莫莉到来以前，从第一次会谈开始，我每周都会花几个小时，跑到我的分析师隐藏于曼哈顿东十三大道褐砂石街区的公寓，去探索我自己的历史，在精神上分析人生的经历，在治疗中回溯过去。在我被培训成为精神分析师的那些年，这个过程贯穿始终。在这趟时间的旅行中，找回失去的记忆，甚至丢失的自我（精神分析的内容），并非易事。

我的一个患者告诉我，她在乡下家里的床上发现了一只死去的土拨鼠。家中空无一人，也不知道这只土拨鼠是用什么办法爬进去的。在它生命最后的一段时间，它一定时常朝外张望，茫然若失。它不知道自己是如何离开家的，也无法找到回去的路。或许，它最终放弃了所有回家的努力（至少我是这么想的），拖着焦急、疲惫的身子，觅得一处柔软的地方躺下，然后安详地死去。这就是我过去的感受：我身处一个远离真正的家的地方。在这个家以外的家，我像那只土拨鼠一样环顾四周，里里外外地寻找，却不知如何找到回家的路。

而这就是让我打开精神分析之门的根本原因——离家的我，找不到返回的路。住在纽约期间，我想过干脆搬回老家，重新和母亲生活在一起。我尝试频繁回家，试图像《糖果屋历险记》中的两个孩子一样，沿途留下石头或面包屑做记号，为我指明回去的方向。在一次回新奥尔良的旅行中，我和一个本地人坠入爱河，幻想着通过结婚来回家——然而，这一切并没有发生（他不想结婚，几个月后甚至都不想和我继续约会。）我想过逃离纽约，和我高中时的朋友辛西娅合租，一起抚养她的孩子。然而，一次为期一周的度假之旅，让我们意识到，这样的可能性几乎为零：她抽烟、喝酒、吃肉，生气时尖声大叫，而这些习惯我统统没有。最后，我猜鸟儿把面包屑都吃光了，就像童话故事中发生的那样，我找不到回新奥尔良的家的路。

无穷无尽的"我"

在精神分析中，对一个人痛苦的调查（无论是痛苦的性质或原因），通常都会反应到母亲身上。在莫莉出世之前，我的痛苦总是与男人有关，是一段段失败的伴侣关系。无论如何，我的分析总是会回到母亲。因为母亲是我的起源，是我的过去。而且，母亲的抚育帮助塑造了我的人格，所以她也是我的现在。她的抚育也塑造了我抚养女儿的方式，所以她也是莫莉，是我的未来。

在很长一段时间里，家对我来说，意味着被养育长大的住所。即使在长期离开老家，搬到纽约之后，我依然如此认为。家，以及它在我与母亲的关系中产生的不可避免的纠葛，是我带着自豪和渴望亲近的心情回到的地方，也是我在恐惧和痛苦中寻求安慰的避风港。家见证了我寻找独立、建立真实自我的奋斗历程。

在精神分析中，我无数次谈到，在家人和我之间、在新奥尔良和我之间保持距离，以及最重要的，在我与母亲之间保持距离。尽管在整个童年和青春期，我与母亲都很亲近，但在我刚满20岁时发生了一件事，从此让我走上了远离她的道路。接下来的十年里，我挣脱了与母亲的亲密联系，坚持认为只要和她住在同一个城市，我就无法成为独立的"我"。

我对自己的过去如此感兴趣的原因，是我一直在试图寻找与它的联系——这并不代表我怀疑自己曾经存在过。只是有时候，我很难找到各个时期的"我"之间的联系。

每个"我"给人的感觉都太不相同。新奥尔良的"我"，是个被培养成乐观且谦逊的犹太女孩；纽约的"我"，是个激情火爆、具有普世价值观的都市丽人。所有过去的"我"似乎并不能画成一条线，指向今天的我；相反，新的个性，新的生活，似乎才刚刚进入我的身体。而这个新的"我"，也是作为母亲的我，等待这一刻已经太久了——比绝大多数女人更久。这个全新的妈妈，需要一段时间来适应。

从我成年后，到母亲去世之前的大部分时间里，我都认为家庭生活和原生家庭（除了母亲以外），与我几乎没有关系。我迫不及待地离开了新奥尔良，试图抹去那个我曾存在过的所有痕迹。与我截然相反的是，我的姐姐大学一毕业就回家了，我的哥哥根本没有离开过当地。我以前总是觉得我和他们完全不同：他们是柔软、悠闲的南方人；离开这么多年，我变得更加都市化、更加北方，离被家庭培养成为的那个传统优秀的"我"更加疏远。家里的每个人都有稳定的婚姻关系，只有我像被奔腾的下水道持续冲刷一样，经历着男人的洗礼。姐姐忙着怀孕，哥哥忙着赚钱为伴侣侄子的正畸治疗付费。大表姐卡罗尔，我成长过程中形影不离的好朋友，也结婚了。甚至她的妹妹菲丽斯，也欣然进入了妻子和母亲的角色。而我正因为非法堕胎而焦头烂额，我只是觉得自己太异域风情、太不同、太狂野，对家乡镇上的姐姐、侄女、叔叔阿姨以及堂姐妹们感慨颇多。事实上，我觉得自己很像母亲，她也从未觉得自己被身处的文化完全接受或同化过。

搬到纽约后，回家对我来说变成一种令人不安的经历。无论我离开多久，哪怕我坚信现在的"我"已经在这具身体里根深蒂固，每当我回到家，以前的那个"我"总是在不经意间重新出现，与现在的"我"争夺代表我的机会。我会变得安静和害羞（就像我处于"害羞鬼"的那些年），而不是固执己见和喋喋不休（像我后来变成的那样）。我更愿意在以家为中心的小区域内活动，拒绝出门"冒险"。纽约以及我在那里生活多年所获得的成长，似乎从未存在过。这种冲突和多年前我躲在母亲衣橱里如出一辙：想要被母亲发现（看到我是谁）；又想要隐身，不被发现（不被看见，甚至从未被创造）。

母亲已经去世，未来还会有她前所未闻的"我"出现。我读到过一种说法，人体每七年就会更新一次所有细胞。实际上，我们都是复原汤。通过观察生活的各种排列组合，以及情绪结构的波动变化，我看到自己的心灵也在不断地重生。自母亲去世后，我身体的细胞进行了两次完整的革新。我甚至无法想象在这之间，我的心灵经历了多少次重生。如果母亲从她另一个世界的栖息之所回到人间，她有可能会认出今天的我，和我已经成为的我吗？

有时在梦里，我能非常清晰地记起，自己在母亲还活着时候的样子。梦醒时分，那是一种久违的感觉。多年甚至数十年以来，我几乎完全依靠感觉生活。我爱得如饥似渴，爱得欢天喜地，也爱得绝望又沮丧。我对朋友，无论男女，都抱有极大的热忱。我的梦依旧充斥着我前世的主角们，他们如游行一般穿过这片梦想世界。在这些关于爱、关于拥有和失去的怀旧之梦中，我重新连接到曾经感知万物的"我"。

那时，我无忧无虑，我违反规则、挑战权威，我轻松穿梭于各种活动、人际关系甚至城市之间。现在，我更多的是在仰仗条理分明的头脑生活。日常生活被精准地划分为决定、日程安排和任务达成。我的生活是井然有序的，就连慢跑也按照每天半小时进行——无论下雨、晴天、下雪或者雨夹雪。前几天出门跑步的时候，我不小心把手表落在家里了。一开始，我有些迷失了方向，不知道自己出门的时间。第二天，我故意没戴手表出门。在我有条不紊的生活中，这对我来说是一次巨大的冒险，也是对自己的小小反抗。反抗我塑造成为的样子，回到我曾经作为的那个小女孩，是多么自由。

母亲所熟悉的那个我，不是现在成为女人的我。她认识的，是那个甜美、从不敢提出异议的南方女孩。母亲从来不知道，我已经成长为一个锋芒毕露的纽约人，一个可以勇敢站出来，面对攻击、讽刺和挖苦的女战士。她熟知自己的女儿，但却不知女儿如何当好一个母亲。成为母亲之后，我生活在作为母亲的戒律中：现在的我制定规则，而不是打破它们。

这些年来，我在自己身上展开的情感工作，一直是融合所有独立成个体的"我"，让她们合而为一，成为一个完整的"我"，并给这个"我"一个真正的家。这项工作充满艰难险阻，绝非易事。但对于所有渴望心灵完整的人来说，它是一条必经之路。

过去往往蕴含着痛苦的真相，我们绝大多数人都竭力试图遗忘。自我发现的过程就像考古，是对心灵土壤的探索和挖掘。这是一项艰苦的工程，烦琐、耗时且微妙。但最终，我们能够重建心灵中失落的文明。我们心中丢失的记忆就像古代文明一样，深埋在遗忘的沙丘之下，有时是故意被忘记，有时是出于保护。记忆就像碎片化的人格文明，一层叠一层建筑而起。而旧的自我，原来的自我，深埋在基底，等待被发掘。我们一块又一块地将过去拼凑而起。诚然，在心灵考古的过程中，首当其冲的是我们的第一个关系——与母亲的关系。

19. 探寻过去

从母亲去世起,回家就变成了去姐姐家。我在渐渐失去关于母亲的记忆,速度几乎和莫莉的成长同步。现在,姐姐、哥哥和我都在五十岁左右徘徊,我开始慢慢接近这个我离开很久的原生家庭。

出乎意料的快乐

有生以来,我第一次对一些童年旧事感兴趣。我曾经认为这些都是生活中的理所应当:家庭、成人礼和其他关于犹太人身份和新奥尔良的事。现在,我渴望多年来自己一直逃避的家庭聚会。我想被邀请参加每一个可以让家人聚在一起的活动——周年纪念、生日惊喜派对、逾越节家宴。在新奥尔良家里的后院,我从树上摘下美洲山核桃和山楂,收获了意料之外的快乐。漫步在新奥尔良的街道上,我努力回忆起当年母亲教给我的树木花草的名字:在我们的花园里,有母亲悉心照料过的鲜红的木槿和蓬松的绣球花;后院里还有高产的无花果树和牛油果树。所有这些,在母亲在世时，我从来没有留意过。

但比起自己对过去的依恋，我更看重的，是为莫莉建立一个记忆库。虽然母亲已经不在人世，但为了莫莉，我尽可能地经常回到新奥尔良的家中。我想让她了解我们的家庭，尽管她还太小，无法理解家庭的含义。除我之外，姐姐是家族中另一个与母亲有亲密关系的女性。姐姐和我会给莫莉讲述关于她外祖母的故事，这些故事能够帮助莫莉建立对外祖母的早期记忆。

然而，由于姐姐最近诊断出了与母亲相似的癌症，这让莫莉与姐姐熟悉起来就像是在与时间赛跑。我不得不争分夺秒地享受这个"我"重新融入并回归的家庭。

姐姐弥留之际的感觉熟悉得令人恐惧——几乎是在重复母亲去世前最后的日子。这种感觉就像幽闭恐惧症患者被困在故障的电梯里：四周被封锁，天花板越来越低沉，被困于密闭空间中，无法自由地行动。母亲还在世时，家充满一种无限可能的广阔感。她去世的那天，是我在那座房子里度过的最后一天，那是我记忆中的家，是见证我童年和青春期的地方。从那以后，我在新奥尔良的每个晚上都留宿在姐姐的住处，家的感觉开始变小了。我不得不把作为大本营的家，从那个充满回忆的房子搬到没有我记忆的新家。虽然没有记忆，但这个新家依然很舒适，对我来说，总归还有一个地方可以回来。

现如今，经过这些年把姐姐的家作为新的大本营，姐姐家的房子逐渐成为我新的记忆库，然而我也正在失去这个家。当姐姐去世，我恐惧再也没有一个地方，可以作为我心灵的大本营。

从母亲去世开始，姐姐站了出来，担任我们家庭的族长。姐姐成了我和哥哥不约而同寻求家庭定义的存在：是她每年组织逾越节家宴，并提醒我和哥哥父母的犹太教逝世周年纪念；是她向所有人宣布家庭中成员婚礼或患病的消息。我认为，姐姐是我们家族的记忆库，既是意识的记忆，也是基因的记忆。只有她，而不是我或者哥哥，在迈耶·戈德伯格和玛德琳·玛尔维娜·莱维·戈德伯格的三个孩子中，传递了他们的基因和精神的不朽。我已经错过了生育期，哥哥对后代更是兴趣索然。姐姐的女儿金和丽莎，是莱维·戈德伯格基因的全部延续。

我总是提醒自己，姐姐才是这个家庭过去和未来之间的生物学联结者，而不是我。精神分析师和养母的身份，让我倾向于相信，父母带给孩子的影响，在很大程度上来自后天的培养，而不是先天的遗传。我相信，在丰富环境下长大的莫莉，拥有的是这样一个母亲：她将成年后的大部分时间用于研究感受，对情感交流十分敏感，为成为母亲构建强大的内心，建立强大的经济实力让莫莉可以接受优质私立学校的教育——无论是九个月大开始的法语课、踢踏舞、芭蕾舞、钢琴，还是她感兴趣的任何爱好。而莫莉获得的所有这些，比起她歪头、眯眼的特定方式，或其他可能从亲生母亲那里继承而来的举止，会对她产生更重要的影响。我倾向于认为，我能够带给她的这一切，应该并的确比她从具有相同基因的母亲那里得到的更重要。我想要这种亲子关系侧重于后天培养，因为我感受到，我是莫莉与这个世界最重要的联系。十年或二十年后，如果莫莉和她的亲生母亲互相寻找，或甚至巧合地在同一个街区偶遇，吃惊地发现互相看对方像看一面镜子，在彼此之间"发现（她们）自己"，这也是我想让她了解的。

在我的病人玛尔妮有了自己的孩子之前，她在面谈的时候向我提起，她不认识任何和自己有血缘关系的人。对她来说，这是一种可怕而痛苦的孤独感。当她生下第一个孩子女儿艾玛时，她有生以来第一次在另一个人身上，看到和自己的一样的脚。她为生下第一个孩子喜极而泣，但更重要的是，她终于在另一个人身上看到了自己基因的痕迹。

姐姐从母亲那里遗传了她的小脚，而我的脚没那么小。这双小脚不知已经传承了多少代。我们家族的女性的特点就是身材娇小。姐姐身高四英尺十一英寸（约150厘米），娇小的身高，意味着小小的脚。小时候，哥哥就常常取笑我，问我脚这么小是不是很难保持平衡。我们家女性的脚型都很像，我和姐姐有母亲的脚，姐姐的女儿也有母亲的脚。我想莫莉也拥有和她生母一样的脚。

莫莉拥有我见过的最漂亮的脚。我揉着她的小脚入睡，喜欢亲吻和玩弄她的脚趾。我开始通过背诵身体不同部位的名称来教她说话。让我吃惊的是，人体脚的内外侧有众多部位。我知道，随着莫莉越来越大，这双脚会越来越不像我们家族的脚。所以，等姐姐去世了——这一天可能会来得比我预想得更早，可悲的是，到时候这个星球上将失去一双和我一样的脚。于我，则是与母亲的联系又断了一条。

现在，因为想要给莫莉强烈的家庭感，我需要重新找回这些失去的联系。这是让她了解在她到来之前，这个家庭的历史的唯一方法——这个家庭的脚，看上去与她的非常不同。总有一天，她会痛苦地觉察到这一点。我希望这种情况发生时能尽可能地平缓，让痛苦可以减轻，这种痛苦会因为在这个脱离亲生关系且偶然加入的新家庭中，她拥有稳固的位置而得以缓解。我张开双臂温暖地迎接她，会超越第一次告别的痛苦。

渴望追寻家庭的回忆

有一天晚上，我留宿在姐姐家，为了让莫莉上床睡觉，姐姐、姐夫、侄女和我在客厅里大聊关于睡觉的话题。姐姐和姐夫舒服地坐在一侧的沙发上，侄女躺在另外一侧。我和莫莉倚靠着，一起躺在地板上。我用编织毛毯包裹起她娇小的身体，在沙发之间给她搭起一张临时的床。我太喜欢这样的家庭生活场景了，甚至不想离开客厅去卧室睡觉。

我们都默默地意识到，在一起的时光很快就会结束，谈话中便有了一种怀旧的辛酸。姐姐回忆起与母亲的夜间祈祷：祷告有三节经文，每一节都以示玛（注：体现犹太教基本信仰的两段经文）结尾。我惊呆了，直到姐姐这么提起，我才想起每晚我的祷告也有示玛。我只记得我的结语，开头为"愿上帝保佑我的家人、整个家族和我所有的朋友"。但在我成长的岁月里，祷告最终变成了："愿上帝保佑我的家人，整个家族和我所有的朋友，我所有朋友的家人，所有将变成我的朋友、但尚未成为的人，所有不是我朋友的人，我所有的敌人，我朋友所有的敌人……"它变得很长，但重要的是：我忘记这一切的祷告，每天晚上都是从示玛结束的。等姐姐去世了，谁还会记得这么重要的、曾经习以为常的事情？

姐姐的生命就要油尽灯枯，眼看这世界上就只剩下哥哥了（他的记性似乎比我还差）。我怕自己会太孤单，沦为一个没有回忆的家庭的一员。

我决定面对我的家——这座见证我成长的房子。我的童年记忆是零星的，而我希望莫莉对她这个新家的过去有丰富的了解。现在，我准备好去搜寻旧的记忆。母亲去世后，在回到新奥尔良和姐姐住在一起的这些年里，我感觉曾经的家笼罩着我。每次出入姐姐家，我都会怀念地望着隔壁，这座我长大的房子。

姐姐告诉我，购买我们房子的业主已经将它修葺一新。我无法忍受看到他们做出的改变。带着对这座房子满满的领地意识，我讨厌他们或许给我曾经的卧室换了一层新地板，悬挂的窗帘与原先种植园风格的百叶窗大不相同（是我现在纽约卧室的风格）。我害怕这次修葺之后，家的新形象会叠加在我旧的记忆之上。失去视觉记忆，我可能也会失去与过去的脆弱联系。最终，回家会变成一种毫无归属感、强迫自己做出的机械行为。

我暗中观察了隔壁几天，等待一个巧合，比如在我进出姐姐家的时候，某人正好从隔壁出来。今天，我等到了一个年轻女子正要出门——她一定是这家的女儿，买房时她才十几岁，现在已经长大成人，到了还没结婚搬出家的年纪。我便在门口溜达起来。

她和她母亲惊喜地发现了我，热情地邀请我参观她们的家。我仔仔细细地看了每一个细节——甚至是油漆颜色的变化。直到参观我的卧室结束，两位好心的女士提示我，这里曾有过美丽的玻璃花窗。她们并不知道这里过去是我的卧室。我的玻璃花窗现在正完好地安在我纽约的公寓里，是我带到纽约的第一份物件。小小的玻璃窗，带着融合两个家的殷切希望，一个是我即将离开的老家（有和母亲的回忆），一个是我正在创造记忆的新家（没有关于母亲的回忆）。

希望成为她那样的人

在我年轻的岁月里，我从未停止向母亲一再表明，自己还没有老到被"爱"抛弃。我们常对彼此说起，这小小的一句话如同咒语，让我们坚定地相信，我们之间的关系依然亲密，并未疏远。这对我俩都很重要。

在我8岁的时候，母亲是我学习钢琴的灵感来源。我会偷偷潜到小型三角钢琴下面，聆听她的演奏，感受音乐的共鸣。我想像她一样弹奏；我想"成为"像她一样的人。我开始上课以后，她成了我最忠实的听众，每天放学后总是专心偷听我的练习。从

7岁到16岁，我一路参加各种比赛并获胜，在杜兰大学音乐厅举行贝多芬、莫扎特和海顿的独奏音乐会。尽管她无法分辨出古典音乐家们的区别（而且我很快就知道，她的演奏其实非常糟糕），但她从未停止鼓励我，从她正在准备晚餐的厨房里，传出称赞我的"音乐细胞"或者"表现力"的话语。

我记得有一次，她突然变得很不一样。她带着一头金发回家，我们三个孩子坚持要她马上返回美容院，让理发师帮助她恢复成"她自己"。她答应了，好像理解这个转变在我们看来，就像她变成了另一个人，一个我们不认识的母亲。那天下午，是我们的"努力"让母亲回来了。

而且，即使在我成年之后，母亲也对这样的担忧报以理解，我相信大多数人会发现这其中的不合理性乃至荒谬。有一次，我们前往加利福尼亚州，为了母亲的癌症治疗，去拜访她的营养师。我带着宠物狗奥斯卡，那段时间我和它难舍难分。在我工作的时候，它总是坐在我腿上，对我的病人示好。每天晚上，我们共枕而眠，有它看着昏昏欲睡的我，我感到很安心。我和奥斯卡形影不离。那天，我和母亲出门，把奥斯卡留在酒店房间里。在驱车45分钟后，我无法停止胡思乱想，总觉得奥斯卡会趁着客房服务员打扫的空当顽皮地跑出去，我将再也无法见到它。我向母亲表达了担忧，除此之外，没有提出任何请求。她只是读懂了我的想法，仿佛这是世界上最自然的事。她若无其事地建议："好吧，我们必须回去接上奥斯卡。"虽然往返多花了两个小时，但对母亲来说，我的感受、舒适和幸福才是最重要的。

母亲是我们的"美人鱼"

我也记得，我们一家人对于水上运动和休闲活动的热爱。

水是我们生活中重要的组成部分。新奥尔良是一座四面环水的城市，坐落在庞大的密西西比河的新月弯道之中，北接巨大的庞恰特雷恩湖。因此，我们和许多新奥尔良人一样，将水上活动作为我们娱乐的中心。母亲在青少年时期就是游泳冠军，有了我们之后，她在奥杜邦公园的公共游泳池为孩子们上游泳课。小时候，李、大卫和我会陪她去游泳池。当我和姐姐步入青春期后，我们也成了游泳老师。小时候，我家的房子背靠着一条排水渠，属于庞杂的防洪堤系统的一部分，它们错综排列，构成了新奥尔良的基本地貌。这条排水渠是我们骑着小马一路从老梅泰里驰骋到河边的赛道。我们在运河上有一个码头，每周末我们都把水上自行车停在那里：自行车车身安装在浮筒上，脚踏板通向后面的船桨。后来，我们终于建了自己的游泳池，便把对水的热情转移到了在后院里游泳。但是，比起运河和游泳池，广阔的湖泊仍然是我们的水上乐园。无数个夏日夜晚，我们坐在湖边，看着起伏的波浪拍打着阶梯——绵延的阶梯沿着风景秀丽的湖滨大道展开。十几岁的时候，我一学会开车，就和朋友们花了数不清的星期六夜晚，把车停在湖滨停车场"观看潜艇比赛"（新奥尔良的流行语，指在汽车后座上热吻）。

大多数星期天，我们全家人会挤进一辆车，拖着我父亲的船开到湖边，在湖中游玩一下午。父亲会坐着掌舵，将船驶入湖心。当我们安全地远离湖岸后，李、大卫和我会轮流坐在他的腿上驾驶，体验成年人才有的快乐——驾驶一种大型交通工具。我们从船上跳入湖中，兴高采烈地在水中击打水花，向掌舵的父亲挥手致意，然后在水中互相追逐。我们这些孩子对自己的水上能力充满自信，毕竟我们的游泳技能来自被我们骄傲地称为"美人鱼"的母亲。

母亲对分离的恐惧

即使与母亲亲密无间，有时候我也会为了独立而与她展开激烈的斗争。这样的斗争一般都发生在我的期望被颠覆的情况下。当这种独立的渴望压倒一切，我开始将母亲从身边推开，就像所有孩子长大都必须要经历的那样。母亲开始不断地问我，是不是长大了就不能说爱她了。我不再对她说出真实的想法，即使我已经长大到不能无所顾忌地享受拥抱和亲吻，即使我开始享受用男朋友的拥抱和亲吻代替她的时候，我仍然不停地安慰她，表达自己的爱意。但我知道，她觉察到了其中的不同。我想，她感受到了我正在离她越来越远，这就是她抓住这个问题不放的原因。随着我的世界不断扩张，我们可怕的分离愈加笼罩在她的心里。后来，她的问题更像是表达不安，并最终变成了一种巨大的恐惧。

我开始了解她，了解她对于我离开她的恐惧。我理解她的不安，不是因为她曾经告诉过我，也不是因为她试图把我抱得太紧。毕竟在我8岁的时候，她把我送去独自参加一个长达两个月的夏令营，我是其中最小的参与者。虽然我们的分离对那时的我来说十分痛苦，但她对此从未表示出任何不适。她对我们渐行渐远的距离的不安，并非来自地理上的分离。当我们都参加夏令营时，她甚至表示没有孩子打扰，她更享受夏天。（虽然我从未完全相信她，而且即使是现在，我仍然相信这是谎话。也许，我过去乃至现在仍然无法想象，母亲在没有我的情况下能够享受她的生活。）相反，她深深恐惧的，远不是我们之间的地理距离，更多的是害怕失去我，害怕永远无法找到我——不仅仅是对我的想念，这更像是恐惧自己被孩子彻底抛弃。

永远活在感受的世界里

离开我家的老房子，回到姐姐家里，我将思绪拉回到现在。我知道如果和姐姐谈起我回到那里的经历，我们的对话将永远浮于表面。我们会聊到现在的业主如何重新装修、怎样改变结构之类的话题，但我们不会谈论身处这个重新修葺的、我们曾经的家的感受。我和姐姐从未交流过彼此的感受。这些有关心灵的话题，不是我们关系中的保留项目。在感情语言的世界里，我们从来没有自在地面对过彼此。即使她时日无多，我们也缺乏力量来打破这种关系模式。我们心照不宣地在沉默中接受她即将到来的死亡的煎熬。

对比我与母亲的模式，就显得完全不同。母亲做得恰到好处，比她做过任何事情都更好的，就是活在感情的世界里。我从她身上得到了同样的特质。她可以无休无止地和我谈论自己的感受，并总是充满兴趣地了解我的内心世界。她与我的相处中，完全开放自己的情感，毫无隐藏、羞怯或疏离。这是母亲留给我最重要的遗产，也是我能够并想要带给莫莉的——让她会/应该/可能对人们的内心世界永远抱有兴趣。

在自我的内心寻找一个家

随着姐姐的生命时钟开启倒计时，我的下一个情感冒险将是在自我心中，而不是在现实中为家寻找一个位置。我意识到，我不能再继续依赖姐姐作为家族历史的守护者，我必须开始让过去和现在共存，但这一次，是在我自己的内心深处。

同样地，玛尔妮也终于开始在自己内心处寻找归属感。像我和母亲一样，她长期以来生活在害怕失去的世界中，以至于几乎要放弃所有的希望。有一段时间，她在进行精神分析的时候，一直在同一个地方止步不前，说同样的话，有同样的感受，被同样的冲突折磨。她始终很矛盾，一方面她想要停在这个地方，另一方面又想离开；一方面她的生活很好，不需要我的帮助，另一方面她又非常渴望我的爱和接受，好像一旦缺少就无法感到完整似的。从接受我的治疗以来，她就一直在困境中挣扎。

但现在，她终于有了突破。导火索是我要休假——在她看来这是离开和抛弃她的行为。她终于找到了心灵最深处、最隐藏的自我表达。这一路花费了相当长的时间和巨大的努力，但她终于到达彼岸。她现在明确了，不管极端的情绪如何驱使她逃离，她都不能中断治疗。她正处于真实而强烈的情绪之中，但她知道，她必须对自己做出的承诺负责，就是和我在一起，和她自己在一起，并表达这些感受。她对我的离开表达了愤怒，既理性，也非理性。她理解我有权休假，也不再因我的离开而深受打击，但她只是生气。她终于能够表达出多年来、一直与之对抗的想法：她希望我属于她，希望我把她放在一切事物的第一位。她希望我像睡美人一样，一直睡到她叫醒我为止。玛尔妮将自己完全交付给了人生的最早期，即母子之间的共生才是定义她生命全部的时候。她告诉我，她并不需要这些愿望成真，仅仅承认并在内心与之和谐共处就已足够。

然后，她的愤怒蔓延到了抛弃她的母亲身上。她写了第三封，也是最后一封信给弗里达——她的生母，言辞不再善良或伤感。她感到愤怒的是，这个女人甚至无法维持作为人基本的体面，去面对面、用话语承认无法继续的母女关系。这个沉默、反应迟钝的女人，没有体面地告知女儿一声就走开了，消失于人海之中。

玛尔妮已经对自己的情绪放任自流，她停止对自我进行情绪的批判，并试图将它们通通扼杀。

亲爱的简：

　　很长时间以来，我第一次在离开会面时感到充满希望，并带着与我到达时相同甚至更多的能量。我没有感到筋疲力尽、破碎或被摧毁，而是精力充沛。现在我相信，我们的关系有无限可能，它可以是我快乐的源泉。当你说，你对我来说比弗里达更像一个母亲，这句话没有像过去那样刺痛了。它不再是一个完全无法忍受的想法，但确实让我泪流满面。你知道，那些关于体面的基本法则，诸如不和自己的兄弟姐妹或父母联系，不要爱上有配偶的人。我一直觉得，去爱一个和我完全不同的母亲，就像去违反其中一项法则。

玛尔妮开始接受以前令她无法接受的事情。她探索了深藏在心里的柜子，那些从前黑暗而可怕的地方，打开它们，让光照进来。她向我描述了一个梦：

　　地下室里有老鼠，当我发现它们时，它们都睡着了。不知怎么，我就把它们装进了一个浅浅的盒子里，用毯子盖住。在我想办法摆脱它们的时候，我希望它们不要醒来。我叫来了灭虫专员，告诉他在掀开看的时候，不要吵醒这些老鼠。我不想在地下室杀死它们，因为我不确定一旦它们开始四处乱窜，我是否能搞定这样的局面。

然后她自己分析了这个梦：

　　我好久没有做过关于老鼠的梦了。过去我以为老鼠代表

了我的恐惧，它们很可怕。后来我发现这其实是关于自我的意识。现在，我感觉更自由了，我能和你分享最深层的感受了，我的负担减轻了。不过，隐藏的地方还在那里，也许，我害怕再次将老鼠惊醒。

玛尔妮知道，隐藏的空间仍然存在，但她现在可以有意识地选择去探索它们，或让它们尘封在暗处。这是她的选择，她也有能力这么做。

20. 性，是一种背叛

在我大概七岁的时候，我最喜欢的事情就是和母亲一起站在餐桌上，甩我长长的金发——我总是坚持留长发，母亲一直反对（她疯狂地认为，长头发会让我看起来蓬头垢面，别人会因此觉得她不是一个称职的母亲）。母亲会乖乖地和我玩这个游戏，嘴里念叨着："长发公主，长发公主，放下你金色的头发，让我爬上这个金楼梯。"我喜欢头发在脖子后面任意摆动的感觉，我喜欢母亲臣服在我的统治之下：我是老板，是领导，她忠诚地听从我的指示。我喜欢超越她的权力感。我喜欢感性地幻想，母亲可以爬上我的头发；只要我们齐心协力，她就能解决问题，找到我，并在囚禁我的桌子上将我拯救。

母亲是第一个情人

我想，这是我玩过的第一个有关性的游戏。当然，母亲同时扮演了女巫和王子的角色。因此，在游戏中，她既是我的母亲，也是我的爱人。而且，随着故事的发展，长发公主并不总是能分辨出两者的区别。王子通过欺骗她，让她误以为他就是女巫，从而获得了第一次接触长发公主的机会。

当然，那也是弗洛伊德关于性的观点：和母亲之间最初的共生，与情人关系相比，两者几乎没有区别。母亲其实也是第一个情人。母婴关系中暗含性欲。母亲希望如此，孩子亦然；对双方来说，这样的关系是愉悦的——至少，一开始是。

正如故事的发展，长发公主快乐地与女巫度过了儿童时期。当她年满12岁（性成熟开始的年纪），女巫决定将她隔离在一座高塔之中，除了女巫，没有人可以接近她。女巫以这样的方式，去避免长发公主离开她。长发公主无法与其他可能让她移情别恋的人互动。然而，长发公主丝毫不带疑问或抱怨地接受了自己的命运。毕竟，孩子最想要的是母亲的爱和拥抱。来自母亲的自私的爱，也聊胜于无。

然而，王子十分聪明，他诱使长发公主放下金色长发，顺着长发爬上塔尖。这个故事象征性地告诉我们，尽管女巫试图将长发公主留在自己身边，但长发公主的确将关系从她的母亲转移到了她的爱人：就她的年龄而言，对于追求者的兴趣符合她的性取向。

长发公主大部分的成长岁月都和养母生活在一起。她开始了解养母的好与坏，正如所有的孩子以同样的方式开始了解自己的母亲一样。现在，长发公主遇见了她的王子，她明白女巫不愿意和别人分享自己，因而不允许她见外人。一开始，长发公主出于保护养母的目的，决定隐藏王子，避免遭受分离的痛苦。

然而最终，长发公主还是犯下了弗洛伊德式的"错误"。对我们所有人来说，想要一件事被揭露和被隐藏，这之间本身就存在冲突。我们的意识想要选择隐藏，而潜意识坚持要将其揭示。冲突的结果就是，真相在意识未深虑或控制的情况下"不胫而走"。这是一个需要泄露的秘密。当长发公主轻率地问女巫，为什么女巫比国王的小儿子要重得多，从而不小心说出了真相（也是她的秘密）。因为她的潜意识希望女巫（她的母亲）知道她已经进入了性懵懂时期。长发公主不仅想让女巫知道，还希望她接受这个事实。

事实上，长发公主想要的，也是每个成长中的女儿想从母亲那里得到的。每个成长中的女孩都希望自己实际的性活动不为外人知晓，却希望母亲了解，自己已有所不同。她希望在母亲的祝福下，进入女性的发育阶段。在这个阶段，她会变得既像母亲，又与母亲竞争。

被背叛的母亲

父母经常因为了解到他们的孩子想要发生性行为而感到受伤，尤其是当这种事发生在通常被象征性地视为天真无邪的女童身上时，大多数父母都是不能接受的。

意识到孩子具有性欲，对母亲来说是痛苦的，因为这是对分离的公然宣告。在我的工作中，与孕妇接触时，我发现有一种情绪会反复出现：孕妇几乎总是表示害怕会变得像自己的母亲一样。在意识层面，她们不想像自己的母亲一样，重复母亲对自己犯下的所有错误。怀孕是母女分离的必要行为，如此才可与未出生的孩子共生。

女儿的完整感，她与未出生孩子的共生，以及随之而来的对渴望母亲的丧失，都常常被她的母亲视为对母女关系的背叛。现在，女儿将与另一个人在一起，而不是回归母女的联盟。母亲可能会觉得被抛弃了，并很快会被竞争对手取代。母亲可能会感到被遗弃和被拒绝，不知道如何重新定义自己的角色。我相信，正是这种被遗弃和背叛的感觉，助长了母亲们对意外怀孕的女儿的愤怒。

我的病人凯伦生了三个孩子，每一次怀孕都带来同样的困境：她不能亲自告诉她的母亲。这三次怀孕的消息，都是在她的要求下，由丈夫将喜讯传达给母亲的。她告诉我的时候，声音中带着欢快和疑问："我妈妈当然知道我在做爱。"我回应："凯伦，你确定她知道吗？"凯伦的怀孕，作为她性欲的外在表现，是她尴尬的根源，也是她与母亲关系倒退的开始。凯伦是西班牙裔，她用语言的使用来说明她们的文化：在西班牙语中，怀孕一词是embarazada（词根有难以启齿的意思）。即使已经是三个孩子的母亲，凯伦也像许多女性一样，面对自己的母亲时，对自己的性欲感到尴尬，并且在潜意识里仍觉得需要向母亲隐瞒自己的性活动。

母亲们也常常难以接受女儿在性方面的成长，因为她们自己正在面临性生活的缺失。在治疗实践中，我从已婚夫妇那里听到的最多的抱怨，是彼此的性趣下降。这样的抱怨往往来自过去有频繁且愉快性生活的夫妇，以及在许多其他方面关系良好的夫妇。因此，在缺乏性生活的情况下，面对似乎性欲过剩的女儿，母亲的嫉妒被唤起。

在研究母亲的身份和性欲之间的关系时，进化论的奠基者查尔斯·达尔文发现，母性和怀孕被普遍认为是缺乏性吸引力的，即使在高度重视生育能力的文化中也是如此。每个女人都冒着失去丈夫性趣的风险去成为母亲。通常在妻子进入母亲的角色后，丈夫的内心冲动就会被唤醒。据估计，有10%的男性（其中大多数在之前的婚姻中是忠诚的）在妻子怀孕期间有出轨行为。

女儿有时会直觉地理解这些母亲难以解决的隐秘问题。就像长发公主开始懂得的那样，当她们性意识觉醒时，母亲可能会感觉到背叛。这种背叛感会在母亲想要占有女儿全部的爱时产生。在此情况下，另一个人来分享女儿的爱，感觉像是对母亲的剥夺和背叛。

当孩子的行为违背母亲的道德感时，背叛的感觉也会出现，就像经常发生的那样。英国精神分析学家温尼科特（Winnicott）谈及情感成长中反叛的必要性，他称这是为了爱而毁灭另一个人的需要。反抗通常以性的形式出现。母亲的反应往往也与女巫相同：当长发公主犯下她的"错误"，女巫的反应是剪断长发公主的头发，从而切断王子通向长发公主的道路，希望以此彻底熄灭长发公主的性欲。觉察到女孩性需求的母亲，通常会禁止女儿接触引起她欲望的男孩。

但即使女巫做出如此卑劣的行为，长发公主仍然能感受到女巫的爱。虽然自私的爱（正如女巫所展现出的那样），是错误且总是失败的（至少在童话故事中是如此），但作为这种排他性质的爱的接收方，孩子们往往可以理解，这就是一种自私的爱。心理学家布鲁诺·贝特尔海姆（Bruno Bettelheim）在重述这个童话故事时解释道："爱得如此自私和愚蠢是错误的，但并非邪恶的。"因为愚蠢和自私的行为，女巫失去了她心爱的女儿——但由于她对长发公主的爱之深，并非出于邪恶的原因，所以她并没有受到伤害。

只能来自女人的慰藉

同女巫和长发公主一样，性是我与母亲关系的第一道压力。彼时，我还是个青葱少年，充满青春期的性萌动，大胆地放纵自己。从表面上看，这个冲突的战场对我的母亲来说似乎有些奇怪，因为母亲在谈论性时，总是怀有极大的热情来享受它的乐趣。在我们家庭中，性并非其他家庭那样，是被禁止的话题。因为母亲对良性性生活的称赞，我猜在床笫之间，父亲一定理解母亲的欲望，就像世界上所有的罗密欧对朱丽叶一样。

尽管她对性持开放态度，也充满幽默感，但正是因为母亲对我发生性行为的态度，我才第一次学会了撒谎。母亲的复杂之处在于，当内心的感受和大脑的思考一碰撞，就经常会发生冲突。就像她一直告诉我的那样，在心里她十分清楚，当性充满爱和关怀时，它是一种精致的感情表达。然而，她的思想却受制于时代，让她认同性行为只有在婚姻下才能被允许发生——但这可能只是托词。真正的痛苦，可能来源于她不再是我兴趣和注意力的焦点。

像其他年轻女性（包括长发公主）一样，我想向母亲隐瞒自己正在出现的性萌动。这是我向她隐瞒的第一件事，这也是我们之间不诚实的污点——我的"秘密"。

在我上高中的时候，她对我的性欲的反对已经非常明显。我在16岁时恋爱了。男友沃尔夫那时已经毕业，他把毕业戒指作为礼物送给了我。我用项链将戒指穿起来，自豪地挂在脖子上。父亲给我买了第一辆车，是一辆淡蓝色小精灵敞篷跑车，我总是开着它在城里闲逛。巧合的是，沃尔夫也有一辆同款的白色跑车。放学后，我们会像车队巡游一样开着车到他家，然后再花上整个下午的时间耳鬓厮磨。这些下午，是我人生第一次天真地探索边缘性行为。

有一天，我在午餐时间开车带女性朋友去汉堡王。我降下小跑车的车顶，女孩们将整个车堆得满满当当：我坐在驾驶座上，一个人挤在变速杆的位置，另一个人坐在副驾驶上，另外还有第四个人（也可能更多）叠在我们所有人上面。母亲碰巧开车路过同一条街，那天晚上是我人生中第一次（也可能是最后一次）领受了母亲的教诲。她指责我超速（而我并没有），相反，我敢肯定，她反对的是我当时所散发的气质——不顾一切的态度，如随风飘扬般自由，和一种伴随着性萌动和探索性的自我释放。

几个月后，当沃尔夫为了另一个女孩离我而去时，母亲所有针对我的批评戛然而止。那是我16岁人生中最痛苦的时光。我在痛苦中找到母亲，她安慰了我，那是只有母亲才能给予的安慰。

通过我青春年少的爱情插曲，首次是高中和沃尔夫相恋，然后是大学，我学到了关于爱和性的经验、教训——这些经验、教训将在我成年伊始的那段时光中伴随着我。它们也是母亲给我上的一课，并非来自指导或说教，也不是通过控制，而是凭借她作为女性的身份，作为拥有过性的女人给我的慰藉。我学到了与男人产生爱恋、肌肤之亲和发生关系，对女人来说是美妙无比的快乐。就像母亲总是告诉我的，这是她和父亲之间的秘密。我学会让自己沉浸在爱上一个男人的感觉中，正如母亲描述遇到父亲时所感受到的那样。我领悟到，自己的性生活并不是母亲想要了解的部分，我成为一个寻求满足性冲动的女人，对母亲来说，会是一个不舒服——甚至是不能忍受——的事。最重要的是，通过我们的亲密关系，我了解到男人可以造成难以言喻的痛苦，当男人的大海波涛汹涌时，女人才是唯一真正的避风港。身处痛苦之中，我可以求助并获得终极安慰的，只有女人。

21. 当男人变得重要起来

在实践治疗中，我让处于不同年龄层的母亲们告诉我她们的故事，这些故事都像是我自己所面临的焦虑——从我和莫莉一起生活，灾难的梦境就开始降临到我身上。每当我将她留在"安全"的家以外的地方，处于我作为母亲编织的保护网之外，我都有恐惧和不祥的预感。母亲们向我讲述关于害怕失去孩子的故事，无论她们的孩子是年幼儿童、青少年还是已婚的成年人。许多人用"失去"这一特定词来描述她们的恐惧："我觉得我正在失去她"——就好像孩子是由机器维持着生命，突然生命体征急剧下降了一样。当孩子第一次上幼儿园时，母亲觉得自己无比悲伤和哀恸。我也见过有的母亲在孩子上大学后陷入严重的抑郁症。我的一个病人在孩子离家之后，因独居抑郁而被诊断患有癌症。对于身体和心灵，分离似乎都太难以承受。

得墨忒耳的困境

我的一位患者德梅特里亚，专门来找我谈论她的女儿普莉希拉。普莉希拉14岁，出现了德梅特里亚认为不适合她这个年龄的行为。关于周末是否要宵禁，普莉希拉与母亲发生了激烈的争执：在德梅特里亚看来，她的穿着过于"暴露"，花了太多时间和男朋友独处。一天早上，德梅特里亚在普莉希拉的脖子上发现了一处疑似"吻痕"，她开始怀疑女儿发生过性关系。每当德梅特里亚试图与普莉希拉谈论她的生活方式，普莉希拉就会立刻变得充满敌意，将母亲的关心视为干预，要求母亲不要干扰自己的生活。德梅特里亚渴望再次见到她"真正"的女儿，而不是每天面对的这个越来越陌生的人。

在一次会谈中，德梅特里亚提及她名字的来源：希腊神话中的得墨忒耳，她是丰收、大地女神。德梅特里亚上学时读到过得墨忒耳的人生悲剧，她觉得冥冥之中自己正在重蹈这位女神的覆辙——因为无法抵抗外部力量的抢夺而失去自己的女儿。为了获得一些精神上的启迪和宽慰，抑或是更清楚地了解自己当前的处境，我和德梅特里亚决定认真理解关于得墨忒耳和女儿珀耳塞福涅的古老神话故事。

创世之初，母亲得墨忒耳和女儿珀耳塞福涅幸福地生活在一起，母慈女孝。那时的世界没有饥饿，也没有四季之分，因为大地女神得墨忒耳的慷慨，每年都是丰收年。得墨忒耳让她柔软的土地绽放出绚丽的花朵，让树木茂密与天齐——这一切都是为了让珀尔塞福涅开心。在炎热的日子里，得墨忒耳降雨来为大地降温，这样珀尔塞福涅就可以在草地上欢乐地嬉戏。得墨忒耳对风低语，直到微风拂过珀尔塞福涅精致的脸庞，让她安然入睡。珀耳塞福涅在这段时间里过着安宁的生活，既与母亲相爱相守，也与母亲所象征的大地亲密无间。

然而，冥王哈迪斯有一次隐身来到人间，无意间瞥见这个可爱的女孩，便立刻被她的美丽和魅力吸引，于是向得墨忒耳提出娶珀耳塞福涅，但被拒绝了。哈迪斯决定要绑架珀耳塞福涅，将不幸带给这对母女。

故事到目前为止，与长发公主十分相似：母女之间和谐共生。紧接着，男性的入侵破坏了母女之间的幸福关系。但是，故事后面的部分有着不同的发展：

大地裂开，哈迪斯的战车凶猛跃出，他一把掳走珀尔塞福涅，将她带到冥界王国，迫使她结下无爱的婚姻。

珀耳塞福涅并非心甘情愿地奔赴情人——她被俘虏后又被强奸了。哈迪斯也不是王子。女巫和得墨忒耳这两位母亲，因为失去挚爱，从此她们的世界各自分崩离析。

得墨忒耳因失去了女儿而伤心欲绝，陷入深深的悲痛之中，完全放弃施展神迹，拒绝养育大地。整个世界死气沉沉，大地枯竭干旱，饥饿的人类声嘶力竭地呼喊，作物不再生长，没有茂盛的树木遮阴，没有微风吹拂树叶沙沙作响，曾经绚丽的花朵也失去了色彩。

现实生活中，普莉希拉的母亲与这位神话中同名的母亲有着相同的感受：德梅特里亚因为失去曾经熟悉的女儿而感到沮丧、绝望和无助，她甚至将她的感受表现在了穿着上。在普莉希拉年幼的时候，母女俩经常穿着母女装，服装颜色鲜艳，看起来光彩照人。现在，德梅特里亚对于打扮自己兴趣索然，她总是穿着深色的衣服，带着一副阴沉的表情。她描述自己的感受就像在珀尔塞福涅被绑架后毫无生气的大地。对德梅特里亚来说，世界已经不再充满色彩，而是变成了一个阴冷灰暗、了无生机的地方。

　　女儿刚出生时，德梅特里亚和女儿是共生关系，那是她一生中最快乐和满足的时光。我们谈论分离之路中的每一个里程碑，并逐一分析，来了解母亲和女儿是在何时分开，又是如何各自走上不同的道路，以至现在两人之间只剩下愤怒和不满。她解释道，她和普莉希拉的母女关系超越一般的亲密关系，因为德梅特里亚是高龄产女（而且还是独生女），出生后不久，普莉希拉的父亲就抛弃了她们。德梅特里亚表示，在普莉希拉的童年时期，她强烈地守护着她们的亲密关系，不想"冒任何风险失去一个对她来说最重要的人"。当谈到她们的关系从和谐变为针锋相对时，德梅特里亚始终认为女儿是被"利用"和"过度影响"了。德梅特里亚责怪女儿的男朋友、学校和社会文化。她为失去女儿的纯真和母女之间的亲密而哭泣（就像神话中的大地女神得墨忒耳一样）。德梅特里亚能找到的唯一解决办法，就是尽量阻止女儿和男朋友见面。但她深深地知道，这样的行为不仅徒劳无益，还会进一步激怒女儿。

得墨忒耳式母亲

　　得墨忒耳的神话告诉我们，得墨忒耳式的女人，就像德梅特里亚一样，是一个朴实而富有情感的女人。她非常情绪化，看待生活中发生的各种事的方式，皆以情感为中心。在最好的状态下，得墨忒耳式母亲比其他神话中的女性更具有积极的母性能力。她在养育上的天赋，意味着她擅长在情感上与他人互动；她性格温和，喜欢表达爱意；她养育、接受，有承受巨大的痛苦和磨难的能力。奉献是她的天性，爱是她慷慨的动力。她将自己融入永恒的循环之中，让她有应对死亡（哈迪斯）的能力和力量。

她拥有强烈的同理心，所以经常给予身边的人以安慰。她是一位出色的照顾者，无论是在年轻时照顾自己的孩子，还是在退休后照顾孙辈，抑或者是专业地照顾伤病或心情低落的人。她通常投身于能助人的事业，比如咨询师或心理治疗师。当然，男人和女人一样，都可以表现出得墨忒耳式的特质。

得墨忒耳是珀耳塞福涅的复活版。现代女性在世代更迭中经历着这种力量。母系血统向上延伸至外祖母和母亲，向下延续至女儿。对于儿子来说则不同：他们显然是不同的个体，就像父亲们一样。同一个家庭中的女性成员之间，存在着一种本质的血缘关系，她们分享着从自己的生命实体中产生的奥秘：一个女人的本质自我，将重生在她的女儿身上。

得墨忒耳式母亲的黑暗面

除了共生关系在情感环境中出现偏差，并且提供依恋的机会太少，相反的情况也可能发生。母亲可能无法放弃共生关系，就像德梅特里亚和普莉希拉那样。这是得墨忒耳式母亲的黑暗面。得墨忒耳式母亲的爱和依恋能力可以轻易转化为病态。我们记得在得墨忒耳的悲痛中，她控制作为生命之源的水，用干旱肆虐大地，导致地球上大部分的植物都枯竭而死，裸露的地面饱受侵蚀。她宁愿让所有人类死去。她在痛苦中挣扎，出于悲伤或者报复，她让所有人和她一起遭受苦难。正因如此，她变成了自己的阴影自我，不再是丰收和大地的女神，而是死亡和毁灭的女神。

在这些扭曲的母女动态关系中，随着孩子进入成年期，她们可能无法发展出成熟和完整的人格。或许并没有明显的迹象去表明孩子的发展遭到阻断，更有可能的是，孩子会呈现出非常正常和美好的性格，一种看上去"好像"是完全和完整的性格。这种情况下长大的孩子，她们甚至可能感觉不到自己只有一半的活力，因为个体与真实自我的基本层面已经断开。有时表现为一种模糊的空虚感，对于这些人来说，寻找"意义"的原因在于，人生只启动了一半的活力（人生处于半完整状态）是不够的；或者有时，某一事件会驱使他们认识到自身的不完整——可能是所爱之人的去世，或是一件让生活无法正常继续的意外，比如配偶的离开，或无法平息的愤怒，甚至可能是一项无法完成的简单日常任务。

作为入侵者的父亲

父亲的出现，构成了弗洛伊德提出的"家庭罗曼史"，这是孩子渴望却消失的快乐时光的理想化版本。在这一时期，对于孩子来说，父亲是最崇高、最坚强的男人，而母亲则是最亲切、最可爱的女人。但更常见的情况是，至少在孩子刚出生后，父亲传递出的能量充满了怨恨和消极。

在得墨忒耳神话中，哈迪斯是造成悲剧的罪魁祸首。他绑架了珀尔塞福涅，强娶她为妻。但出于一己私欲的绑架行为，并非哈迪斯的唯一罪行，他还破坏了母女之间的幸福共生关系。

许多母亲逐渐感到，她们的丈夫的存在，要么与母婴二元关系毫不相干，要么呈现出一种完全的干涉。就我和莫莉的关系而言，我发现自己夸大了我作为母亲对她的重要性。我发现自己有时思考和行为的方式，就好像我是她唯一的亲人。我想独自决定莫莉的一切事情：上哪所学校，吃什么食物，和谁一起玩耍，参加哪些课外活动……而且绝大多数时间，格雷格的确服从我的决定，我们之间毫无冲突。

从我的角度看，我让格雷格对莫莉的影响变得微不足道。当然，情况并非如此——在孩子的养育过程中，从来都不是这样。研究表明，在双亲都参与养育孩子的家庭中，孩子的健康状况更好，在智力、学业、情感方面也表现得更优秀。通过观察格雷格和莫莉一起玩耍的状态，我看到了父亲和母亲的差异。格雷格为亲子关系带来一些我作为母亲没有且不能提供的东西。格雷格（以及大多数孩子的父亲）和莫莉玩耍的方式与我不同：他更偏向于肢体活动；我和莫莉玩耍的方式则比较温和。他与女儿交流的方式也与我不同：他更具行动导向；我则比较情绪化。他引导女儿的思维方式亦不同：他们更多讨论的是整理、组织和分类；我则是随心所欲地自由联想，较少有计划性。他看待女儿的角度依然不同：他更倾向于希望控制她；我则倾向于想要了解她。尽管格雷格通常都服从于我，但有时他仍坚持维护自己作为莫莉父亲的权利。当他有意见时，他总是有力地强调。

关于如何抚养莫莉，格雷格和我也会有不同的观点，有时候我们在回应她的方式上存在深刻的分歧。例如，莫莉喜欢使用她的声音，这意味着在任何时候，她都会发出几乎能够震碎玻璃的尖叫声。我的耳朵真的会被震得嗡嗡发疼。格雷格总是有些恼火地告诉她，不要再吵闹，而我却只是捂住耳朵——因为母亲曾以同样的方式抚养我：她给了我绝对的表达自由。格雷格和我之间的差异几乎渗透到方方面面，从个人特质到我们在亲密关系中的互动。在我看来，他希望世界来适应他，而我则让自己去适应这个世界。

作为婴儿接触的第一个男性，父亲往往是家庭生活中被遗忘的受害者。有一项针对婴儿的实验，测试他们对父亲声音产生的兴趣度。结果令人震惊，婴儿们对父亲的声音表现出的兴趣，并不比对陌生人更大。但是，父亲在减少母子之间的共生关系上发挥着特殊的作用。改变母子之间的依赖关系，是父亲的任务。

父亲必须帮助切断他们之间的心理脐带。正是他将母子二元关系割裂，并转化为构成家庭生活延续的三角关系。他需要让孩子明白，与母亲的共生时光已经结束，并重申自己对妻子的所有权。

没有父亲的干预，孩子的自我意识发展就会受到阻碍。在孩子眼中，父亲代表着规则、秩序、权力和外部世界，而母亲则象征交流、融合和作为内部世界的家。最重要的是，对于母亲和孩子来说，父亲是他们的保护者。只有当孩子同时内化了父亲的规则和母亲的养育，他们才能拥有独立自主的人格，才能体验到自己是一个独立的个体，有能力对抗外部世界。父亲的干预行为，使孩子可以自由地与母亲以外的人建立关系。对于孩子，父亲是母亲之外的、第一个真正的"他者"，因此与父亲建立的关系，也成为孩子未来与他人关系的原型。

当代研究表明，有一个积极与孩子互动的父亲，对孩子的成长十分有益。父亲参与抚养的孩子，暴力倾向更低，智商更高，有更强的自控力，能够更好地适应社会。

父亲和婴儿之间的互动，就像母亲和婴儿的一样，遵循着一种超越阶级和文化的模式。每个母亲都有独特的抱孩子的方式——抱孩子的时候，十次有九次会采用同样的方式。相比之下，父亲抱起孩子十次，也许每次都会用不同的方式。母亲用独特的方式与孩子玩耍，且使用玩具。父亲则相反，他会把自己作为玩具，他们的身体会变成摇摇马、攀爬架和暴走列车。父亲不像母亲般关怀或照料孩子，他们给予的是父亲独有的支持和关爱。父亲的养育截然不同于母亲，对于孩子来说，最好的状态是两者兼备。

然而，不得不闯入母婴共生体，是一件吃力不讨好的事。在照顾新生儿方面，父亲的角色与母亲相比，似乎显得微不足道。他的闯入不一定受欢迎；母亲和孩子都可以感觉到他渴望加入，但他的加入很快就变成对幸福共生关系的威胁和破坏。新生儿的父亲常会备感遗弃和忽视，觉得自己的存在似乎并不重要。

当母亲不想认出自己的孩子

作为珀尔塞福涅的第一个爱人，哈迪斯对母女之间的关系有着深刻的理解。当珀尔塞福涅准备离开冥界时，哈迪斯恳求她吃下石榴的种子，"为她的脸颊增添色彩，这样母亲德墨忒耳就能够认出她"。哈迪斯明白，当孩子接触到与母亲共生之外的刺激时，他们会发生转变，而他们的母亲似乎无法认出，有时甚至不想认出他们来。

这就是德梅特里亚所表达的：一个并非女儿的实体占据并居住在女儿的身体里。德梅特里亚不愿承认，女儿的变化来自她的内在（女儿并不是"不良影响"的不幸受害者），而是单方面积极构建自己想要的生活。虽然普莉希拉的性觉醒和与母亲分离的旅程，就像珀尔塞福涅到冥界的旅程一样，充满了不确定性和不祥之兆，但对于所有女儿来说，这趟旅程仍必不可少。珀尔塞福涅作为年轻的少女，需要前往冥界，才能成为成熟而性感的珀尔塞福涅，在那里，她是冥界的女王。与此类似，普莉希拉从德梅特里亚视为女儿的小女孩形象，到变成拥有性欲的女人，这一旅程同样必要，且不可避免。

哈迪斯的神话意义并非为他打上"坏"或"邪恶"的标签那么简单。哈迪斯也体现了智慧，能够看到别人看不到的事物。哈迪斯是一个神，也是一个地方（Hades，也有冥界的含义）。大多数人不由自主地进入冥界（如珀尔塞福涅），进入黑暗阴间的经历总是令人震惊、慌乱和恐惧。哈迪斯也具有象征意义，代表了我们内心的灵魂之所。而且，作为我们存在的一部分，这个概念指的是灵魂的深处，一个内在且神圣的地方，是记忆和感觉、图像、模式以及本能所埋藏的心灵最深处。这是我们自己所不能看见的部分（因为哈迪斯会用特殊的头盔隐身）。

正如荣格所说，心灵的这一部分是我们的"阴影"面。其中含有我们内心生活的所有材料，包括过于痛苦、羞耻和无法接受而不被我们的意识所承认的部分。由于被排除在意识生活之外，自我中的这一部分只能与冥界中隐藏的恶意共存。

因此，珀耳塞福涅代表在与无意识的黑暗世界相遇并发生转变之前，心灵所处的天真无邪的萌芽状态。在我们与熟悉的事物脱离，并与意识中陌生和厌恶的未知事物结合时，每个人的原型都是处女新娘。

"得墨忒耳-珀耳塞福涅"神话以珀耳塞福涅将她的时间平分给母亲和爱人而告终：

当珀尔塞福涅与母亲重新团聚时，得墨忒耳把美妙的歌声送给代表大地、风、水和火的精灵，他们从睡梦中醒来，开始舞蹈。万物复苏，一派生机盎然。大地再次欢快地舞动、旋转，所到之处留下丰茂的花草树木。风也调整好自己的脚步，再次安静地吹拂过层层密林。水轻快地拍打珀耳塞福涅长长的睫毛。火光在珀耳塞福涅面前起伏，给予她温暖。

每年春夏的六个月里，珀耳塞福涅来到大地，与母亲在一起，阳光明媚，天气晴朗，万物复苏，生机盎然。到了下半年秋冬季，珀耳塞福涅回归冥界，气温下降，白昼变短，万物凋零，严酷的冬天覆盖大地。

通过用神话故事来反思自己情感的痛苦，德梅特里亚能够理解，就像神话中珀尔塞福涅的命运一样，她因吃下石榴籽而注定了要永远在母亲和爱人之间拉扯的命运，德梅特里亚的女儿也将如此：她永远不会再成为曾经的那个孩子，永远不会再处于保护和隔离之下，不受外部世界的侵害。德梅特里亚和我谈起所有母亲为放开孩子而面临的普遍斗争，以及为跟上孩子不断发展的分离进程所付出的努力。我们谈论母亲的自然本能驱动力，驱动母亲保护孩子免受诱惑"长大"，不被另外的人"迷惑"或被从她的领域中掳走。

为了让德梅特里亚接受女儿的行为，她需要明白，是普莉希拉决定用离开母亲来开辟自己的人生道路。也许，普莉希拉不得不与母亲产生争执，才能实现这种分离。德梅特里亚也不得不接受，总有一天，女儿会在她的眼皮子底下，从一个年轻女孩蜕变成一个女人。她终于会明白，她悉心维护的母女共生世界将不复存在。普莉希拉将永远在另一个世界过另一种生活，或许会远离母亲。

不可或缺的黑暗之光

试想，我们中的任何一个人，如果像珀尔塞福涅一样陷于哈迪斯的冥界，最终该如何找到逃脱的方法？我们可以充分意识到，我们必须时不时回到那个黑暗的地方，斗争的记忆才会铭刻在心灵深处，就像灵魂上的一道伤疤。禅宗有云："春来草自生。"这句话所说的智慧，在于我们应当放下一切控制和隐藏痛苦的企图。放下控制，坦然接受正在成型的发展趋势，就是进入春天。

得墨忒耳神话表达的核心，就是母女之间的奥秘：她们是同一人的结合体。矛盾的是，我们女人将成熟的女性和天真的孩子合二为一。无论长到多大，我们永远都是母亲的孩子。

女性在生活中会将同性视为生物学意义上的同伴和精神援助。当得墨忒耳找到自己女儿时，母女的团聚消弭了珀尔塞福涅在"死亡婚姻"的维系中所遭受的痛苦和暴力，二人即在一个全新的、更成熟的水平上恢复了母女的团结联系。这种团结和共生的本质区别在于，男性已经入侵了女性的世界。珀耳塞福涅已经开始成为男性侵犯和性掠夺的对象。

得墨忒耳神话还有另一个维度。以老太婆形象在故事中出现的赫卡忒（希腊神话中的道路女神），完成了女性形象的生命周期：少女、母亲和老妇。我们内在的赫卡忒的部分，让我们看到灵魂与黑暗力量的斗争，她可以冷漠地观察，没有戏剧般强烈的情感参与。赫卡忒是女性意识的一部分，即黑暗中的自在。她身居山洞，拥有预知未来的力量。凭借她年龄所拥有的智慧，她深知绑架的必要性及其目标的价值。她为我们提供了一个看待自己的客观视角，并将其视为生死循环中不可或缺的一部分。她的观点来自生命最后阶段回顾式的角度。在黑暗的阴影中，她所拥有的自在，她对了解生前和死后世界的兴趣，以及她在时光中前瞻和回溯的能力……所有这一切，也是精神分析师行为的本质。精神分析师玛丽恩·伍德曼（Marion Woodman）是这样来解释得墨忒耳神话与现代生活的相关性——"女性陷入母亲的无意识认同中……她必须通过被强暴来走出这种认同，然后才能找到自己的个性。"

两个世界相互渗透

地下世界对日常生活的入侵随时可能发生。而且，当潜意识强行从黑暗区走出来时，它会以肆无忌惮的力量向我们袭来。这感觉就如同大地骤然裂开，一辆战车从中一跃而出，俘获并胁迫要将我们带离安全区，使我们进入不确定、恐惧的内心黑暗深处一样。当我们被潜意识的黑暗力量入侵时，不可避免地要面对无力、悲伤，甚至是死亡。我们在痛苦中挣扎，抵抗黑暗力量的绑架，对抗我们自己的黑暗本性。在地下藏着的可能是冲突，或是一种情境：它可以是诱惑我们的恶魔情人，以人形或成瘾的方式出现，总是出其不意，令我们为之震惊，我们却还不明白究竟发生了什么。我们可能会因为自己处于心灵中一个陌生的位置而感到不安，或者发现自己身处之地熟悉得令人恐惧，它可能是长久以来我们一直寄居的、处于可怕的朦胧状态的心灵之家。这也是我们面对自己的潜意识时的感受。

在人类学家洛伦·艾斯利（Loren Eiseley）的《浩瀚的旅程》（*The Immense Journey*）中，作者谈到了在一个浓雾弥漫的早晨，他与乌鸦的一次相遇：那是多年不遇的一次大雾，他甚至看不到自己伸出的手。突然，一只鸟朝他的头顶冲来，在可怕的恐怖中疯狂尖叫。艾斯利明白，这次相遇的发生是因为大雾给乌鸦造成了一种误解——世界的边界转变了。他推测乌鸦采取了惯常的做法——它飞得很高，然后，遇到了一个似乎在空中行走的人——乌鸦迷失了方向，便陷入了恐惧。代表陆地的人和代表天空的鸟相互渗透。而且我认为，这也很好地描述了当我们突然面对自己的潜意识时的状态：两个世界的相互渗透——得墨忒耳的人间和哈迪斯的冥界；意识和潜意识的两个交叉世界。

我们每个人都有被从地球表面（日常世界）拖到地下夜晚和黑暗世界（地下世界）的危险，那里充满了混乱。我们感到寒冷、麻木或死气沉沉，试图逃离，重回阳光灿烂的时光，但我们做不到，我们无路可逃。地下世界在意识之下，是我们看不到的地方，代表了我们的意识无法察觉的一切。在心理学和神话学的象征世界中，熬过灵魂的寒冬，就意味着度过了一段黑暗而疏离、模棱两可的时期，这几乎总是一个绝望的蛰伏期，或者是一个极度抑郁的时期。灵魂的冬天是黑暗降临于自我的隐藏部分。冥界是我们的影子，是隐藏的存在，代表了我们的潜意识。哈迪斯是毁灭和死亡之神，但他也代表睡眠和不可知的领域——那是梦产生的地方。梦告诉我们，什么是自己所不知晓的，什么是我们所不想知道的。梦向我们每个人揭示了自己的地下世界。哲学家荣格说："……通过研究得墨忒耳的形象，我们意识到了生命的普遍原则，即被追求、被强暴、无法理解、愤怒且悲伤，然后一切恢复原状再重生。"

在我灵魂的春天嬉戏

德梅特里亚记录下了自己做的一个治愈的梦。在梦里，女儿出行归来了，季节突然转为春天，仿佛为了表达出德梅特里亚的喜悦，整个地球都迸发出了色彩和活力。她的梦以得墨忒耳神话式的母女团聚而结束。当得墨忒耳开始接受珀尔塞福涅进入男性侵略和性的世界时，德梅特里亚现在也同样能够接受普莉希拉进入这个世界。

而且，通过我对德梅特里亚的分析，以及重新审视得墨忒耳的神话，现在我清楚地了解了为什么我会做与莫莉分开的噩梦。晚上，我在睡梦中前往我的地下世界，精准地拜访我的恐惧和悲伤，从而可以在白天快乐地欢笑和唱歌。"春天"不仅是一个季节，更是一种心境。我在灵魂的冬夜探访地下世界，那里的一切都暗淡无光；等我回来，就可以在代表灵魂的春日阳光明媚中，和我的女儿一起跳舞、嬉戏。

22. 谋杀的隐喻

　　我和莫莉一起在大自然中散步。如今，她长大了一些，会走路了，散步是我们特别喜欢做的事情。现在是夏天，正是一年中我最喜欢的季节，因为只要我离开家门，走出大约50步，就可以一头扎进湖里游泳。我们家周围到处充满蝉鸣声，这些会唱歌的昆虫每17年才来一次，用它们一生的时间发出奇特且空灵的声音，直到它们的卵从树上掉入泥土，然后孵化成幼虫，幼虫再深入地下，以树根为生，经过长时间的休养生息，最后重出地面。

　　正是这样，当我们穿越树林时，遇到了一只正处于生命最后衰退阶段的蝉。我们捏住蝉的翅膀将它捡起，放在树上，而后又将它取下。它停在我们手中，沿着我们的手臂爬行。我们和这只蝉待了20分钟，莫莉甚至给它取名为虫王，要把它带回家。我们把它放入莫莉超大的蓝色婴儿车里，它稳稳地坐在空座位上，就像真正的国王一样。然后，我们开始步行回家。突然间，莫莉伸手把它从婴儿车里拿了出来，放在地上，然后重重地踩了上去。

　　有那么一会儿，莫莉似乎很喜欢这只小蝉。在那一刻，莫莉拥抱了爱和生命以及融和一体；随即，她受够了，也准备好要结束这一切。在跺脚的那一刻，她拥抱了仇恨、死亡和分离。在她爱的行为和紧随其后的恨的行动中，她展现了一些爱与侵略、依恋与分离的基本原则——在缺乏另一端的情况下，你无法拥有其中任何之一，而且，它们通常指向同一个对象；你不一定爱一个人，又恨另一个人；你恨之切的人，往往也爱之深，所以如若不是因为渴望亲近，你也不会想要远离；你最渴望远离的人，亦是你想靠近的人。

事实上，我们拥有这两种相互冲突的欲望——在灵魂的最深处，我们是分裂的——意味着我们永远在与自己交战。在心灵层面上，我们有思考和感受的能力。在生物学层面上，我们的身体在本质上是个以中轴对称的两部分：我们有两只眼睛、两只耳朵、两只手臂和两条腿。我们甚至拥有分成两半的大脑，一半负责逻辑、推理和语言，而另一半负责本能、嬉戏和创造性地做出反应。有了所有这些二元性，我们对自己和像我们一样的彼此感到不舒服和不满，也就不足为奇了。难怪我们的侵略性行为，以及随之而来的对死亡、破坏和毁灭的冲动，总是如此频繁地获胜。

舔，或是咬

孩子的世界笃信万物有灵，到处都是生机勃勃的景象。尽管成年人试图让孩子相信生与死是不同的，或者自然界中的物体不会说话——但孩子"知道"并非如此，儿童心灵的某些部分尚未受到成年人知识和理性的影响。

我从莫莉与她周围世界的关系中看到，她的内心世界充斥着鲜活的灵魂（她的毛绒猫玩具会和她说话；从厨房柜台上掉下来的铅笔，是顺从它自己的意志"纵身一跃"）。并且，她已经知道，她周围的世界并不完全是善意的，她知道会有危险。

莫莉钟情于一个问题，已经问了好几个月。每一个物体，无论是否有生命，她都要问："它会舔吗？它咬人吗？"她以三岁的幼稚方式知道，每个生物都想爱（和生活）或杀戮（和死亡）。作为一名精神分析师和她的母亲，我认为这是莫莉发展的一个里程碑，她明白所有生物都有生与死、爱与杀戮的冲动。未来，当莫莉理解一个更复杂的概念——咬人的生物也可以舔，舔人的生物亦可咬人时——她将表现出一种理解，这种理解代表了数百万年间，人类心智进化过程中认知成熟的伟业。

莫莉的理解恰好总结了弗洛伊德在形成他的精神分析理论时最为挣扎的核心思想：在他的斗争中，他发展了两种驱动力的理论。他将莫莉舔（和爱）的概念称为爱神（Eros），莫莉咬（和杀死）的概念称为塔纳托斯（Thanatos）。

假设在所有人类活动——行为、感觉、感知、欲望、野心——的背后有两种驱动力，弗洛伊德让我们理解，这些驱动力实际上是对人类精神的全面解释。爱神，代表着生命、爱情、融合、生存和性。塔纳托斯包含了将我们彼此分开的所有因素，所有具有破坏性和使我们回到过去的事物，包括我们最早的起源——"回归无机物"（即死亡）。而这些驱动力或能量并不对立。相反，对于情绪健康的人来说，它们既相互冲突，又相互协调。生与死总是同时发生的。我们只在活着的时候才会死去，我们也只在走向死亡的过程中才算活着。我们同时经历着生死，两者不是选择。生与死存在于我们每个人身上，作为人类遗产的传承，以公开、明显同时又微妙、隐藏的方式表现出来。

弗洛伊德将这些驱动力视为能量。在描述它们时，我怀疑他一定是得到了孩子的灵感。驱动力，就像孩子一样，代表着原始的、未经过滤且尚未社会化的能量。

和所有孩子一样，莫莉似乎本能地理解我们想要彼此靠近，又想要彼此分开。我们想要融合，我们也想要分开；我们想相聚在一起，我们也想独处。这就是叔本华在他的"豪猪故事"中提出的两难处境：在寒冷的日子里，豪猪可以选择各自分开站立，忍受寒冷，或者蜷缩在一起取暖，然后被彼此的刺戳得不舒服。我们共同生活在这些相互冲突的欲望和需求的复杂排列中，生活在我们作为社会动物的关系中，这是多么的有趣、混乱和痛苦啊！

"如果"只是不与现状相处的方式

当我想象孑然一身、远离我最爱的人时，我的潜意识是关于谋杀。我在精神上隶属于塔纳托斯领域。在潜意识中，象征和现实融合交织在一起，所有的精神生活都降至最低水平。相反，我们在自我中会精细地分化等级。分离可以看起来像"我要她离开"、"她想离开"、"我想独处片刻"抑或是"我想在余生都不要再看到她"……自我有一种时间和空间感，给所有流动的思想和感觉以环境和限制。但在潜意识的深处，这些区别都消失了。只有两种对抗能量能以最纯粹的形式共存：团结和分离；爱与冷漠；生与死。

例如，有时我只想让格雷格消失，这样我就可以独占我们的家。或者想象我的下一个假期没有他，我就可以从日常生活的纷扰中得到解脱。抑或有些时候，莫莉的要求超出了我的忍受极限，我没有选择对她大喊大叫直到她屈服，而是将她绑在她的玩具汽车座椅上，希望晃动的汽车能让她很快昏昏欲睡。这些是从我的潜意识中经常产生的、蓄意指向我的爱人和孩子的谋杀式的想法和感受，是关于暂时消灭他人的愿望和欲望。它们产生于疏离、独处和与他人分离的需求。当然，我不会对自己说出我希望这些人在此刻离开。我对自己说，我只是希望他们能与平时的所作所为略有不同，或者我希望他们离开，哪怕只是一小会儿。我希望格雷格对我不那么粗暴，而是更加温柔和关心："嘿，格雷格，你说话前就不能先想想吗？你不能在措辞和对我说话的方式上有一点点改变吗？"我希望莫莉不要那么幼稚地自恋："来吧，莫莉，发发慈悲。对你的老母亲好一点。做个好女孩，把我的需求放在你直接、不断变化且符合一个孩子行为的冲动之前。做个好女孩，暂时照顾好自己，让我享受属于我自己的乐趣。"

但这是关于潜意识的可怕事实：希望某人与平时不同，等同于希望他们不存在；如果只是在那个特定时刻，它们都象征性地等同于希望这个人离开。它的意思是："你很好，只是如果……"当然，这将我们带到了无限的"如果"中。如果莫莉表现得像个成熟的十岁孩子，而不是她现在三岁的样子，我们的玩具反斗城之旅就会很顺利。或者，如果万幸莫莉睡着了，我就终于可以解开我正在阅读的小说中的谋杀之谜。但如果我真的可以通过挥舞魔杖来改变一切，那么我就会错过许多莫莉的冲突和心理斗争——在她陷入其中的那一刻，它们可能会是沮丧、愤怒或痛苦的。

如果永远不止一个，如果是一千个不真实的偶然事件，它们是一线希望，希望莫莉和我在一起的相处会更容易一些，或者我可以摆脱她，有更多可以独处的时间。所有的如果只是偏离事情的本真，它们是杀死本真的方式，是没有实际行动的杀戮行为——隐喻式的谋杀。

当莫莉决定她已经受够了那只小蝉时，她本可以进行一场隐喻式谋杀。她不必将这个不幸的生物真正杀死，她本可以离开，让它顺其自然地死去，它本来就命不久矣。但她只是个孩子，她听从了自己的冲动——既有爱，也带有破坏，采用了一种未经过滤的纯粹方式。

周围最凶残的生物

这可能是一场判定谁最凶残的比赛：男人、女人或孩子。

已知最早的历史文物描绘了男人间的互相残杀——男人获胜。统计数据显示，这甚至不是一场势均力敌的比赛。

虽然男性谋杀率的确比女性高很多，但当一个女人导致另一个人死亡时，受害者最有可能是她自己的新生婴儿。这种情况发生过很多次：纵观历史，直到今天它都在发生。英国法律对这类亲子谋杀有着独特的理解。它允许在适者生存的观点下，施行宽大处理，且"适者"的定义是可以被新生儿的母亲所解释的。1922年的杀婴法案和随后在1938年的修订中，认定母亲故意杀害自己的新生儿为重罪，并适用与过失杀人相同的惩罚（而不是谋杀）。在分娩后的一年零一天内，英国妇女或不会因杀害她的孩子而被判负有刑事责任。正如判例法所述：这种辩护适用于"在该作为或不作为时，她的心理平衡受到了干扰，因为没有完全从孩子降生的影响中恢复，或受到孩子出生后的哺乳影响"。无论他们想要如何定义，他们知道，女性在生完孩子后可能会有点"疯狂"，有人可能会说这种"疯狂"与创伤和共生有关。

有研究表明，在出生时就失去父母的雌猴，无法对自己的后代表现出任何母爱行为。从猿到新时代的狩猎者，雌性受到许多因素的影响，这些因素影响她们在是否生育孩子上做出的决定。母亲需要考虑食物和住所条件、父亲的参与度甚至社会地位，以及所有这些的成本，来决定是否首先要怀胎十月，是否在婴儿出生后承担起照顾的工作。

养育婴儿的痛苦与幸福一样多。一个愤怒婴儿的哭声是如此响亮，充满恨和怒，相当于一辆没有消音的十六轮卡车从你家里跑过。婴儿饿了要喂奶，湿了要换衣服，冷了要取暖——而母亲的需求？管他呢！婴儿有四种不同的哭声，全都是压力的信号，每一种作用在母亲身上，都会促进形成与之平行的身体压力信号：心跳加快，大脑嗡嗡作响，呼吸急促。

在涉及一周岁以下儿童虐待的案件中，过度哭闹占总触发因素的80%。只是因为婴儿幼小、不协调并且行为能力低下，他们杀戮及自恋的冲动和需求并不具有同样的破坏性。

大多数情况下，作为母亲，我们会原谅我们的婴儿。因为我们明白，这是他们的生存机制，也是他们仅有的表达方式，用来告诉我们他们的生理和心理需要。但宽恕并不总是会发生。孩子将母亲束缚在家中，职业母亲结束工作就立即赶回家，与孩子共度宝贵的时光。成为母亲之前就在办公室长时间工作或频繁出差的女性，可能会感到内疚，或因过度想念自己的孩子而无法继续这种生活方式。她们愿意暂停自己的事业发展，花更多的时间回归家庭，但牺牲总会伴随着代价。即使是带着孩子去超市，母亲也可能会展现出为努力满足婴儿和家庭的需求而筋疲力尽的姿态。我观察发现，超市是情绪性虐待儿童的高发场所。在这里，我经常看到尖叫、威胁甚至动手打孩子的母亲。

行为主义心理学学院的创始人华生（J.B. Watson），在研究母亲和孩子如何相互产生负面影响中，试图找到引起母亲第一次感到愤怒的刺激因素。他认为，活动受限是主要原因。

母亲需要有离开自己哭闹、要求苛刻的孩子的自由。她们需要一个逃生出口。而这种逃避的实现，往往是通过锲而不舍地哄宝宝睡着来达成的。于是，一代又一代的母亲们，在半夜把尖叫哭泣的孩子捆起来，绑在玩具车或摇篮里，不停摇晃，直到他们安静下来。当然，正是这爱与恨的二分法，引出了最著名的摇篮曲的主题：

> 摇啊摇，摇篮在树梢。
>
> 风儿吹吹，摇篮晃晃；
>
> 树枝断了，摇篮掉了；
>
> 宝宝摇篮都掉下来了。

就像许多童谣和童话故事一样，这首摇篮曲用旋律副歌包裹着死亡的威胁，而这绝非偶然。事实上，它包含华生断言婴儿与生俱来害怕的两种刺激：嘈杂的噪音和失去支持。大多数童谣和童话都试图帮助母亲和孩子容忍他们关系所激发的强烈负面情绪。轻快的旋律和迷人的歌词是有力抵抗母亲对婴儿破坏性愿望的保护罩。

年纪稍大一点的孩子也不能免于他们自己的杀戮倾向。在观察二战期间的英国儿童时，精神分析学家起初担心，经历了战争下的暴行会使儿童感到恐惧和反感。然而他们发现，与此相反，孩子们并没有对周围的暴力产生厌恶，他们在被炸毁的废墟上快乐地玩耍，从倒塌的墙壁上拾起砖头互相投掷。精神分析师安娜·弗洛伊德（西格蒙德·弗洛伊德的女儿）得出结论，需要保护儿童免受战争的恐怖，并不是因为恐怖和暴行对他们十分陌生，而是我们希望他们在这个决定性的发展阶段，能够克服和远离他们幼稚天性所带来的原始和残暴的愿望。

一次必要的精神谋杀

有自我意识的母亲，了解自己攻击性的感受，这是她幼年留下的遗产，是她本性的真相。母亲们也知道，自己心爱的孩子有时会体现出对他人的攻击性，而自己往往是孩子攻击最猛烈的目标。但她们也认识到，她们的孩子往往比任何人都更容易成为自己盛怒的目标。谁先发火，没有特定的顺序——孩子想要毁灭母亲，或者反之，因为这种本性，母亲和孩子都具有。

在情感成长的每个阶段，成熟均涉及为了与母亲分离的攻击性行为，这是必要的精神谋杀。正如精神分析学家汉斯·洛瓦尔德（Hans Loewald）在描述孩子的观点时所说："获得对自己的生活及行为负责的过程，在精神现实中，无异于谋杀父母。"在这种原发性分离/谋杀完成之前，新的生活无法成功展开。

作为莫莉的母亲，如果我在女儿成年前没有帮助她，引导她用爱来缓解她原始的攻击性，那么她将在以后的生活中遇到很大的困难。如果我不帮助她以非破坏性的方式抑制她的攻击性表达，她可能会因为过度表达攻击性而无法得到同龄人的喜爱。她可能会变得咄咄逼人或专横，还可能很刻薄。或者反之，如果我为消除她的攻击行为而矫枉过正（例如，在我目睹了她杀死"宠物"蝉这种凶恶行为感到极为震惊之后），她会从我身上学到任何攻击性的表达都是不好的，然后她可能会找到一种方法，将这种能量转向她自己。那么，她可能会像我母亲一样，在低自尊的情况下长大；或者她可能会活在一种绝望的渴望中，这种渴望让她感到发疯，她也并不太理解这种感受，就像我的病人琳达一样；或者她可能会很抑郁，除了空虚，什么也感受不到，就像我的病人玛尔妮刚开始接受治疗时一样。或者她可能会压抑她天性中的愤怒，直到愤怒像玛尔妮在亲生母亲出现时以出乎意料的方式爆发，她才知道自己拥有愤怒的能力。莫莉可能像我一样，焦虑地梦见她最珍视的亲人消失和死亡。

因此，优秀母亲的秘诀之一，就是让母亲做出承诺，将孩子想要杀死她的原始能量转化为一种奇妙的、隐喻式谋杀的精彩行为：成功的分离。很可能正是为了实现分离，这些谋杀的感受在母子关系中才会根深蒂固。如果没有这些想要谋杀的感受，也许我们就无法在自己和所爱的人之间设置适当的界限。

隐喻式谋杀

正是围绕着分离的议题，我们谋杀的感受才最能发挥作用。没有冲突，没有痛苦，没有仇恨和攻击，就无法影响母子之间的分离。也许，撕裂曾经的统一会不可避免地产生伤害。这种分离的过程永远不可能完全同时发生。一个人通常会比另一个人想要更多的亲近或更疏远的距离，因此感到愤怒、沮丧、失望，这些都是必然后果。

大多数家庭都发生过隐喻式谋杀：愤怒没有得到解决；仇恨被破坏性地表达。这些隐喻式谋杀可能包括明显的行为，如被告知关于自己的可恨话语，以及向别人诉说可恨的话语；或者可能非常微妙的，比如收到所爱之人的信息，对方表达希望你改变现在的状态：可能希望你不要太敏感；可能希望你别那么害羞，更外向一些；或者别那么外向，内敛一点；或者希望你能饮食更有规律，对于食物抱有感激之心等。

正是这些家庭生活中的隐喻式谋杀，导致儿童在长大成年之后还继续感受到不快乐、不安全或害怕（有时对象是别人，有时是自己），就像他们小时候一样。正是这样的感觉将这些人带入了心理治疗师的办公室。这些隐喻式谋杀的受害者和肇事者前来寻求帮助的原因，要么是他们感到被自己重视的人以某种极具破坏性的方式"杀害自己"，要么是对自己面对所爱之人产生的"杀戮愿望"感到恐惧。

母亲几乎总是这些暴力行为（杀戮情绪）的最初接受者。正是在人生最初几年，在与母亲亲密共生和分离的第一次萌芽时期，人格的基本结构开始走向成熟发展的道路。在这个成长的早期阶段，愤怒和暴力行为最为纯粹、原始和未经雕琢。母亲对婴儿暴力行为的反应，很大程度上将决定谋杀是作为隐喻还是变成实际的破坏行为。

精神分析疗法可以让病人以一种安全而克制的方式，回归到这种原始的谋杀暴力行为中。更重要的是，所有的谋杀暴力行为都可以以分析师为对象进行分享。但是，对"训练有素"的患者来说，这种体验将停留在感觉层面。在分析会谈中禁止表达这些感受（以及表现出所有其他感受）的实际行为。这种疗法（与许多后弗洛伊德疗法不同）是一种没有实际行为的疗法。

在治疗过程中，精神分析师在情感和精神上具象化了母亲的角色。在患者的体验中，分析师就像母亲一样——不仅仅是给予爱和满足的好母亲，还是具有憎恨能力的坏母亲。然而，这位新妈妈现在可以容纳孩子（患者）的恨意，这种恨意可能并没有发生在他们的生母身上。隐喻式谋杀不仅将患者带到精神分析师的办公室，而且患者在这里重新体验隐喻式谋杀，精神分析师观察和分析，然后由患者将其解决和释放。

对于我们中的大多数人——不仅仅是我的病人、我或者莫莉——都生活在充斥着隐喻式谋杀的世界里。隐喻式谋杀以一系列方式彰显其影响力：从我们想要修复过去的创伤，到为了对我们那深埋在恨与痛之下的谋杀的意念视而不见，而去杀死自我的一部分。

寻找失散多年的母亲

玛尔妮觉得，她的一生都被她的两位母亲（生母和养母）扼杀了（一场隐喻式谋杀）。在玛尔妮决定联系生母时，我们开始希望最初的拒绝性伤害会得到治愈，希望她的故事会有一个圆满的结局。

当玛尔妮第一次联系这个女人时，这位失散多年的母亲以含泪且动人的方式回应她："我生命中的每一天都在想你。每当我看着另外两个孩子的照片时，我总是知道缺少了一个。"当玛尔妮将她的话转述给我时，我也哭了。我想，也许玛尔妮是对的，这位母亲会填补她心灵上我无法填补的空缺，也许玛尔妮最终会找到一个让自己休息片刻的地方，也许玛尔妮曾经有过一个与她亲密无间的母亲（哪怕只是片刻），也许她可以再度拥有那个母亲。在与亲生母亲的接触中，玛尔妮的精神状态似乎确实有所好转。

但好景不长，在打了几通电话和写了几封信件，交换了这些年彼此的信息和照片后，就在她们准备见面的时候，这个女人又消失了。她拒绝接听玛尔妮的电话，也不再回复她的来信。作为母亲，她今天所持的情感立场和30年前毫无变化——抛弃和拒绝。玛尔妮写信恳求，希望她回信说自己无法处理这样的局面，或者羞于告诉其他孩子——无论说些什么，都能安抚玛尔妮的感受，让她不至于把问题全部归因于自己，是自己可憎可恨不值得被爱，甚至不值得她花时间解释为什么再次从自己的生活中消失。在遭到拒绝后，玛尔妮写给她的第一封信言辞温和，要求不高（仅仅是一个请求）。在下一封信中，她开始乞求。

这个女人与我的母亲如此不同，也不像我为莫莉去行使的母亲的职责，对玛尔妮来说，她根本就不算个母亲。玛尔妮陷入了严重的抑郁症——比找到这个女人之前要严重得多。这是一种剧烈的疼痛——一种炽热的炎症，而不是无休止的迟钝阵痛。我指导玛尔妮度过这种痛苦，但似乎毫无帮助。看起来，我甚至比毫无帮助更糟糕——我们的会谈重新唤起了一种失落感。在过去，她有时能成功地摆脱这种失落感，但现在没有任何办法能让她从中分心。在她的会谈开始前，她总是感到渴望和巨大的期待，期待见到我，期待与我交谈。她渴望从她的痛苦中得到一些安慰，希望通过和我在一起，能够抚慰到她。她可以保持这种充满希望的心态，直到她大约驶过昆斯博罗桥（来见我的路上），有时可以持续到她停好车。在极少数情况下，她会精神焕发地来到我的门前，然后她的抑郁症就开始发作了。等她坐上精神分析的沙发时，她已经接近于功能性神经症所能达到的紧张状态——无法说话，迷迷糊糊地躺在沙发上，不知道自己是什么感觉，也不知道为什么会有这种感觉。她经常带着头痛离开会谈，想知道自己的痛苦什么时候会结束，如何去让它消失。在这些疗程之后，她确信，她对我毫无意义，她需要找到一种方法让我对她也毫无意义。她坚信我们的疗程是毫无目的的折磨，然而她并没有结束我们的关系。

除此之外，还有大量的信件。每周我会收到两次她的来信，这些信言辞真挚，令人心碎，详细地描述了她在那些安静、不轻松的会谈期间，以及自从她上次见到我以来，所感受到的每一个细微差别。她的信件让我喘不过气来，它们是如此动人、如此清晰地表达了她的心路历程。

亲爱的简：

你对我面对弗里达拒绝的感受是正确的——是我告诉你的吗，还是你根据从业经验的推测？可能这么说有些戏剧

226

化，但我确实相信，这正在杀死我。我知道我不可能一无所有，这个世界上总会有哪怕一点点属于我的部分，但我感觉也所剩无几了。我记得这种感觉，我知道人们是如何到达不想活下去的临界点——我不在那里，我不知道自己是否会再次到达，但我可以看见它。它在让我能看见的位置，离我所在的地方不远。我看着我的女儿们，暗暗保证我将永远不会离开她们。我知道查尔斯和我会永远在一起。他们是地球上我唯一可以相信的人。我希望我也能相信你。我总是想着你，想和你说话，想靠近你。这些是我一开始的想法。如果我认真地想一想，我总是得出结论，你真的不会感兴趣。我知道，我配不上你——你只是人太好，没有直接告诉我。你曾经问过我，是否因为弗里达的拒绝感到羞辱。答案是肯定的，但我甚至都不想承认自己被羞辱了。此外，她的拒绝让我深受伤害。这一切中最丢脸的部分是，我仍然必须四处搜寻关于我生命开始阶段的所有事实，而知道整个故事的人却拒绝和我交谈。她怎么可以这样对我？而且我知道，她的所作所为搞砸了我的想法和我与你的关系。今天，当我见到你时，我只想离开。我那么想靠近你，但我觉得你也会杀了我——好像我对你的爱，会导致我的毁灭。我相信，当我在她的肚子里时，弗里达可能想过杀了我。这样的事实对我来说太残酷，但现在我知道了。

我不确定具体什么时候，但我相信是女儿们的出生，让我开始考虑寻找我的亲生母亲。在查尔斯差点丧命之后（查尔斯当时在银行抢劫案中被枪击），我开始寻母。我想，我对女儿们的爱，和我与你的关系是真正引发我寻找我与母亲之间的失去联系的需要。现在我得出结论，她和我从未失去过对方。没有人把我从弗里达身边偷走。她选择离开我，让我们面对现实，如果连我的亲生母亲都不能爱我，我怎么能期望你去爱我呢？我写不下去了。

玛尔妮

附言：

今天离开你办公室的时候，我听到楼下的施工人员说这栋楼已经建成17年了。也就是说，我已经认识你17年了，但我都不敢看你的眼睛。我希望这一切会变得更好。我真的累了。

从分析的角度来看，很明显，玛尔妮现在正在重温很早以前母亲把她送去收养的被拒绝感。这一点我们双方都很清楚。有人会说，知情对于病人是有帮助的。它应该有所帮助，但实际情况却不是。

玛尔妮和我在一起时，不能对我诉说也感受不到，这是一个痛苦且赤裸裸的事实。她长期且艰苦地寻找亲生母亲，只是一种去分散她的精神分析和不参与她与我关系的手段而已，是一种逃避她真正挚爱的人是我这个事实的方式。她不能承认的是，我是唯一一个对她很重要的"母亲"。她不能说出口，因为她感到羞愧，她希望这不是真的。她希望自己没有心理结构去在意一个相对陌生的人，一个她每周只见50分钟且需要付费才能见到的人。这种在意的感觉对她来说似乎有悖常理，她觉得自己这种行为很反常，用她的话来说，成为这样的人真的很"病态"。每次她见到我时，她都在努力抗争不要成为这个人，而这种内心斗争让她在我面前头痛、抑郁和紧张。

而我知道，在她能够拥有我（她心中赋予我的角色）之前，她不会找到真正的解决办法，也不会拥有内心的平静。她可以随心所欲地逃避我和我的精神分析，但为了她的康复，她不能再逃避自己心灵的真实内容。我们都不能。

母性的悖论

墨索里尼说："战争之于男人，正如母性之于女人。"我认为，这个说法比他预期的含义更丰富。战争和母性不仅是男人和女人各自天性的必然结果，而且，母亲的育儿过程往往非常像战争。孩子和母亲们常会为了爱、占有毫无理由地互相争斗。一些母亲让攻击的冲动取代了自己的理智，并跨越那条将感受与行动分开的、非常脆弱的界限。战斗中的母亲往往对母亲/孩子的角色有一种扭曲的看法，她通常将自己视为孩子，并将孩子视为充满敌意、迫害的成年人。她谈到孩子时，就好像孩子如同成年人一样有意识、有目的和有组织行为的能力。我采访过一位法庭案件中的母亲，她涉嫌伤害自己年幼的女儿。这位母亲说："她激怒了我。她需求过度，不停尖叫和哭泣，让我看起来像是一个不称职的母亲。"

仅在过去的100年里，童年期才被视为一个独特且完全不同的人生阶段。心理学家贝特尔海姆将历史上人们对童年期缺乏理解的现象，解释为文化不成熟的表现。相似地，一位将自己的孩子视为一个小型成年人，并期望孩子有成年人行为的母亲，会回想起自己的年幼时期。在自己幼年期从未被当成孩子呵护的母亲，虽然现在作为母亲的身份，她仍然需要被当作孩子来呵护。一代人的养育质量，取决于前一代被养育的方式。正如英国诗人威廉·华兹华斯所写："孩子是成人之父。"

母性的悖论在于，我们竭尽全力照顾我们的后代，与我们无法摆脱有时对他们的怨恨和愤怒之感，两者之间存在巨大的差异。母亲可能很难接受，她们观念中爱孩子的方式与她们实际爱孩子的方式并不相同。

母爱之心

我们能够照顾他人，还兼具有灵长类动物的性与欲，同时与其他所有哺乳动物共同拥有战斗、攻击和破坏的冲动。所以我们可能会问：生来就拥有如此复杂的情感机能，对我们来说意味着什么呢？弗洛伊德终其一生都挣扎于这个问题，而精神分析的大部分框架也构成了他对我们矛盾的人性困境的解答。人类从潜意识中产生的冲动，远远超出了有意识的意志和欲望，我们努力控制这些冲动——回归初始状态的冲动（我们向死亡不可逆转的运动——死亡本能，或塔纳托斯）；爱和性的冲动（我们对另一个人无法阻止的身体吸引力——爱/性的本能，或爱神）；即使在我们小时候也具有性冲动（弗洛伊德的开创性发现之一，儿童的性欲）；当我们处于儿童期对父母中的异性产生性欲的冲动（弗洛伊德最具争议的发现，俄狄浦斯情结）；最后，杀死阻碍我们接近异性父母的同性父母的冲动（弗洛伊德最不受欢迎的发现——攻击本能）。

所有这些问题和矛盾，也正是弗洛伊德在自己极度悲观的作品《文明及其不满》（Civilization and Its Discontents）中所探求的：当我们体内包含着这么多动物性需求时，我们是如何体现人性的呢？

当婴儿的心智开始萌芽并基本成型时，如果他们接受除自己以外还存在他者的想法，就已经迈出了人格发展的至关重要的一步。一旦识别出"他者"，这些冲动、感觉、知觉和想法就会变得更复杂。孤独的感觉会被唤起，伴随着恐惧和愤怒，这些状态会直接指向分离的表面原因——母亲。那么，能够控制自己的攻击性的母亲，就能帮助她的孩子学习控制其攻击性。而且，正是这些针对分离中的母亲的攻击感，成为婴儿日后持续发展的指路明灯。

诚然，我们养育孩子的能力受到自己早期被养育经验的影响。但那些在成长环境中受到伤害的母亲，不必继承其破坏性的养育遗产。童年里得到爱很重要，没有了它，人更有可能在情感上受到伤害，但这还不是全部。如果童年，以及我们在童年时被母亲养育的质量，是我们今后建立爱和有效人际关系能力的唯一标准，那么，没有一个母亲能做得比你自己更好。尽管我们有重复过去的强烈倾向，会将我们自己父母的罪恶转嫁到孩子身上，但我们中的一些人还是在学着做得更好。这就是母性的任务之一：去驱散深藏在我们心中关于母性的黑暗阴影，用母爱和智慧之光来平衡它们。我们这与生俱来的能力，只是我们认识自己的第一课。接下来，童年时期有助于塑造我们，但最重要的是打造我们独特的、有创造力的自我的能力。这种能力能够独立于我们的反思和习得反应，给我们带来希望，不仅是对我们个人和生活，也是对全人类。

23. 古怪的弗兰肯斯坦式组合

　　隐喻式谋杀和实际谋杀之间是有界限的，但这条线可能比我们想象得更细。成为一名精神分析师，类似于做凶杀案的侦探，追踪被害者和凶手——从自我中被杀害的部分，和想要杀戮的另一部分。生命、生存（有时不顾一切）、谋杀和破坏（有时无缘无故）是两方共同努力的主题。社会学家对贫民区犯罪、街头杀人、随机杀人等主题兴趣十足，但亲密谋杀——爱神和塔纳托斯在某种怪诞的弗兰肯斯坦式组合中相融合，合力而为的谋杀——这就是精神分析的根本。

　　心理病态的患者是已经进入死亡之地的人，他们冷漠且毫无感觉。但一个用感情杀人的杀手，会选择他最爱的人作为受害者。当爱与死亡的本能相遇时，这些激情谋杀就发生了，而在那个突然的激情时刻，死亡本能——充满荣耀的塔纳托斯——占据上风，并抹去了所有关于爱神的记忆。

　　我们对谋杀的文化迷恋并非源于我们自身的某些反常的、非人类的部分，而是源于对自己的杀戮倾向的一种深刻且经常不被承认的意识。我们大多数人都发现自己对杀手有一种莫名的（令我们自己感到羞耻的）吸引力。我们对杀害妻子、孩子或父母的凶手有着共同的文化迷恋。然而，即使我们试图与这种迷恋保持距离，当我们声称对这些行为本身感到恐惧时，我们还是会狼吞虎咽地涉猎这些信息：关于行为，也关于其中的人——无论是活着的（杀手）还是死去的（受害者）——任何满足我们期望的素材，能够清晰阐明这些远离我们大多数人日常生活的暴力事件。

谋杀者的生活在边缘及其之外，谋杀者引诱甚至挑逗我们，因为他们已经越过了我们梦寐以求的现实的界限。我读到因谋杀妻儿锒铛入狱的杰弗里·麦克唐纳，他有一个庞大的粉丝俱乐部，不断有女性粉丝向他求婚。正是这种迷恋——对爱神和塔纳托斯，以及两者有时以破坏性的角度相交集——导致了我对弑母者唐娜·凯森的研究兴趣。我也认为，是我自己的暴力倾向以及我在大学最后一年差点实施的谋杀，让我在多年以后关注到唐娜·凯森。

我在《纽约时报》上读到了关于唐娜的报道。那是一篇不起眼的文章，隐藏在《纽约时报》的副刊大约39页，描述了一名囚犯在惩戒系统的诉讼中获胜。囚犯唐娜因为感冒引发了耳部感染，申请去看医生。大约三天后，医生终于前来治疗，但唐娜已经失去了部分听力。因其遭受的痛苦，唐娜获得了25万美元的赔偿。也许是作为相关信息备注，文章的最后写道：获得这些现金的幸运女人，是哈佛大学商学院的优等生，她因谋杀自己的母亲而入狱。

读完这篇报道后，我一时冲动给唐娜写了信。为何要给她写信？从她的名字我可以推测出来，她是一个来自长岛的犹太女孩，聪明，家境优渥。我想知道是什么奇怪的机制在她头脑中起了作用。我想知道，一个与我背景相似，在财富和人生机遇上都享有特权的女孩，是如何陷入杀死自己母亲的境地的。这种令人发指的行为，对我来说不可思议。

唐娜回信邀请我去探望她。即将认识并了解这个女人让我无比兴奋，这是我在任何潜在患者身上都从未有过的机会。我想认识唐娜·凯森，通过了解她，一些之前所不为人知的生命关键秘密或许将被揭示。这些秘密是人性中野性和不可驯服的部分，完全不同于自己现在平凡而压抑的生活。或许它们是我已经放弃，但现在正准备重新拾起的某些部分。可能在了解唐娜的过程中，通过了解她令人震惊的破坏行为，我将更好地认识谋杀暴力行为、分离的需要、爱与团结，是如何在同一个空间共存的。

我驱车前往位于纽约州卡托纳的贝德福德山女子惩教所，这里是唐娜过去九年的栖身之地。当我的思绪飘向这个吸引我所有注意力，但又尚未碰面的女人时，我意识到，在那一刻其他人对我来说是多么的不重要。这个杀死了自己母亲的女人，对我来说，其重要性此时高于生命中的任何人。

格雷格很大度地提出开车送我去监狱。当我坐在他旁边时，我感觉到他的男性气质，并且我意识到，我必须穿越心灵的距离才能与他建立亲密关系。我看到了我们之间的差异——当然，差异在很大程度上是造成吸引力的原因，但差异让我感受到我们之间的分离，不仅是在生理结构上的，还有情感、认知和理智等方面的差异，而这些差异化定义了我是谁。男人采取行动，我信任感受；男人想要建议，我需要共情；男人想要冒险，我需要安全。据说，人类和猿类之间的大脑物质差异约为1%，那么这1%中的99.9%，必为男女之间的差异。

对我来说，关于男人/女人的不幸事实是，这个男人与我分享我生活的细节，这个男人每晚都与我分享床和身体——即使如此接近、如此亲密，他必须以不成功的方式去竞争，才能成为对我重要的人，才得以建立像女孩和女孩之间那样紧密的纽带。而最终，这对他来说是一场注定失败的战斗。

这种共同的女性世系，对我来说就像一种无法打破的纽带，无论我们对彼此犯下何等罪恶。唐娜的女性身份——这一事实使得她对我来说完全不同了，这是超越其他所有的共性。女人的过去、现在乃至未来，一直都在。关于这一点，确定无疑，没有争论，也没有模棱两可。唐娜·凯森之所以引起我的兴趣和同情，只因她是一个女人。我们是女孩、母亲和女儿，我们是甜心，也是恶棍。我们既体面又残忍。我们可以像白天与黑夜一样完全不同，但相似的身体结构、柔软的皮肤和鲜活的情感作为我们共同的纽带，将我们密不可分地联系起来。

只存在于我脑海中的一段历史

我被带入一间陈设简陋的大房间，不能做笔记，也不能录音，我不得不将纸笔和录音机留在房间外面。由于没有书面或音频文件作为记录，这次会面只存在于我的脑海中。

这个房间里至少有50张桌子，但只有十来个人，分布在房间的各个角落，确保所有人不会靠得太近。我选了一张靠近窗户的桌子，尽可能靠近阳光和室外。

见到一些囚犯后，我发现很容易就能区分囚犯和访客。犯人的形象更鲜活，她们的眼睛闪烁着强烈的光芒。这些女人很有精神。一名囚犯抱着刚出生的婴儿坐着，一周后是情人节，孩子穿着红白相间的花边衣服，她和其他母亲一样，为自己的孩子感到骄傲。另一个囚犯让10岁的孩子坐在她的腿上，显然，他们需要足够的肢体亲密举动来支持彼此度过访问的漫长时间。

这几乎就像一个低收入家庭的聚会之夜。这里没有男人，只有女人。这间没有人情味的单调房间给人的感觉，就像一个大家庭的客厅，一个庞大而混乱的母系家庭。这里有一种女性间的情谊：女人照顾女人，女人照顾孩子，女人做着开天辟地以来她们就一直从事的事情。

监督一切言行的，是一个身材高大的女人，她显然沉醉于这项警戒任务中，全神贯注地监视着我们。这个女人的发号施令似乎没有什么逻辑，但我们都在她的地盘上，得听从她的指挥。大约等待了10分钟，她突然认定我坐错了位置，坚持要我坐到房间中间的一张桌子边上。有那么一瞬间，我自豪地想，虽然她可以控制我的行为，但我仍然有内在的自由——没有人可以进入我的大脑，去控制我的思想和感受。然后，我意识到我错了。她对我的"纠正"——以及她对我成功的发号施令——让我感到羞辱。我生气的原因并不是我被强迫、不合逻辑地换桌，而是我为自己"犯下一个错误"并因此被"公开谴责"而感到羞耻。我知道，自己的羞耻感完全来自这个女人对我的态度——像角色扮演游戏中施虐者对受虐者一样的态度。我对内在自由的看法也是错误的——事实上，我的思想和感受都被巧妙地操纵了，这一切都在我进入这个房间仅仅20分钟之内，毫不知情地发生了。

从小，母亲就一直想要了解我所有的想法和感受。于是，从处理和母亲的关系开始，再通过学习精神分析，我在思想自由上受到过很好的训练。我致力于从事的精神分析的职业，其存在的理由就是内部思想和感情的绝对自由。作家乔纳森·李尔写过关于精神分析的政治（以及心理）影响的文章，指出弗洛伊德为了避免治疗中涉及暗示而做出了巨大的努力。因此，精神分析最大的重要性在于，它是第一个以自由为目标的治疗方法。它不承诺幸福，甚至不定义幸福；它不会带来世俗意义上的成功，也不能提高你的自尊心；它也不能兑换提供逃避牢狱刑罚的免费通行证。但因为它强调自由，李尔总结道："精神分析对于民主文化的真正繁荣至关重要。"

我指导我的病人获得这种自由的方法，通常是对他们说，"告诉我一切"，"告诉我，你想到什么"或"告诉我，你想让我知道什么"。这个原则对我来说非常珍贵。然而仅仅几分钟的时间，在这个既不通风又沉闷幽闭的房间里，在等待唐娜·凯森的过程中，我发现自己已经成功地陷入被限制、束缚和不自由的感受中。

然后，我看到唐娜步入房间。我是根据她的年龄和外表做出的判断，但我不知道她到底多少岁。朝我走来的那个女人，目测年龄在25到40岁之间。某种程度上，年龄在她脸上没有留下痕迹，她似乎是从时光隧道中穿越而来，步伐有些拖沓，没有太多信念感。她看上去有点微胖，原因显然是缺乏运动，但她似乎对此并不在意。她穿着陈旧的囚衣——看上去至少用了十年，这似乎也是她对一切漠不关心的一种体现。

唐娜花了一点时间向狱警询问，确定了我的位置。她浅浅一笑，是一种疲惫的问候。在她的容貌中，最引人注意的是眼睛，模糊且麻木。她有僵尸一样的眼睛，显得特别空洞。我意识到，她正在服用精神治疗类药物。

最初，我们彼此试探，对话特意避开入狱的原因。这就像第一次约会——彼此小心试探，看看信任能走多远。

她对监狱系统感触良多，甚至表示自己想写一本关于监狱的书。她有很多抱怨：监狱的大学教育计划对女囚犯终止，但其他监狱的男性囚犯却可以继续受教育；糟糕的医疗保健系统；看守不合理的行为和任意发号施令。

唐娜向我描述起监狱里的人。珍·哈里斯因杀死她的情人赫尔曼·塔诺维尔（曾经著名的"葡萄柚减肥医生"）而入狱，和她住在同一层牢房。那边的女人正在等待艾米·费舍尔的到来，她因向情人妻子的脸开枪而臭名昭著。这里的绝大多数女性都是因谋杀罪入狱的黑人，其中很多是因为杀死了对她们施虐的人。

当唐娜开始说话时，药物的效果似乎逐渐消失了。她显然是一个有想法的人，她如饥似渴地读书，轻松自然地谈起对自己所读内容的看法。这些看法反映了深思熟虑的心理整合。她说，她没有在自己的生活中做正确的事，最终落到了现在的下场。所以，她决定通过阅读，去学习其他人是如何比她更成功地活出自己人生的。她阅读传记，对监狱图书馆际互借系统心存感激。乔治·华盛顿的传记给了她很大的启示。一开始，她准备读乔治·华盛顿的12卷著作。后来，她发现自己更适合一天读一本书的阅读方式，便逐渐转为阅读400页以内的传记，读克利夫名著注释本。她解释说，仅仅从大量笔记中，她就清楚地知道为什么乔治·华盛顿如此成功。他记录了一切：遇到的每个人、每件事；对一切事物的思考和想法。她认为这是一个"惊为天人"的主意，写下来以后，事情就变得更清楚了，还不用担心遗忘。鉴于她对生活中的重大事件缺乏记忆，这显然是她关注的重点。

著名导演乔治·卢卡斯是她的另一个最爱。唐娜在贝德福德山上过一些社会学课程。当她问我是否知道卢卡斯学过社会学时，她的眼睛闪烁着光芒。她像老师一样对我解释说，他只是想弄清楚如何改变社会，这是他学习社会学的原因。但他得出的结论是：电影是一种更有效的手段。她认为他是一个肩负使命、有追求的人，而不仅仅是一个电影制作人。

母女共处于同一空间

在了解唐娜谋杀前的生活细节时，我想到了我们生活之间的相同点以及分歧。我们的背景非常相似：我们都是犹太人；我们都在以犹太人为主的中上层社区长大（我在南部城市，她在纽约长岛）；我们都在知名大学接受过高等教育（我的学士学位来自华盛顿大学，博士学位来自纽约城市大学；她的学士学位来自霍夫斯特拉大学，工商管理学硕士学位来自哈佛大学）；我们都有兄弟姐妹（我两个，她三个）；我们都是离家求学；当远离家乡生活时，我们都经历了一次创伤性事件；经历创伤后，也许是为了找到一些安全感，我们都搬回家和母亲生活在一起。对我们来说，回家的结果并不意味着安全感，我们发现，自己和母亲无法在同一个空间共处。

而且，我们的母亲也在同一年去世。相隔一千多英里，唐娜·凯森和我毫无关联地，都在1983年的春天目睹了母亲的死去。我的母亲在她深爱的孩子们的簇拥下，缓慢而痛苦地死去；唐娜的母亲突然而暴力地，死在自己孩子的手上。

唐娜和我还相似地都经历过一场以暴力为特征的重大事件。我们应该坐在分界的两边：她，十年前暴力犯罪的肇事者；我，十年前的受害者。然而，出于某种奇怪的原因，我被这个女人吸引而不是排斥。我作为受害者，几乎丧命于一次残酷的随机袭击。我觉得我必须了解这个女人，一场谋杀的肇事者。尽管我们有无数的相同点，唯一的区别也十分明显——她和我在铁窗内外。在我们生活的开始阶段，我们是如此相似，宛若世界另一个自己，但现在我们走上了截然不同的道路，相隔如此遥远。

最后，我们分享了一些关于母亲的回忆。我开始明白，我生命中最成问题的主题，同样也在唐娜的生命中发生——与母亲分离的问题。我的母亲给我披上了一件亲密的外衣，而我却在内心矛盾着，与我想要更加独立的愿望作斗争。另一方面，唐娜的母亲似乎在她们的关系中需要更多的距离，而这并非唐娜所能承受的。

我们都搬离了家，她搬到加利福尼亚，开始了计算机顾问的生涯。唐娜怀念加利福尼亚，在那里，她最后一次感到能够正常地独自生活。然后问题开始浮现，正如她现在所相信的，也许是她体内的化学物质失控了；也许是一个来自过去、悬而未决的老问题引起的情绪性定时炸弹，最终选择了爆发；也许是太孤独，离家太远，唐娜精神崩溃，最终住进了精神病院。之后，她回到长岛的家中，回到母亲身边，希望能够康复（当我在创伤后搬回新奥尔良时，也怀着同样的希望）。

但唐娜·凯森没有我那样的母亲，在她可能需要离开的时候寻找她，渴望亲近她。唐娜的母亲没有给女儿亲近感，也没有像我母亲那样让她感受到明确无误的爱。我相信唐娜·凯森的生活中，没有像我一样拥有始终如一的关怀和关注。

唐娜·凯森自称爱着她的母亲，甚至提到这种爱从未停止过，就好像她的母亲还活着，仍然能够感受到唐娜的爱一样。唐娜还告诉我，她有一个正常快乐的童年。这让我难以相信。眼前这个女人没有行动的自由，她必须被带来与我会面，并在看守下被带回自己的房间。她不得不向我借25美分来给自己买一杯咖啡。她却希望我相信，这种自由的失去是源于一个健康快乐的童年。

篡改历史

我相信平行世界——在某个地方，这个世界上没有发生的一切都在另一个时空以某种方式发生了。创造平行世界是一种修改历史的方式。梦境可被看作是对这些平行世界的窥视。在梦中，我们可以让任何事情发生，甚至可以改变过去。

在其中一个平行世界里，我想，唐娜的母亲可能还活着，唐娜深爱着她，她也爱唐娜。我有种感觉，唐娜生活在了另一个平行世界中，那个世界她更容易接受。我想，也许唐娜已经麻痹了自己，把那个梦幻般的世界变成了她生活的世界。

唐娜对快乐童年的记忆一定是对历史的篡改，这种修改的完成总是伴随着一定的后果。在许多科幻书籍和电影中都有一项基本原则，那就是改变过去的同时，现在也被改变了。唐娜修改历史的后果是，她以压抑自己的代价改变了现在。当我问她监狱是否为她提供了心理治疗的机会时，她解释说，她曾与一名暴力犯罪心理顾问进行过一段时间的会谈，但疗程中带来的闪回令她心烦意乱。她和顾问已达成共识，不去碰触那些令她不安的回忆，而是保持话题的中立。唐娜不允许自己去处理她过去的恐怖行为，因为这会让现实也变得可怕起来。

我很清楚，除了从母亲的背后向她开枪，唐娜无法找到其他方式来处理她对母亲的愤怒。对唐娜罪行的惩罚不仅仅是监禁，还有将她自我的一部分杀死。监狱医疗部门给她提供的精神类药物，让她远离了自己的情绪。她很感激这些药物，让她与自我的感受保持距离。唐娜将情绪视为自己的敌人，她很高兴通过药物治疗，完全摆脱了自己的感受。感觉、情绪——那些赋予世界以色彩的东西——是不再被允许存在的自我的一部分。药物已经杀死了她真实的自我，那个等待被挖掘、想重新改造的自我。她已经彻底失去了与潜伏于她心灵中的恶魔去对抗的机会。她宁愿活得像一具行尸走肉，一个没有灵魂的僵尸。

有时唐娜似乎有一种感觉，她的情感，就像她的智慧一样，能够拨开一丝精神药物在她大脑中形成的阴霾。她解释说，她的父亲患有帕金森病，她的家人因此生活拮据。他们从未拥有一套家庭音响系统。她第一次听到立体声音乐，是在她来到监狱之后。她有一个随身听，对立体声产生了浓厚的兴趣。这并不难想象，唐娜是一个重视内在的人。我几乎看到一幅画面，她走在监狱的大厅里，耳边响彻着令人振奋的立体声音乐，让她彻底忘却现实带给她的苦涩和单调。

但她的这份热爱是转瞬即逝的，刚刚拥有随身听仅六个月，她就患上了耳炎，并完全失去了一只耳朵的听力。唐娜将这个意外完全归罪于监狱（我在诉讼资料里读到的），说起这件事，她的眼眶噙满了泪水，这是我们见面中她唯一流下泪水的时刻。她清晰生动地诉说着只有一只耳朵能够听见，丧失聆听立体声的快乐，是怎样一种心碎和被抛弃的感觉。但我认为，也许她对失去听力的哀痛是一种隐喻，是一种对更痛苦失去的掩饰。我想也许更深层次的失去，是她的情感自我，是对她灵魂的破坏。

我相信唐娜也曾拥有过充沛的情感。在她因谋杀入狱后，药物的滥用让她变成了行尸走肉。正如她所说的，我相信她的确爱着自己的母亲。但我认为，尽管有爱，唐娜还是无法忍受和母亲之间的仇恨和愤怒。我想，在谋杀实际发生之前，唐娜和她的母亲一定有很多次在彼此身上感觉到了杀戮的气氛。那些是小型的谋杀和隐喻式谋杀——作为日常生活的一部分，发生在亲密的人们之间。

据报纸报道，据唐娜母亲的朋友回忆，谋杀发生前的一段时间是她母亲特别快乐的时期，她开始认真地和一个男人约会。朋友们形容她在这段时间里，是自五年前丈夫去世以来，他们见过她最幸福的样子。但显然，唐娜母亲全方位拥抱新生活的态度并未无条件地感染唐娜。两人最后一次的重要沟通的主题是：母亲打算再婚，唐娜必须搬走。

唐娜谋杀母亲是一种激情犯罪，并非出于预谋，也不是普通恋人之间因爱人背叛而发生的激情谋杀。这是一种回到最初来源的激情，是我们激情的第一个对象，是对母亲的激情。我相信，这是一场被激发的谋杀，原因是唐娜对即将到来的分离感到恐惧和愤怒。

谋杀——无论是隐喻还是真实——主因都是关于分离。如果不卷入其中，你就不会有杀人之心。如果可以只是漫不经心地走开，那么愤怒、狂暴和杀戮的想法就不会出现。但如果你觉得无法逃脱，或者不想让自己或对方逃脱，那么你可能会诉诸谋杀——思想和情感上的谋杀，或是实际发生的谋杀。这是人类所知晓的最快的逃出办法，但绝非最明智的。

不一样的母亲

我想起每一次找寻母亲——当我们在同一个屋檐下不同房间时，我大喊大叫，让她来听我新练习的钢琴曲。或当我不在家的时候，我每一次给她打电话，她总是反应迅速。我一直都以为，母亲总是会为孩子奉献出自己的时间。我想，唐娜的经历肯定和我很不一样。她一定无数次地试图打电话给她的母亲，恳求母亲的倾听。她一定能感觉到，家里从来不会有人接她的电话。

我一直都知道，如果母亲没有回应我，不是她故意选择忽视我，一定是一些她无法控制的原因。那天，当看到她的车从我身边驶过时，我知道她不是故意不理我的。

我让自己从思维上做出改变，暂时颠覆现实。我开始重新整理自己体验母亲的方式，从不同的角度重新塑造它。假设，我无法联系母亲不是因为她无法控制的原因——假设是她自己的选择，使我无法联系到她。假设她对我的需求漠不关心，我对她的渴望在她看来微不足道，以至于她可以发自内心地拒绝我。我的痛苦，也许会从受伤而空虚的钝痛转变为强烈的愤怒。我想我可能会变得像一只过度紧张的动物一样，邪恶而暴怒，充满嗜血的力量。我相信这个难以接近的母亲，就是唐娜切身体验过的母亲。我相信这只愤怒的动物，就是唐娜。通过稍稍重新排序，我现在已经使自己更接近于理解这个谋杀母亲的凶手了。

但尽管有无数种"如果"——我犯下的隐喻性谋杀——我仍然过着自由的生活。唐娜跨越了维持秩序的界限，正是这条界限，将行为与思想、现实与幻想、行为与欲望分开。正如弗洛伊德所说，第一个投掷诅咒而不是长矛的人，是文明的发明者。唐娜因犯下了一起真正的谋杀而入狱，而我并没有因为成千上万的隐喻性谋杀而落到相同的下场。

孩子是最积极的复活信徒

我知道唐娜·凯森所遭受的，那种与原本的家分离的可怕感觉，其治疗方法涉及穿越心灵和灵魂的时间旅行。这段旅程将我们带回到最初的岁月，那是与灵魂分离的开始。这段旅程不仅适合那些通过激烈方式离开原生家庭的人，如玛尔妮和莫莉；还适合成年后被要求离开家和母亲的人，如唐娜。在某些方面，我们所有人都曾有过离家的经历，对许多人来说，这并非没有痛苦。我们竭力探寻，以觅得照亮心灵黑暗处的方法。这些暗处在某种意义上，是我们过去的深柜——是我们可以躲避自己和他人的地方，是我们自己不再容易进入，但也无法失去的存储空间。

孩子们需要知道，当他们想离开母亲，或者当他们的母亲想要离开他们时，这种行为并不代表永远消失。被收养的孩子在缺席的亲生母亲再次出现时，往往容易表现出脆弱和缺乏自信。对被收养的孩子来说，永恒分离的威胁存在于他们的生命机理中，存在于他们的潜意识里，但又不会离意识太远。不幸的境况下，一系列完美风暴就可能将其激活。

我自己的经历，就与莫莉、玛尔妮和唐娜截然不同。在我离开新奥尔良后的这些年里，母亲一直将我的卧室保持着我离开时的样子。我的房间在等着我，随时等待我的拜访，甚至是永久的回归——如果我选择做出这个决定的话。与唐娜的经历不同，我知道母亲的家将永远是我的家。作为莫莉的母亲，我希望她明白，正如我从我母亲那里感受到的，如果有一天她想要从家里搬走，当她想要回来时，我会在那里，而且永远欢迎她的归来。最重要的是，孩子们需要确定的是——他们可以想要杀死对方——隐喻式谋杀，但他们不会成功。当莫莉让我走开时，或者当她自己先走开时，她正在口头表达并实施那一刻她想要杀死我的愿望。她想要杀了我，但她也想让我活着，为了以后的岁月。孩子是这个星球上最积极的复活信徒。

24. 没有母亲的僵尸

几千年来，人类一直对梦境及其寓意充满兴趣。早在公元前3000年，我们就解析梦的意义并将其记录在陶器上。在古希腊和古罗马时代，梦被视为是来自死者或众神的直接信息。我们的祖先认为，梦境预示未来，其解析也被应用于政治和个人事务。释梦者常陪同军事领袖参与战争，他们的价值在制定战斗策略方面得以体现。在埃及，神父身兼释梦的功能，被认为是上天的使者。中国人相信灵魂会在梦境中离开身体。美洲原住民部落视梦境为与祖先的交流方式，为人们的人生使命指引方向。

弗洛伊德的第一部主要著作是对自己梦境的探索《梦的解析》。正是通过分析自己的梦境，他明白了梦境是通往潜意识的捷径。梦提供了一扇面对潜意识的窗口——我们心灵中仍不可知的深处——并且，通过对梦的解析，我们得以去定位那将我们拖向冲突和对立方向的动力，并找到解决其紧张态势的方法。

藏匿的秘密

婴儿期的主要特征之一就是无法说话。婴儿期（infancy）一词的词源来自infans，意思是"不说话"或无言。精神分析学家认为，许多核心人格属性都发展于幼儿期，因此他们在治疗过程中对语言功能发展前的姿态和语言本身有着同样的兴趣。在成人的人格中，这些原始的语言和表达是无意识的交流，是说不出口的话语。弗洛伊德观察到，有些话语代表了人们强烈反感的思想和感受，以至于他们宁可生理反感，也不愿将其说出来。

有时，正是这些未说出口的话语（秘密）成为神经官能症的根源。精神疾病分析理论的核心，围绕秘密的本质。"秘密"（secret）和"隐藏"（secrete）二词来自同一个词根：我们被迫隐藏自己的秘密，但有时，也有一种相反的力量强制我们不得将秘密道出。当然，秘密难以被保守。弗洛伊德说："凡人皆无法保守秘密，就算口风严实，也会在举手投足间流露，每个毛孔都泄露着秘密。"

秘密也是分离的真正标志。秘密的存在必须满足两个条件，缺一不可：保守秘密的一方和不知情的一方。但当我们将自己的秘密捂得太紧时，这些隐藏于心的内容就容易使人变得病态。我们知道，在强奸和乱伦的受害者中，选择不谈论自己经历和创伤的人，恢复程度远不如那些愿意谈论的人。当选择保守秘密的人，最终通过谈论自己的经历分享出了秘密之后，产生压力的荷尔蒙有了显著的减少。有时，坚持保守秘密比实际拥有这段创伤经历更具破坏性。

因此，秘密既是疾病，也是疾病的解药：将秘密泄露给其他人即可得到治愈。

通常，我们不仅对他人隐瞒自己的秘密，甚至对我们自己也同样如此——我们将自己的秘密隐藏在潜意识的深渊之中。那些还没有进入语言的思想和感觉，往往会从潜意识的隐藏维度进入人们的梦境世界。当梦被记住时，之前无法言说和不被觉察的思想和感觉（梦的材料）就被带入意识的认知之内。

母亲又活了过来

我做了一个梦，比之前关于莫莉的焦虑的梦还要强烈。这个梦残酷得可怕：

我回到新奥尔良的家，放弃了精神分析师的职业和纽约的生活，重新回到学校。我和我的高中数学老师斯卡伯勒夫人一起上历史课。我十分担心自己的成绩，但当成绩公布时，我的分数还不错。我想和母亲分享这个好消息，便直奔公用电话，想打电话给她。电话无法接通。起初，我猜也许是没有足够的零钱，而后我认定是电话公司在我住在纽约且不知情的状况下，提高了电话的资费。我备感沮丧，但并不害怕，因为此前，我将问题责怪于自己的应对不善。我希望能够找到解决问题的办法，并与母亲团聚。

然而，这个问题带来的恐惧最终降临到了我身上。我觉察到家里发生了不可思议的变化，把母亲从我身边带走。这次她被带走，既不是我的错，也不是她的错。对我来说，这是个宇宙级的事件，它的影响不亚于一场宇宙灾难。然后我意识到这场灾难的结果，我的母亲被带走了，她再也不会出现在我身边。我感到彻底的无助和挫败，一种前所未有的痛苦将我击溃——这种痛苦无法安慰，也永远不会得到缓解。我将生活在这种痛苦中，无法再如自己习惯的那样，轻松地接近母亲，接受她源源不断向我提供的安慰、爱和关注。我知道，失去母亲会让我变成一个没有生命、没有能量、没有中心的人。我永远地成了没有母亲的僵尸，是注定被困于生与死的世界之间的行尸走肉。

我醒来，充满了恐惧和孤独，世界变成一个黑暗、毫无生气的地方。梦境的感觉——我的无助和挫败——给我留下的感受，进入了我清醒之后的世界。

我识别出这种感受。它栖息在一个地方——我的内心深处（事实上，这里似乎是我生活过的最深、最黑暗的空间）——我在生活中经常回到这个地方，它同样也是母亲去世时我的感受。

然而，我意识到母亲的死和我失去她，只是这个梦的表面意义。就像在梦中发生的那样，母亲的死并非我第一次被这种感受所笼罩。在我的一生中，我们的分离有时会像狂风一样向我袭来，就像是对我安全感的突然攻击，有时我需要变回婴儿，紧紧地抓住母亲。

这个梦描述的不仅是母亲去世时我的感受，还有每当我觉得离她太远，或我们之间出现无法弥合的分歧时，我所陷入的情绪状态；这个梦描述的，是我8岁时第一次去夏令营，头两周每天晚上哭着入睡的感受；这个梦描述的是我7岁时，第一次乘坐校车上学的感受，那时母亲开着车，全程跟在后面。在校车上，我强烈地感受到校车和她的车——我和她之间的距离。母亲和孩子探索着彼此之间越来越远的距离，这段距离像一条无形的橡皮筋。那一天，我和母亲之间的橡皮筋被拉到了最紧；这个梦描述了我12岁那个夏天的感受，母亲离开小镇去参加为期两周的课程，父亲总是带着我去看电影。在那之前，母亲才是家长，父亲是多余的，至少我的意识里是这样认为的。我非常不习惯和父亲单独相处，一种不安全感油然而生，我沉浸于无法安全回家的恐惧之中。我假装肚子疼，让他提前离开电影院。我满心所想的是，我需要独自步行回到车上，途中要穿过巨大的运河街，这是新奥尔良最大、最宽和最繁忙的街道。

我生命中所有痛苦的分离

我意识到，我的梦不仅描述了我童年与共生母亲的分离，也描述了我生命中所有痛苦的分离。它描述的是每一次我与所爱的男人结束关系后的感受。我从未轻视过我的爱情关系，当关系失败时，我觉得自己命中注定要永远孤独。我会对爱情丧失信心，不相信自己还会拥有刻骨铭心的爱。我的心变得一片荒凉，对未来充满绝望和焦虑。现在我知道，这些都不是理性的感受，但当我深陷其中，它们又是那么的真实。的确，尽管不断失去爱人，我总是一次又一次地投入新的恋爱。在我的生命中，难以爱上一个人的状况很少发生。我明白，在潜意识深处，失去一个男人的痛苦，是对我第一次失去的回归：失去我的母亲。

梦境描述了当我独自旅行并在一个陌生的房间里醒来、一时不知自己身在何处时，那一瞬间的感觉。在这些时刻，我如此强烈地需要母亲，需要一种孤独感的平衡，以至于从我的内心深处，我能听到母亲幻觉般的声音传来，她在呼唤着我。

这个梦也描述了有时我作为莫莉母亲时的感受。偶尔我不在她身边时，我不曾有片刻被生活中的其他事件分心。我能够停下来并意识到，莫莉已经成为我的一部分，没有她，我会觉得人生少了一半。

我明白，所有这些分离和与之相关的痛苦和焦虑——是我一生中唯一真实而深切感受到的痛苦。对我来说，没有比和我爱的人在一起更重要的事了——无论是我的母亲、恋人还是女儿。所有这些突如其来的分离经历都具有相似性，都源于我与母亲的关系，以及我们所分享的共生关系。

这种力量——我只能将其称为一种力量，因其突然降临，并将我扼住——在我生命中的不同时期，有时持续片刻，有时长达数个小时（就像这个梦一样）。如果是和恋人的分离，它总是持续更长时间；在和某一个男人分手两年之后，我才能对真爱重拾信心。当这种孤独的力量出现时，当它变成我时（因为这就是我的切身感受——除了孤独，我什么都没有，我成为这种孤独病态的感觉），我无法恢复，这种感觉在这些时刻成为我的全部定义，我无法将自己从中抽离，只能等待。

这种周期性的孤独感是我最大的痛苦，伴随我一生。大多数时候，我快乐且忙碌，注意力被分散，但我对过去痛苦的记忆和对未来痛苦的预期从未远离。我觉察到，它可能潜伏在压力或疲劳的时刻，伺机而动，而且每当我经历失去时——无论是朋友的搬家，爱情关系的终结或死亡的发生——它总会如同捕猎者一般，等待将我吞噬。

我们可能会问：孩子什么时候会第一次感受到焦虑？我认为的答案是：当孩子学会如何去爱的时候。

学习那些我需要知道的事实

正是通过梦境，我才了解了自己所需要了解以及一直不愿意去了解的真相。我的梦就是向导，通过对梦境的理解，我将更全面地了解我与母亲关系的历史和本质，以及我与母亲尚未解决的问题，其残余部分对我与莫莉关系的影响。

在我的梦境里，莫莉尚不存在。我还是母亲的女儿，母亲也并没有去世，我已经回到新奥尔良，和母亲在一起。回归的概念在潜意识里具有特殊的意义。的确，快乐是一种巨大的激励。我们寻求快乐，为达快乐而倾尽全力。但我们还有一种强大的冲动，比起对快乐的追求，它更加强烈、更加原始、更加基本。有时，这种熟悉的体验如此引人入胜，以至于对它的追寻压倒了其他所有欲望，它超越并取代了其他所有快乐。这种强大的力量，即重复过去、回到并重新体验过去的冲动，远远超越了我们对快乐的追求。我们凭空创造出令自己感到熟悉的环境，哪怕所熟悉的是痛苦而不是快乐。由于冲动源于潜意识，它根深蒂固且难以控制（这就是为什么受过虐待的孩子长大后往往会不自觉地选择有虐待倾向的配偶；这也是为什么没有感受到爱的孩子长大后尝和缺乏爱的能力的配偶结合）。当我们处于这种冲动的痛苦中，事实上，我们的自我和痛苦之间还没有切割分离，我们与冲突合而为一，与代表（甚至刺激）我们冲突的过去合而为一。

回到新奥尔良母亲身边，对我来说一直是个代名词。离开新奥尔良后的20年里，我每隔几个月就会回去看望母亲。之所以回家，是因为我觉得她希望如此，自己也应该和她在一起；和她一起度过假日时光，是因为我想和她在一起；我为她带回我最新的恋人（也许就像一只猫把它捕获的流浪老鼠带回家，是对它战利品的骄傲炫耀）；我回到我们的游泳池里游泳，和她一起做胡萝卜汁；我回来是因为她得了癌症；我回来是让她了解我最近的生活，不仅与她分享自己的"好消息"（就像在梦中一样），也分享"坏消息"，因为对母亲来说，所有与我有关的信息都是好消息——她什么都想知道；我回来的原因有很多，或好或坏，出于爱或者自私，无论是严肃的回归还是琐碎的日常回家——但我总是会回来。

孩子回归的母亲不是共生的母亲。如果没有分离，也就没有回归。回归之母即分离之母。我从梦中了解到，我的心灵要求我审视我与母亲的分离。

在梦里，我难以置信地放弃了自己的事业。这很奇怪，因为在梦中以及在现实生活中，我都是一名成功的精神分析师。自从成为分析师，我一直非常享受自己的工作。这种工作的乐趣与高中时我讨厌且并不成功的学习经历截然不同。为什么我要放弃热爱的事业，重拾一段不愉快且不满的体验？然而，我坐在教室里。这个梦境暗示着我有一些失败或缺乏满足感，导致我决定放弃精神分析师的事业。梦境向我昭示，比起分离，我更愿意和母亲在一起。我想要和她在一起的愿望（需要）如此强烈，以至于我甚至愿意牺牲我一生中最大的激情——我的职业生涯——去和她在一起。

我在梦境中上的是历史课，而我讨厌历史。我在学校里从来没学到任何关于历史的知识。我忙于专注现在，从而对过去没有任何兴趣。但我达到了生命中的一个阶段，让我想要更多地去了解我的个人历史。我发现，了解个人经历有助于减轻我的痛苦。正是这种对减轻痛苦的期待，让我开始进入精神分析的领域。

尽管是历史课，但授课的老师是我高中的数学老师。乍一看，这是我的无意识造成的奇怪转变，但在梦境中却显得毫不意外。我必须弄清这些东西串联在一起的意义。

这两个词——历史和数学——让我产生了共振。研究它们的词源，可能会是理解梦境中这一部分的关键。荣格谈到，每一个字的形成演化可以追溯到千年之前，是对我们祖先历史的抽丝剥茧。他认为追溯人类的血统繁衍和迭代相传，将引导我们找到心灵的起源。

所以，为了解我的个人历史，以及为什么在梦境的开始，我要从数学老师那里学习历史，我翻开了牛津词典。历史的词根意为"知道"，历史是描述我们对过去的了解。另一方面，数学一词来自意为"学习"的词根，它是处理实体之间的形式、数量和关系的科学。数学还涉及符号的使用。这两个学科既矛盾又相辅相成：一个着眼于事实，另一个充满象征符号；一个是故事，被讲述的故事，将时而独立的元素编织在一起，形成可理解的整体，另一个是精确，是合乎逻辑。"知道"表明意识就在那里，是固有的或是直觉的。而"学习"是一个积极的过程，也是一种技能。

我突然想到，我在梦境中创造的矛盾，也是拥有心灵（灵魂）与思想的矛盾。这同样是弗洛伊德在将他的学科定义为心理和分析的融合时，所努力追求的敏感性二分法。我们实际有两个大脑；他们分占半球，让我们拥有双脑的两种功能模式：一种是感觉和直觉（心灵/灵魂），另一种是逻辑和理性（头脑）。梦境邀我创造出一个理性与直觉、逻辑与灵魂的融合。它告诉我，我需要从两个方面整合象征和事实所代表的自我。我要将逻辑的精确带到灵魂的短暂实体中，才能实现自我的完整。如果我简单地让自己讲述故事、我的经历和人际关系，那么我会"学习"我已经"知道"的事实。而且，这种"知道"也是"听到"。通过说、听和觉察，我在潜意识中储存的信息、知识、智慧和痛苦，将被释放到意识的觉知中，自我才可能融合和完整。

沉积的伤痕

斯卡伯勒夫人的出现也让我倍感震惊。我再次翻开牛津词典。伤口痊愈后会产生疤痕。这是围绕创伤建立的防御。为抵御创伤/伤口的疼痛或侵害，疤痕的沉淀是一种对曾经或仍然存在的伤口/创伤的提醒。

在梦境中，伤疤与某个区域相连，这个区域围有一道坚固的防御。我的梦揭示我有伤口，且我已经建立起围墙将其加固。在心灵中，潜意识建立防御，往往是为了阻止感觉和意识的入侵。

在梦里，我不太明白发生了什么。起初我以为只是暂时的故障，让我无法联系到母亲。我察觉，在我离开期间，一些事情发生了变化，而问题是我造成的。我好像在责备自己无法找到母亲。可能问题出在我离开了新奥尔良，如果我没有搬走，我就不会对怎么使用这里的电话一窍不通。

随后，梦境开始失控，进而演变成了一场真实的噩梦。我有一种可怕的意识，这不仅仅是暂时的故障。我的母亲不在了。现在，她的离开，变成了无法安慰的痛苦和可怕的恐惧，让我永远无法挣脱。这是一种怎样的矛盾：在现实中，当我醒着时，我的人生充满了快乐和成就，生活无比充实。然而，在我的梦境世界，和母亲永恒分离的恐惧和痛苦存在于我生命的中心，在我潜意识的深处埋藏，而在这个地方，在这个我内心的空间里，我只剩下了半个自我。

我明白梦境是在告诉我，我的经历中有一部分被我隔绝在自己的感觉和意识之外，我必须将其重拾。我必须重新研究我的历史，以了解那我不允许自己知晓的部分。而这次心灵之旅的内容，必将关联我与母亲的创伤性分离。梦境暗示，围绕这个问题尚有未解决的部分。我的梦是来自无意识的礼物，它将带领我走出对目前生活的无知状态。

我的梦说，没有母亲，我就失去了完整，生活在地下。没有母亲，我就没有真正的生活。被困住的我是一个残缺的人，空有人形的外壳，如同僵尸一般，没有跳动的心脏。母亲已经在死亡的世界里，远离了我，但只要我一直紧紧抓住她，那么仅存一半自我的我也能活在生者的世界里。梦境告诉我，要重获新生，我必须放开母亲。即使她已不在人世，我也必须抱着活下去的信念。

不重要的伤疤

我从梦境了解到，我对成为母亲怀有巨大的焦虑，部分源于分离带给我的冲突——与我的母亲和女儿都有关，她们彼此关联。在莫莉刚来到我身边时，我焦虑地梦见她濒临死亡，我知道这些梦与我担心她会离开自己有关（就像母亲害怕我离开她一样）。我深知，不需要把这种与莫莉分离的可怕预期，作为遗产传递给她（就像母亲把它作为遗产给了我）。

因此，我决定追寻这个信息，去接受我的无意识通过梦境送给我的礼物，让自己"学习"已经"知道"的事实，来发现并解决给我留下伤疤的创伤背后的问题。

我所遭受的不仅仅是精神上的创伤——不仅仅是失去母亲或女儿带来的焦虑和恐惧。我还有一个伤疤，每次照镜子时，我都会看到它。每当我梳头时把头发拨到一侧或扎起马尾，都能看到它静静躺在我的脖子上。我试图忽略这个伤疤，也并不重视它。每当有人（包括莫莉）问起时，我总是拒绝谈论。我将自己的防御加固，对这道伤疤的意义绝口不谈，

我强迫自己去回忆造成脖子上这道伤疤的事件，以及它对我成年生活造成的重大创伤——那个命中注定的夜晚，标志着长达十年的恐惧和痛苦的开始，并在我的内心创造了一个我不愿谈及的巨大秘密，它彻底改变了我和母亲的关系。

25. 我内心最隐秘的创伤

1968年是我大学的最后一年。纵观整个大学时代，我远离家人，为自己构建与家庭分离的新身份。那是一个充满活力和政治色彩的时代。我参与民权运动，并在州立精神病院找到一份工作，照顾患有精神分裂症的少女。我大学的教授们十分睿智，对精神文明和政治问题都有深入的思考，并对学生们也寄予同样的期望。相比之下，我的家人们就显得有些狭隘。对于我和身边的朋友来说，这是一个探索时期。我们阅读东方宗教书籍，着装比前几代人更加离经叛道。我们聚在一起挑战世俗礼法的边界，吸食大麻和致幻剂。我的父母不理解我的行为，为什么我会加入这场可能会让我被捕或受伤的活动。

最重要的是，我们对性持开放的态度。当我与高中男友的恋爱关系被母亲发现之后，我享受着摆脱监视（母亲）而得来的性自由。

然而也是在这一年，我被强奸了。

时间为差点死去的人停止

事情发生在三月，那天晚上，我和男朋友史蒂夫大吵了一架。随后，夜里我熟睡时，一名陌生男子从窗户爬进公寓并直扑我的卧室。彼时的我，以为生活中只有美德、纯真和浪漫，这个潜入的男人却凶相毕露，威胁要杀死我。当死亡的脚步临近的时候，毫无防备的我，在我以为的生命最后时刻，仍然天真地对即将发生的事一无所知。在那一刻之前，生活是平凡而充满爱的，没有真正的仇恨、攻击或者冷漠。

男人压在我身上，一瞬间我以为是史蒂夫在我们吵架离开后回到了公寓。然后，我意识到这不是爱，这也不是史蒂夫。男人的行为粗暴且毫无人情味儿。我的第一反应是惊讶，继而感到困惑，完全不理解正在发生的一切。我只是模糊地意识到这个人在做什么，想伸手去开床边的灯，但在他的重压下我根本动弹不得。他和我说话的方式仿佛我们是恋人，但他粗糙的皮肤质感让我十分陌生。

良久，我才开始抵抗。我企图推开压在我身上的重物，再起身逃跑。我抽打着对方，尖叫着挥舞手臂——为了求生，我放声大叫，直到嘴里涌出血的味道，我第一次意识到，这是暴力。我吞下自己的血，确认这个男人伤害了我。铁一样的事实无法辩驳，眼前这个人全然不顾对我的伤害。突然间，这个世界不再是母亲庇护下的地方，它超越了我的认知范围，而这个男人，我之前从未见过。我停止对抗，不再尖叫，并沉默地接受了发生在我身上的暴行。但在脑海中，我难以置信地对着自己大叫：这个男人毫不在乎地伤害了我。比起身体上的入侵，这更加让我感到震惊和受伤：对我的痛苦，他完全漠不关心。

这个无情的男人根本不在乎过去人们对我有多好。他所漠视的，是我出生和成长在爱的环境里。很明显，他麻木不仁，无论结局是一具血肉模糊的躯体，还是奄奄一息的尸体，他都不在乎。我变得出奇的平静，身体的每一块肌肉都在被动地死去。如果这个人现在是对我进行脑叶切除手术，我也会任由他摆布。

耳边传来低声的死亡威胁，如同甜言蜜语，我知道我要死了，而且会独自死去。对我来说，再也没有安全，没有救赎，没有万能的母亲能够抚平之前所有的痛苦。一种甜蜜的悲伤悄然袭来，我将在没有母亲、没有史蒂夫、没有任何爱我之人的陪伴下，独自面临死亡。这夜晚变得异常平静，全无波澜。死亡，原来如此悄无声息。

然后，这个男人走了，留下"死去"的我。我听见他在公寓里窸窸窣窣的声音，可能持续了十分钟或者两个小时。时间为死者停滞，而我则越来越接近死亡，脖子上的静脉被剃刀划过，血液从伤口缓缓渗出。

再然后，我又开始尖叫。但这次有所不同，没有愤怒，没有屈辱，只有恐惧和痛苦，以及一丝求救。它更接近于一种响亮而无力的呜咽，就像一辆陷入壕沟的卡车，发出巨大的声响，试图爬出困境而不得。

终于，我的一位室友听到了我的声音，敲响了我的房门。我告诉她不要进入房间，马上报警。然后我让她给史蒂夫打电话。"别管警察了，给史蒂夫打个电话就行了。"她问我史蒂夫的电话号码，在那之前他电话的每一个数字都在我的脑海里，无比清晰，但现在我什么也想不起来。

警察、救护车和史蒂夫几乎同时赶到。我浑身是血，四肢张开，躺在床上，毫无遮掩，身上最喜欢的红色丝绸睡衣被扯碎了，床单也沾满了鲜血。警察似乎并不在意我的裸体，也显然没有注意到我的脖子在流血。他们站在我卧室四周窃窃私语，我听不清他们在说什么，但似乎是在寻找毒品。他们不让史蒂夫靠近我。没有关怀的手，也没有温柔的话语将我带回生者的世界。赤身裸体的我躺在自己的血泊中，而三个陌生男人则悠闲地翻阅我的私人物品，这样的经历让我毕生难忘。我开始颤抖，身体的每一部分都不再受意识的控制。我不停地颤抖，但声音变得安静，仿佛此刻，我的身体正在表达声音无法表达的愤怒。

也许，恶心是交换大脑的副作用

第二天，母亲飞来看我。

当我知道她飞机降落的那一刻——她不仅在这个星球上，和我在相同的经纬度，甚至过几分钟我就要见到她——我开始呕吐。这是一种奇怪的生理反应。我的情绪既强烈又匮乏；我的一部分思想已经被抽离出身体，但剩下的部分却高度警惕，就像在滔天洪水中站在方圆数英里唯一的高地，等待直升机的救援。不知何故，似乎在那之前发生在我身体上所有的变化都是可以接受的，直到我得知母亲即将到来。我想也许那一刻，我和她隔空互换了彼此的大脑，所以即使我已经应对了过去的24小时发生的可怕事件，当我用她的大脑去思考，我根本无法面对这一切。也许，恶心是交换大脑的副作用。

我是女人，也是孩子。此刻，我还是一个伤痕累累的孩子，只想永远把头埋在母亲的怀里，那曾经是世界上最安全的地方。我的声音也失去了女性的自信，变成孩子的呜咽。恐惧支配了我整个身体。没有愤怒，没有屈辱，只有恐惧。

我一直在呕吐，直到她来到我身边，把手放在我饱受摧残的脸和身体上。我知道，从她悲伤的眼睛里，她知道了发生的一切——真切地知道，就好像事情同时发生在了我们俩身上——甚至不用我开口，我永远不用向她描述这可怕的事件和我遭受的难以启齿的行为。

举步维艰的日子

接下来在史蒂夫父母家的日子并不容易，母亲和史蒂夫之间的紧张关系越发显而易见。史蒂夫因为焦虑变得疯狂，甚至无法安静地坐着，而母亲的母性关怀变成了一种狂热的英雄主义。我们都陷入了一种不真实的深渊，其中黑暗和凌乱的一面被罪恶感所覆盖。我的内疚感来自袭击发生的那天晚上，我穿着红色睡衣在公寓里走来走去（类似我把那个人叫进来，像斗牛士挑衅公牛一样）。母亲陷入深深的内疚，也许是因为她让我从她警惕的眼皮子底下离开去上大学，也许是自责未能扮演好全能母亲的角色。史蒂夫的父母手足无措，不知该如何提供更多的帮助。史蒂夫最为愧疚，他打从心底觉得是他对我犯下了暴行。他不是那个真正把剃刀抵在我喉咙上的人。但那天晚上，他对我的愤怒已经达到了顶点，甚至希望一些可怕的事情发生在我身上。后来，他向他的心理医生承认，他对整个事件感到内疚。有时，愿望几乎和行为一样好；有时，愿望是如此真实，你几乎忘记了它们不是真的。我和母亲有时会进入一种朦胧的梦境状态，在那里，我们对史蒂夫一无所知。她从未谈起，但我知道我从未说服母亲，让她相信并确定那天晚上的暴徒不是史蒂夫。即使我清楚那不是史蒂夫，有时大脑也会捉弄我，让我开始不顾一切地怀疑是否存在这样的可能。

基本上，母亲在史蒂夫身上看到的全部，就是他的内疚。母亲恨他、怪他，因为他愿意承担这种责任。在机场看到他的那一刻，只第一眼，母亲的恨就开始了。她不能，也不想看到我们之间的爱，她只看到了他的愧疚。

从那天起，我们每个人仿佛都深陷愧疚，忙着去责备或者自责，从而忽略了我自己的感受和需要到底是什么。和我被强奸当晚一样，我常常感到孤独和无助。

强奸发生后的第三天，医院打来电话。那天晚上我被带到医院，有先见之明的医生给我做了测试，看被强奸时我是否处于排卵阶段。结果显示我有，医生给出选择：雪崩之下，愿意以什么样的形式被淹没？请选择你的地狱。

按照我当时所在州的相关规定，堕胎是非法行为，我可以选择立即去医院拿掉婴儿。由于没有进行妊娠测验，医生的行为不会触犯法律。或者，我可以选择等待两周，直到可以进行妊娠测验了。如果测试结果呈阳性，我将不得不在医院董事会面前，用一次次尖叫、哀号和自我毁灭的威胁，恳求他们对我实施堕胎。我必须以死亡作为要挟，并让这群威严的医生相信我威胁的真实性，他们才能做出这决定性的非法判决。然后在这个房间之外，判决将永远不会被提及。

我并没有像我所听说的其他强奸受害者那样，在被强奸后无休止地清洗自己。我的瘀伤、眼泪和割伤都不允许我这样做。我需要清洗的不是我的外壳，而是我的内心。任何有一个"种子"在我体内生长的可能性都让我感到厌恶。这个"种子"必须取出来，我恨不得马上飞到医院去拿掉它。是否等待两周？根本不存在这个选择。想到董事会，我感受到的并非恐惧。对我来说，在一个坐满严肃医生的房间，以我最大的努力恳求他们将我的生命恢复到那天晚上之前的样子，比起让那个可能在我体内生长的种子再多活哪怕一刻，简直是小菜一碟。

我们去了医院——史蒂夫、母亲和我三个人。对我来说，史蒂夫的陪伴是坚强的肩膀，母亲是温柔的安慰。他们陪伴在我左右，有那么一瞬间，自从强奸发生以来，我第一次感受到了被关心和保护。

在离医院门口大概还有五步远的地方，母亲转向史蒂夫，让他必须在此和我告别。他开始抗议，而母亲以绝对的冷静解释道，现在情况总算被稳定控制住了，只有不被认定为堕胎，程序才会顺利进行。母亲的说辞让我想起自己曾收到过的严格指示，指导我们如何对招生办公室撒谎，对巡视的医生撒谎，以及对任何可能感兴趣的路人撒谎：因为我的经期出现问题，所以来这里做一些小手术。史蒂夫希望全程陪伴我，而母亲则想让他离开——她的理由是，史蒂夫的存在会让医院工作人员警惕，对我诉说的真实性产生怀疑。现在他们的分歧，让我感觉就像有两股力量拉着我的手臂，反向撕扯着我，而我随时可能被撕成两半。我期望这时所罗门王降临，来对他们做出公正的判决。

我是个女人，也是个孩子。此刻，我是一个伤痕累累的孩子，只想永远把头埋在母亲的怀里，那曾经是世界上最安全的地方。我也想和我爱的男人在一起，感受我习惯、甜蜜、有安全感的拥抱。我的声音也失去了女性的自信，变成孩子似的呜咽。恐惧支配了我整个身体。没有愤怒，没有屈辱，只有恐惧。

无意识的教训

我从麻醉中惊醒，尖叫道："你杀了我的孩子！"我真是太傻了。除了我，没有人是杀死那孩子的凶手。在我身体里，可能只有一个细胞想要那个孩子。然而它出现了，从我的潜意识里爆发了出来，尖叫着要那个孩子。如果有的话，这是关于潜意识力量的一课。

26. 深藏于柜中的骷髅

无论是童话里，还是现实中，孩子对其内在的发展都保持着无知的状态。情绪的成长只会通过某种内在生活的发展来实现，并且只有在孩子摆脱父母控制时才会发生。在童话故事中，这一成长时期通常以没有显著事件的年份来象征。相反，这种无声的活动发生于内在和心灵，代表了一段恢复期，是成熟变化的深度集中体现。

长发公主和王子都表现得很幼稚。王子没有去找女巫，公开他对长发公主的爱，而是暗中观察她，并趁其不备时偷偷溜进塔楼。长发公主也背叛了母亲，没有如实告诉母亲自己的所作所为。当然，除了通过她"意外"滑倒暴露的秘密，没有解决任何道德困境，也没有面临挑战，因此童话没有以他们的欺骗作为故事的结局。

没有理由去任何地方

在我遭遇袭击的两个月后，我大学的最后一个学期结束了，五个被掏空的人——我、我的兄弟姐妹和父母——在一起参加了我大学的毕业典礼。一个之前还完整健全的家庭，现在正龟速行驶在通往功能全失的快速车道上。所有人全程都保持沉默，这次袭击似乎让我们都患上了紧张性麻木症。围绕着我们脑海的，只有一个话题以及它的变体：攻击、暴力和近乎谋杀。没有人开口问我那天晚上发生的事情和我的感受，所以对我来说，这预示着家族里众多难以启齿的人和事又加了一个新成员——我，并在时间的长河中慢慢干枯，最终成为深藏于柜中的骨架。事实上，我不确定这是否就是我的感受，就像一具从不被提起、最终沉寂在深柜里的骷髅。

毕业后，我坚持继续之前的生活计划。我继续参加运动，短暂回家后，又返回圣路易斯，并计划考入研究生院。史蒂夫和我的关系每况愈下。我加入了咨询心理学博士项目，却无法说服自己去上课。我甚至一节课都没上过。在努力了一个星期之后，我还是失败了。我垂头丧气地回到新奥尔良的家里。因为过去和现在闹得我心神不宁，我无法着眼未来，便退回了自己的舒适区（父母的家中）。

所以，我并没有像一个普通的女大学毕业生那样，踌躇满志地要去征服世界，我退缩了，变得弱小而害怕，回到童年的卧室，回到有父母的家中，回到我的四柱床和彩色玻璃窗，这里有母亲装修房子时我为自己精心挑选的装饰品。我希望在我的卧室和床上，重温对那个没有恐惧、充满安全感的世界的记忆。独自离家在外四年，我激情燃烧的大学生活止于一场突如其来的噩梦。

我勇敢地努力，想要变得正常，就好像我没有被无情的拳头殴打过，没有被剃刀威胁过生命，也没有被强奸过一样。我活得像被女巫放逐之后的长发公主。我还没有从强奸和它对我们所有

265

人的影响中吸取教训，除了永远不要再住在公寓的一楼。我似乎没有从事件中得到任何成长。我在灵魂的空间里四处游荡，有迷失和痛苦，感到一种持续不断的恐惧感。事件发生后那一年的大部分时间里，我的恐惧会在黑夜中降临。我会在凌晨三点醒来，想象那个男人的脸正透过窗户凝视着我。我把父亲从睡梦中唤醒，让他绕着屋子巡视一圈，确保外面没有人。他向我保证，我很安全，没有人在外面。但无论如何，我都无法完全相信他。白天我假装恢复正常的生活，让自己显得忙碌，和朋友闲逛，寻找生活的意义。

而最大的痛苦不是我的恐惧，也不是我无法找回正常的生活。痛中之痛，是袭击对我与母亲的关系造成的影响。无论是对分离的需求，还是对打破我们的关系、获得自由的渴望。我过去在和母亲的关系中埋下的冲突的种子，现在都变成了参天大树。她为确保我的安全做出的努力，定义了我们的关系。就像长发公主的女巫把她困在塔里一样，母亲认为只有把我关在家里、门窗都锁好才是安全的。对她来说，我每一次踏出屋门都充满了危险的可能性。她不停地问，你要去哪里，需要多长时间才能到达，路上需不需要停下来，什么时候才能回家。她会估计我到达目的地的时间，然后打电话确认我是否到达。她坚持要我在准备回家之前给她打电话，如果有超过十分钟她不知道我在哪里，她就开始追踪我，无论是正午或是午夜。一天早上，我一个人在后院待了半个小时，看着蚂蚁在草地上爬行。因为不知道我的去向，紧张忙乱中，母亲已经准备报警。她织成的保护网盖住我们，但网垂下来盖住了眼睛，我们都看不到前进的方向。

我们缄口不言。母亲从未问起那天晚上发生的事情。她从来不要求我谈论那件事，我也不想谈论。我把那天晚上的记忆放在一个黑暗而寂静的地方。我变得有点像一个梦游者，不爱交流，不具备需要的感觉，缺乏愤怒。

在无法忍受的亲密中暂缓

我开始经常外出，母亲由于不能掌握我的去向而变得愈加疯狂。虽然我永远不会大胆到一夜不归，但我越来越长时间地离家，有时是一下午，有时可能是整个下午和晚上。母亲时时处在警惕之中，她成了我的监视器和保镖。我的生活不再属于我自己。我变得沉默，为了能行动自由，我们无声的斗争此起彼伏。我发现自己并未感到愤怒，也没有去激化矛盾，而是经常地撒谎和偷偷摸摸行动，说是和女朋友们出去，其实是去和男人约会。

但她知道，她一直都知道。她和我的联系太紧密了，我们的思想几乎是一体的。我一说我要去辛西娅家（和我一样，她大学毕业后也回到了新奥尔良），她就打电话给辛西娅确认我在那里。我被迫把约会的对象带到辛西娅家，这样我才可以接到她不断打过来的疯狂电话。

我对男人隐秘的兴趣，多年来我一直小心翼翼对她隐瞒的性欲，变得显而易见，成为她痛苦的来源。她担心我每一次出门都可能导致性行为的发生。她意识到自己无法停止对我的担心，害怕曾经发生的惨剧会重演。但她还没有意识到的事实是，她无法忍受我已经成长为一个性成熟的女性。其实，完全不用在意我会不会再次被迫发生性关系，相反，我希望拥有性生活。我们之间的沉默变得无边无际，并且我们从未触及问题的核心——造成我们渐行渐远的原因，是对我的身体的拥有权的争夺，谁能掌握我做出决定权，决定我将以什么样的方式，和谁分享我的身体。如果我们生活在另一个世纪或信仰另一种宗教，我相信母亲会欣慰地把我送去修道院。

逃离母亲

我那场近乎被谋杀的经历促使我去寻求帮助。母亲对精神分析的信仰成为她留给我的遗产，指导我如何处理自己的痛苦。我找到一位分析师去尝试。"我被强奸了。"没有细节，没有感觉描述，只是一句"我被强奸了"。然后在这次会谈剩下的时间，我的整个内在从身体的边界突破而出，倾泻在眼前这个男人身上。这一切都与母亲有关——她给我造成的窒息感觉，我对她承受痛苦的同情，以及我因无法摆脱她而感到的不适。我不理解从什么时候开始，我和母亲之间陷入了如此不和谐的状态，我们的亲密关系变得如此紧张。

作为我对创伤冗长发言的结束，我告诉分析师，我正在考虑搬到纽约。我想要离开家乡，继续心理学研究。分析师说，搬到纽约会让我远离母亲（当然这是他观点的声明，他认为这是一个糟糕的想法）。从他口中直截了当地听到，他反对将这个作为解决方案，反而使我确信：逃离我母亲似乎是我能做出的最明智的选择。我们需要距离，需要在我们之间架起更远的距离。为了逃离母亲，我搬到了纽约。

27. 漫游心灵世界

史蒂夫和我，就像长发公主和王子一样，不知道如何让我们的关系恢复到从前。离开后，长发公主断绝了与母亲的联系，独自生活在沙漠中。王子也与父母分开。离开父母的庇护，两个人都必须学会照顾自己。我们从后来的故事中得知，王子"盲目地徘徊在森林中，吃树根和浆果为生，因为失去心爱之人，他日日呻吟哭泣"。长发公主也"生活在痛苦中，为自己的命运哭泣哀叹"。

而且，正如童话解读大师贝特尔海姆所给出的解释，由于两人都还没有学会照顾自己，所以他们无法拥有真正的决心去寻找对方。在他们的苦难时期，他们生活得没有希望。然而在故事的结尾，长发公主和王子变得成熟，"不仅拯救了彼此，还过了上美好的生活"。

成长必需的恢复期

最终，我认同了在强奸/濒死体验后精神分析师的观点，逃离母亲不会解决任何问题。分离的途径永远不是逃避，它提供了距离——从无法忍受的亲密中暂时缓和——但它并没有带来解决方案。解决方案只在有选择机会的时候才会出现。逃避（所有哺乳动物的基因中，战斗和逃避的冲动各占一半）不是一种选择，它要么出于强迫，要么出于必须，并且可能是唯一被察觉的出口。

就像长发公主和王子所经历的那样，我在纽约度过了很多年非常痛苦的生活，好像一个逃离家乡的难民，把我所有最宝贵的财富都抛在了身后。为了证明我已经从母亲那里独立，我过着节俭的生活，十分穷困。我步行30个街区，就为了节省20美分的地铁费用。我进入研究生院，通过担任助教来帮自己支付学费。我和其他学生在皇后区合租，并选择位于三层的阁楼，因为它是所有房间中最便宜的（每月40美元，二楼的房间则为60美元）。

正是在这段时期，我开始了自己成长所必需的恢复期，内心开始寻求成熟的转变。离开了母亲的家，甚至在某种意义上"放弃了我们的连结"，我在灵魂空间里四处游荡，没抱太多希望，也并未真正相信自己。没有母亲作为我"指引方向的灯塔"，我试图用男人（和他的爱）取代母亲（和她的爱）。然而，这种将母亲替换为情人的行为，只有和母亲充分发展出新的纽带时，才能够成功。正因为没有解决我与母亲的分离问题，我尚无法与另一个人建立真正的连接。从一个男人换到另一个男人，我没有任何真正的决心要找到一个我"可以携手创造美好生活"的男人。

就好像强奸改变了我身体的细胞结构，在强奸发生之前，我是结束一段恋爱关系的那个人，而现在男人们纷纷从我身边逃走。在与男人的关系中，我对自己失去了所有表层的信心。

疤痕——转型的持久标志

从被强奸这件事上，无论是肉体的还是精神的，我都伤痕累累。这些或可见或无形的伤疤，在许多重要方面重新定义了我。

这并不奇怪，纵观历史，刻意的划痕不仅被用作一种身份识别的手段，而且是一种自豪的身份证明。根据古埃及文字记载，刻意的划痕可以追溯到公元前1700年。在不同的文化中，疤痕被用以描述个体与特定群体的联系、个人或文化的功绩以及个人的地位。在古希腊签署法律文件时，人们的身份往往通过他们的伤疤来识别：个人的名字加上任何识别伤疤（oulé，古希腊语，意为伤疤、划出的伤口），是对这个人法律的描述。如果没有疤痕，则此人会被贴上"未标记"的标签（ásemos，古希腊语，意为未铸造、没有标记）。在古代，没有疤痕似乎就意味着没有人格。伤疤定义了我们的身份。

外表的伤疤有提醒我们内在创伤的作用。一道疤痕是身体、心灵和灵魂对破坏的永久记忆，是侵犯的印记，也是转变的持久标志。"疤痕"（scar）一词的词源来自希腊词 escharō tikos，意思是"炉底"。在古希腊，eschara是一个可以携带的祭台，一般置于坟墓上，用来向大地和冥界的神灵焚烧贡品。将疤痕与eschara联系起来，伤口变成了对冥界的祭品，一种安抚和净化恶魔、鬼魂以及冥界力量的献祭行为。疤痕成为祭品的符号，是一个人献祭后永不消失的标志。

我们没有人能逃过创伤，因此也没有人能够逃避伤疤。在人生一开始，我们就遭受过出生带来的创伤。与母亲分离带给我们最初的伤疤——肚脐，彰显出我们与母亲最初的分离，也提醒着我们第一次独立生活的开始。此外，我们大多数人身上都有伤疤，从身体和精神上提醒我们在人生中受到的伤害。伤疤不仅代表了生命本身的开始，同时也代表着生活中痛苦和受伤的现实。伤疤的确定义了我们是谁，它们也时刻提醒着我们的真实身份。

意外的伤疤往往是在童年时期，当我们试图掌控与母亲分离的过程中获得的。孩子们从秋千、攀爬架和自行车上掉下来，所有这些行为都发生在探索远离母亲的世界，出于远离母亲的想法和需求而产生。母亲退缩了，但聪明的母亲知道，瘀伤和偶尔伴随受伤产生的伤疤，是孩子学习和世界谈判的必然结果。她们不会过度约束、阻止或限制孩子做出正常的童年探索，她们唯一该做的，只是尽可能减少其中的危险因素。

我们的大部分伤疤都是不可见的。我参加过一个关于创伤的研讨会，把红色的布条发给参会者，要求他们别在自己曾受过伤的身体部位。房间很快变成了一片红色的海洋，心脏部位的红色丝带显得最多。

比起任何其他动物，人类身上的疤痕都更大、也更厚。对人类能够结出比其他动物更显著的疤痕这一现象，理论界提供了有趣的解释。一种理论认为，疤痕随着人类智力的发展而进化。当我们开始依靠大脑而不是直觉来摆脱危险时，疤痕就发展出不断提醒我们所犯过的错误的作用。另一个假设表明，疤痕可以作为性吸引力，当一个穴居女人被另一个穴居男人求爱时，她明白，累累的伤痕是男人勇气和无畏的标志。

在自我成长的分析和其他方法中，个体将学会识别他们的潜意识、伤口、疤痕和个人历史之间的关系。实际上，个体具有的潜意识是个人的历史，尤其是个人的创伤史。最重要的是，每一个情感创伤都是个人经历的伤痕。情绪性疤痕组织会带来情绪上的僵化，而且，在这些未愈合的区域，我们失去了当下的选择。每当遇到这样的情况，我们思考、感受和行动的方式，更多地将由我们的童年经历，而不是由对当下情况的准确处理所决定。

努力成长为女性大脑

我决定，是时候把所有注意力放到我身体上最可见的伤疤上了。从我得到它的那天起，它就定义了我的生活。我想同自己的伤疤发展出一种不同的关系：我将给予它应得的荣誉，感激它让我变得更高贵和坚强。

攻读心理学研究生学位期间，有一次在学生休息室，我碰巧听到两个学生的对话。他们谈话的内容描述了《时代》杂志上报道的一篇关于刚刚在圣路易斯被捕的连环强奸犯的文章。

我假装忽略听到的内容。在接下来的一年里，我全身心投入学习，让自己忙碌起来。

然后有一天，我决定去看看那个连环强奸犯的照片。在去往纽约公共图书馆的路上，我在想：他的暴力是否会透过这页杂志影响到我？我的恐惧是否会转化为我至今都没有发泄出的愤怒？我会认出一张我从未真正看过的脸吗？

我盯着他的照片足足看了一个小时，等待着某些事情发生——一些恐惧、一些剧痛、一些感觉，甚至是对共同经历的联系感。然而，他的脸始终像他所在的那页纸一样毫无生气。

但这个故事很有启发性：在我曾经生活过的圣路易斯街区，他袭击了十几名妇女。之所以花了很长时间才抓到他，是因为他是附近的警察。在每一个案件现场，他都是第一个出现在那里的英雄警察，安抚刚刚经历了人生重大创伤、心烦意乱、几乎死去的女性。他就是那个假装用嫌疑人空洞的声音对我低语的人，重复那天晚上我所听到的话："如果你发出声音，我会杀了你！"来看看我是否能想起任何案犯的声音特质，显然，我确定，向我说出这些话的声音绝不是他的。

可能是时候再试一试心理治疗了。

我尝试了团体治疗。我所在的小组提出一个想法，通过重演我被强奸的经历，来帮我摆脱之前挥之不去的阴影。因此，一个几周前才在团体治疗中认识的大胡子男将我扑倒，压制着我，假装发生的这一切是真的，但我却没有发出尖叫。

小组里的人都点评我没有尖叫，其实更像是一种指责。他们建议，尖叫会有所帮助，会让那个人停止他的行为。而事实是，从重演开始的那一刻，没有任何人比我更想大声尖叫。但我对自己声音的自由控制，止于一年前那个决定性的夜晚，现在，它卡在我喉咙的深处，甚至失去了表达的欲望。

在我尝试各种敏感疗法期间，我得到的治疗大都是让我做一些我不能做或不想做的事，我觉得它们与我的痛苦无关。最终，还是回到了精神分析的轨道上——这是母亲解决痛苦行之有效的方法。我的分析师帮助我度过了多年的精神流浪期，并成为我母亲的替代。不像女巫之于长发公主，她从未想过分享自己的女儿；也不像我的母亲（在强奸发生后）之于我，因为过分担心安全问题而想把我留在身边，寸步不离；我的分析师从未囚禁我，她的目标只是将我释放，充当我的向导。我有时仍把自己禁锢在痛苦中，"谴责我的命运"，既不相信未来，也不相信自己。

在一次在与分析师的会谈中，我无法走出悲伤，倾诉因再次与一个情人无法继续关系而感到的痛苦。我告诉她，如果没有这个男人和他的爱，我觉得自己会死。分析师用完全实事求是的语气对我说："那你就必须学会在没有爱的情况下继续生活。"这句话在我听来就像一门外语。对我来说，假设生活中没有一个人爱我，这是不可理解和无法忍受的。没有爱的生活对我健康和幸福的伤害，不亚于一个母亲抛弃新生的婴儿。从专业的分析立场来看，我的分析师并不关心我的生活中是否有爱（尽管从个人角度来说，我相信她是希望我和爱人在一起幸福生活的）。她的重点不在于我是否应该拥有爱，或已经具有。恰恰相反，她是在邀请我审视自己的不作为，以及为了得到爱，我对自己所施加的限制。她的观点是，我还没有得到自由。我的分析师致力于帮助我去释放正在运行的儿童大脑，从而帮助我成长为真正的女性大脑。

期待已久的呐喊

团体治疗并没有改变我与伤疤的关系，对个人的分析帮助我处理了这件事带来的一些创伤——终于有一个听众，有意愿和兴趣去倾听我被强奸的故事，以及在强奸发生后，我与母亲之间关系的长期折磨。但就像我过去许多情感的伤疤一样，最终对我影响最大的是莫莉。

莫莉发现了我的伤疤，当时我还能一把将她整个抱在怀里。有一次，她的手不小心轻轻拂过我脖子上的疤痕。她用她的手，深情地抚摸着疤痕凸起的硬块。我想，一定是不均匀的皮肤，不知何故吸引了她的触觉。抚摸是如此温柔，充满爱意：并非草草扫过，而是一种带有深意的爱抚。这种行为激发了我很久以前的记忆，它沉浸在我意识的处理回收中心。我开始回溯这个疤痕是怎样形成的。我想到了事件的余波，以及它对我和母亲的关系造成的破坏。

然后——所有的想法都迸发在了我的思维有能力处理的时候——我开始投射一个可能的未来，在这个未来里，相同的事件再次发生，受害者变成了我的女儿。过去，母亲带给我的愤怒，来自她在我受到攻击后表现出令我窒息的保护欲朝我涌来。而现在，我是一个想象中的母亲，正在处理我与女儿发生的同样问题。我知道，如果莫莉遭受同样的攻击，我会比自己的母亲做得更糟。我想我们中许多人都知道，如果走到那一步，我们都将以各自的方式坠入深渊。我们可能会因为担心而变得控制，就像我母亲一样。我们可能会歇斯底里，不停地啜泣、尖叫。我们可能会被复仇冲昏头脑，变得狂躁和偏激。我知道我会变成什么样，就像精神病学里所描述的紧张症：空洞、失去语言能力和功能、完全无法交流。总而言之，我认为我母亲看到我之后所做出的行为并不算特别糟糕。她看到的是她心爱的孩子头发沾满了血丝，脖子上多出了一条缝合的疤痕，身受重伤，精神萎靡。

眼泪在我眼眶里打转，我感受到了有生以来最强烈的悲伤。之后的几个小时，悲伤的力量将我的身体充满——我不明白到底是谁、是什么原因带给我这种无法被安慰的悲伤。直到在那一纳秒的时间里穿越时光隧道，我终于明白了（"学习"和"听到"了我"知道"的事实）——这就是我为多年前被死亡带走的母亲而感觉到的悲伤。我的眼泪充满着喜悦的祝福，我有这个孩子，她用最有爱的方式触摸了我的伤疤。在她的爱抚中，外部伤痕所代表的内心创伤得到了治愈。

28. 让步于完全放弃

莫莉最近脾气很差，因为我们换了个保姆。她很生气，通过打新来的保姆来发泄愤怒（一个4岁孩子的典型谋杀暴力行为）。她不喜欢这个保姆。我想帮助莫莉改变她的行为，同时也确保她感受的完整性。我想帮助她理解，击打不是一种可以接受的表达感情的方式，但语言可以。

不可靠的情绪感觉

接纳感受，这当然是分析师都渴望采取的情绪姿态。作为我们情绪状态的校准器，感觉通常是不会出错的。感觉以至关重要的方式定义着我们是谁。大多数情绪成长系统的早期工作是识别情绪，并且重新发现任何被忽视的情绪。治疗师协助患者追随最初的路径，以消除他们不想要的感觉。

但这样的"情绪清道夫"工作仅仅只是开始，它不可能是精神整合的全部，因为人类大脑有两个独立的半球，实际分为了三个独立的部分——每个部分都在人类进化的不同时期发展而成。

感觉位于旧大脑——皮层下的爬行动物脑，是我们与多数动物所共有的大脑部分。感觉不体现态度或情绪姿态，相反，它是短暂的动机状态，是我们神经系统的信使。尽管感觉贡献出了丰富的定义，并最终汇聚为组成我们身份的要素之一，但不可忽视的是，感觉测量现实并提出假设，这一过程也是误解产生的源头。事实上，感觉作为现实的评估，可能并不完全可靠。感觉很少告诉我们事件的心理性质，就像我的狗对友好的邻居吠叫一样，它将邻居路过我们家错误地认为是一种威胁。而当感觉最为强烈的时候，它作用的结果往往也最不可靠。感觉的强烈程度，本身可能起源于过去没有得到解决的问题，而不是对当下的准确反映和理解。

虽然我们的确应该认真对待自己的感受，但事实上，我们也可以不经意地耸耸肩，不去理会自己的感受，说："好吧，这也只不过是感受。"新皮层（新大脑）可以理性地推理和思考，并且与在感觉和冲动间来回摇摆的旧大脑产生对立。理性缓和了将驱动力付诸行动的需要。我们需要知道，理性和逻辑可用来应对我们所有的（无论是真实情况还是在想象中的）杀人倾向，最终应该（并且可以）占上风。而且，语言表达在从非理性到理性，从行为到愿望、意图和倾向的转换过程中起到了媒介作用。这些表达可以是内心的独白，也可以是我们说出口的话语。

接纳感受的曲折道路

有时，我们既要接受自己的感受，同时又要避免不可接受的行为，这条路是曲折的。有时，鼓励我们接纳感受的方法，恰恰是接纳我们不可接受的行为。所以我会对莫莉的愤怒情绪给予肯定，并鼓励她用微观的细节方式向我倾诉和表达。

实际上，莫莉已经发展出能表达她侵略性的惊人能力。有时，她的狂怒让我感到无法呼吸，我必须提醒自己（以精神分析师的身份，这比作为母亲更容易做到）这些事情听起来很可恨，莫莉应该感受到并向她的母亲倾诉。作为母亲，我有义务保管她的秘密并容纳她的愤怒。莫莉从这些经历中学到了关于分离的，重要且痛苦的教训。如果没有随之而来的愤怒、伤害和痛苦、失望、背叛的感觉，这一课就不会发生。

比起其他潜在的可能性，愤怒似乎是她可以发泄自己侵略性的最佳选择。因为除了愤怒，她还可以打人，说着尖酸刻薄的话骂我。

然而，我给予莫莉使用语言的自由，却让她陷入了困境。并非所有的母亲都认同我给予孩子的言论自由程度。我的一位病人告诉我，在成长的过程中，她的母亲禁止她用语言表达任何负面情绪。每当她提到"恨"这个词，她的母亲就会告诉她，不要再说那不可接受的四个字母（hate）。我的病人学会了永远不要说她讨厌任何人或任何事物，甚至是鸡蛋，而实际上她的确讨厌。

所以我想，发生在莫莉和她最好的朋友安妮的母亲之间的问题，最大原因在于我。莫莉很生气安妮坐在莫莉保姆的腿上，她告诉安妮，她对此很生气，并且坚持说她不想再和安妮做朋友了。

这两个女孩从出生就认识，她们对别人宣称彼此是最好的朋友。莫莉假装每个人的名字都是安妮，或者有时她自己就是安妮（融合意味着一种爱的表达，就像我的母亲抛弃了她与生俱来的身份，改成了我父亲的姓一样）。莫莉独自一人时总是谈起安妮，焦急地等待着下次能和她见面。但她们的关系现在正处于艰难的时期。安妮为莫莉的小心眼流下了眼泪，她母亲也决定不让她们再见面，认为莫莉对安妮造成了坏的影响。

我认为安妮的母亲没有公平理性地处理这件事。我看到过安妮对莫莉展现出相同程度的刻薄。安妮的眼泪来自她一时无法接受与莫莉的友谊只是短暂的——但如果有机会，两分钟之后她们就会再次热情地拥抱对方。孩子们会解决她们自己的问题，因为他们已经做到过一千次了。我能够在一个四岁的孩子身上期待的问题处理方式，却不能指望她们的母亲也做到。

　　我害怕与最好的朋友分开会对莫莉产生不好的影响。我想象着我的孩子即将不得不面对的痛苦，就好像是我自己的痛苦一样。我宁愿这些痛苦都只由我来承受。

　　我试图说服安妮母亲放弃她的决定，但她很坚决，说她不能忍受看到孩子因为莫莉的小心眼而哭泣——处理女儿的痛苦让她筋疲力尽。为了解决问题，我动用了我所有的辩论技巧，利用我三十多年来对关系、残忍和伤害的分析知识：我主张但不争辩；我沟通、理解和怀疑。但无论我说什么，都无法影响到眼前的这个女人。我为她的决定所带来的后果感到极度痛苦。

　　当我们着手为安妮消失在我们生活中的这一事件做准备时，我想到了莫莉年幼的生命中发生过的其他有关失去的事件。莫莉已经四岁了，照顾她三年的住家保姆因为换工作而离开了我们；她的姑姑（格雷格的姐姐，和我们一起住了一年）搬到了北卡罗来纳州；莫莉的周末保姆搬到了南泽西岛；她的朋友安雅、内尔和艾玛搬到了宾夕法尼亚、比利时和伦敦；她即将失去她另一个姨妈——我的姐姐，她正在去往一个截然不同的世界（死亡）。而且，除了这些失去，现在还加上了她心爱的安妮。

　　莫莉精心设计了对安妮母亲的复仇（在幻想中）。莫莉希望她死，安妮就可以和我们一起生活，这样她们就会变成真正的姐妹了。如果安妮的母亲没有死，那么安妮也许会离家出走，反正无论如何，她都会来和我们一起生活。莫莉为即将到来的安妮做足了心理准备。她向我解释着将如何划分自己的卧室，把床加在哪里，她将放弃哪些抽屉来放置安妮的衣服，她愿意与安妮分享哪些毛绒玩具。尽管这些幻想似乎很可怕（希望某人死亡），但它让我确信，我的孩子没有因安妮离开她的生活而受到伤害（或影响）。我知道，最重要的是，这种对精神伤害的免疫力是我给她的礼物——能够用语言表达她的内心体验，从而保护她不受她没有感受到的感情的伤害。事实上她的隐喻式谋杀幻想，与我感到愤怒、筋疲力尽或者超负荷时产生的幻想并没有本质上的不同——我也幻想过最爱的人会消失不见，甚至包括莫莉和格雷格。而且我清楚地知道，这个我和莫莉一起打下的基础，将为她在一生中遇到的所有挑战做好准备。

打开尖叫的闸门

我和格雷格的婚姻关系绝非天作之合，但它也不是炼狱，我们之间有彼此关怀的甜蜜时刻。他对我的感情忠诚，并且每天都致力于以一千种方式改善我的生活。他的智慧和知识储备量让我惊叹，实际上，我有时看着他，希望得到我应该如何像他一样去思考一些核心问题的启发。最重要的是，在他与莫莉的直接互动中，我看到他满足了我对一位慈爱父亲的所有期待。他喜爱与孩子玩耍，富有想象力，乐于接受，而且总是饶有兴趣。

我对格雷格的主要抱怨与他作为莫莉的父亲无关，而是关于他作为我的伴侣。和我相处的时候，他有时会变得挑剔和不耐烦。在格雷格用一些刻薄的话语或大声来表达他对我的愤怒之后，我通常需要好几个小时才能恢复情绪的安定。多年来，我尝试各种方式来应对他的刻薄和暴脾气：我走开，我为自己辩护，我试过逻辑和推理。一般来说，沉默的效果是最好的。在我们的关系遇到困难的时候，我绝大部分时候都采用这种方法来应对。莫莉看到我们最糟糕的状态是：她的爸爸显得很生气，而妈妈则沉默地一言不发。

为了外出见女朋友，我让格雷格照顾莫莉几个小时：

我：我现在要走了。

格雷格：什么？你要去哪里？

我：记得吗？昨天你答应了照看莫莉。

格雷格：哦——但那是在我确定去打网球之前。

我：所以，你的意思是？

格雷格：嗯，我当然不会不想打网球。

我：那你就不带她了？

格雷格：嗯，就像我说的，我不想取消打网球的计划。

我：那我会打电话给露易丝，看看她能不能照看孩子。

十分钟后：

格雷格：你打给露易丝了吗？

我：是的。

格雷格：一切还好吗？

我：我想是的。

格雷格：哦，那太好了，那她能照顾莫莉对吧？

在这一点上，我发起了战争：

我：是的，她能做到。但是当你问"一切还好吗"，我还是不明白你的意思。你的意思是她愿意照顾莫莉，还是你在问我好不好？

格雷格：你是什么意思？

我：我的意思是我对此很生气。

这就是整个对话分崩离析之处。格雷格生气的原因在于，我向他保证露易丝可以照顾莫莉。我很生气，因为虽然问题得以解决，但他违背了前一天的承诺，我不得不四处寻找可以照顾莫莉的人选。

我对格雷格的愤怒只会激起他对我的愤怒。他指责我撒谎——我告诉他没关系，其实却很生气。

我的回答完全理性且冷静，这让他陷入了更加狂暴的模式。他说：

你撒谎了。我在问你的感受时，你让我相信没有关系，一切都很好。你只是在争论我这句话的意思。该死的，你很清楚我的意思。我是在说，你生气了吗？

这一刻，我感到情绪的闸门被打开了。当我没有撒谎时，我不能忍受被称为骗子，尤其不能忍受被告知我在争论他这句话的意思，还说我是明知故问。但我最不能忍受的是，因为我坦白我对他很生气，他也开始生气了。我无法忍受他把愤怒发泄在正处于自我安抚和克制中的我的面前。

在我与格雷格的战斗中，有一种技巧我还没有尝试过。我从来没有尖叫。

我开始对他大喊大叫。不是因为我决定要大喊大叫，也不是因为我认为他应该被骂，我开始大喊大叫，是因为在25年都没有发出愤怒的声音之后，我的喉咙被搅动了，我就是想要发出愤怒的尖叫。

我的尖叫是一种非常特殊的叫声，有许多种不同的尖叫可以表达情感——但令人困惑的是，所有的尖叫都共享这一个名称。哲学家伊曼努尔·康德将婴儿的第一声啼哭（出生时的尖叫）描述为"并非悲哀，而是唤醒愤怒"。后来，出现了嬉戏中愉悦的尖叫声——当还是婴儿的莫莉在她刚出生的几个月和我在一起时发出的那种叫声。还有惊恐和狂喜的尖叫声（或许这些不像人们最初想象的那样相距甚远）。我有一个病人，她是一名平面艺术家。她的联系人头像是一张她头部的照片，嘴巴夸张且凶猛地张开，你能想象做出这个动作时能释放出的大声尖叫。当你再仔细看照片，发现嘴巴的确张得很大，但你也看到了她眼中纯粹的喜悦，一种在释放中的喜悦。最后，还有极端惊恐的尖叫声——一种几乎超越极限的强烈呐喊。这是爱德华·蒙克的画作《呐喊》中的尖叫。我知道大多数人看到这幅画时，都觉得那个女人的嘴巴似乎是被定住一样地张大到了极限，令人感到不快和不安。但这个画面总是让我觉得受到鼓舞：冗长的呐喊声不断从喉咙里喷薄出来，如果没有这样的呐喊，感情的表达将被压抑到难以承受的程度。还有布鲁斯和教会福音歌手发出的兴奋尖叫，是从灵魂中发出的大声疾呼。长期以来，我一直渴望获得这种通过喉咙发声而得到的完全释放。

所以，在我与格雷格的愤怒对抗中，我开始收获了一些乐趣。我让自己的关注点不再集中于发出尖叫可能会造成的破坏性后果上，释放的重点——毫无疑问，是蒙克画中的女士发现自己必须要释放的那个时刻。我放松下来，不再压抑自己的喉咙。

我想到了我失去尖叫能力的那个晚上，愤怒和怒火从那时开始，从意识下沉到了我的潜意识。我想起了自己第一个被解析的梦，一只大狗向我扑来，我的尖叫让我得以在梦境中拯救自己。

那是我无意识的流露，渴望被听到。现在我有了莫莉，我已经成为很久以前在梦中出现的那只母狗——愿意（甚至需要）为保护幼崽而奋不顾身。我仍然是梦中的那个"我"，那个害怕的我。但现在，我的喉咙终于再次被释放；我的尖叫不再被封印在内心，不再消失于最后一个尖叫发生的命运之夜，不再只停留在我的梦境之中。

格雷格和我有了很多年以来第一次火力全开的战斗，而我们都幸存了下来，甚至和对方并肩成为莫莉的父母，一起抚养她，一起爱她，有时彼此相爱。内心发出一声尖叫，我变成了一个不一样的妈妈。我不再充满焦虑；我有把握果断处理莫莉和我之间正在进行的、进入我们独立自我的过程。

事实证明，那天露易丝最后还是不能帮忙照看莫莉。午餐约会时，我带着莫莉和我的朋友海蒂在户外咖啡馆吃着烤茄子三明治和山羊奶酪，度过了愉快的时光。

主角不再被恐惧所支配

我的许多病人来接受精神分析，是因为他们对自己的伴侣感到非常愤怒，以至于认为唯一的解决办法就是离婚。但我觉得这些愤怒的情绪并不是关系的结束，而是开始。两个人可以体验彼此的负面情绪，有效且无损地相互沟通，然后从情绪的重压中解脱出来——这才是一段关系的开始。这是发挥作用的隐喻式谋杀。一旦掌握这项技能，一段关系中的主要工作就已完成，从此便可以一帆风顺。这对于爱情关系中的伴侣（格雷格和我）、母亲和女儿（莫莉和我）以及病人和分析师（玛尔妮和我）都是如此。

玛尔妮和我清楚地感受到，她的分析正在走向终点，她讲述自己情感生活故事的过程即将结束。我们已经看过故事的开头，并理解它的意义和如何对玛尔妮造成的影响。我们细数她所做过的选择，了解其中哪些代表她的优势，哪些代表她的恐惧。我们对彼此间的关系有许多强烈的感受，并积极探索和表达它们——积极或消极、爱或愤怒、爱神或塔纳托斯。我们已经穿越了玛尔妮有意和明确表达出的对我生气的可怕领域，我们已经到达了另一边，并且各自作为独立的个体和融合的整体，仍然保持完好无损。在整个分析过程中，我们共同构建了一本书，一本自传。而在书的结尾，也就是现在，主人公不再被恐惧所支配。

这段玛尔妮变化的经历之所以发生，是因为心理生活与叙事构建有着天然的亲密关系。律师清楚，比起法律先例，将法律论据纳入叙事故事中会更具有说服力。教师知道，如果将知识融入故事中而不是枯燥地列出，学生会更好地记住所学的知识。精神分析学家当然也知道，患者生活中最强烈的情感体验将决定患者所构建的生活故事的类型。

美味可口，令人向往

当一个人的生活故事情节面临改变时，心理变化也随之发生。生活故事既不死板也不会变化万千，它们随着时间的推移而逐渐演变，并与有重大意义的生活事件密切相关。心理治疗只是加速和磨炼一个对我们来说很自然的过程。

在医学上，医师谈论的"治愈"概念，就好像身体可以达到一个代表健康的固定状态。因为精神分析是由医疗医生带到这个国家的，所以分析师采用了这个词，也谈论"治愈"。但身体和心灵都是流动和不断变化的系统，它们本质上是有机的，不断地扩张、收缩、更新和死亡。从这个意义上说，这个术语是对身体或心理健康过程中发生改变或变化的误称。相反，我喜欢用腌制火腿作为类比：它确实被腌制（cure既有治愈，又有腌制的意思）了，但是在经过充分调味的意义上被腌制；它经历了一个让它变得更美味可口、更令人向往的过程。如果我们——作为患者、分析师和人类——的认知高度能够达到将自己视作腌制的火腿——美味可口，令人向往——那么我认为，我们将达到一个可以维持并有价值的目标。

在发展精神分析的理论和技术时，弗洛伊德经常参考古希腊人。古希腊人看到了爱神（Eros）、睡神（Hypnos）和死神（Thanatos）的密切关系。正是由于希腊人对灵魂的信仰，这些神在他们的神话故事中才会如此重要。这三位神的共同特质是肢体松弛。在日常生活中，灵魂被包裹在身体中；但是当我们仰卧下来，正如当我们处于梦境和精神分析中时一样——我们身体全部的肌肉都足够放松——灵魂才会暂时得到释放。通过让病人躺在沙发上的动作，弗洛伊德唤起了睡神（Hypnos）的肢体放松特质。接受分析的患者感到放松，但尽管身体处于休息中，头脑仍然保持清醒和警觉，并且能够发挥记忆、处理、表达和整合的功能。

弗洛伊德发现，当他的病人处于四肢放松状态时，他们会说一些不寻常的事情，而这些事情可能是他们以往从未提及的。在病人舒适地躺上沙发之后，分析师给出的指令是"说话"（病人在治疗过程中感到足够自由，可以突破意识中的说话禁忌）。说话——把所有的想法和感受变成语言——是弗洛伊德赋予我们的解药，它疗愈游走在生死之间、岌岌可危的自我，缓解我们发生在矛盾驱动力之间永无止境的冲突。通过谈话这种行为，塔纳托斯力量的破坏性能量被驯服，爱神背后的建设性能量被释放，两种驱动力可以共存，而不会导致过度的痛苦或不和谐。

分析师指导病人躺在沙发上，说出他的想法，谈论他想让分析师了解的、关于他的任何事情，讲述他的人生故事，从任何他希望的地方开始，到任何他想要的地方结束。在选择讲述的故事中，病人既是传记作者，又是主角。在对谈话提出指导时，分析师挑战病人在思想和感觉上是否能够保持自由和童心，同时考验他在利用语言作为自我探索工具的能力上是否成熟。

这种强调没有其他拓展（没有目光接触或身体姿势）的纯粹谈话，为精神分析所独具，它对治疗意义的概念化，将其与所有其他治疗方法区分开来。所有心理疗法都有助于患者了解思想和感受的世界，但精神分析独特地用表达定义治疗。具有讽刺意味的是，对语言的极度强调意味着它也可能意义不大。我认为精神分析的语言是"一次性吐露"。话一旦出口，任务就完成了。想法或感觉一旦说出口，就会被释放出来，就像莫莉宝宝过去的哭声一样，消失在空气中。那些可能特别珍贵、值得将来进一步思索的话语，可以随时被重新捕捉，其他的就作为一次性吐露和释放即可。

当话语成为自由

玛尔妮已经达到了言语自由的状态，她不再挣扎于想要发声而不得，她能够传达给我她当下的想法和感受，且不带有任何羞耻感。话语来去如风，甚至像一只蝴蝶，翩翩飞舞，从一朵花飞到另一朵花。话语变成了她的自由。

她和我准备好互道再见，结束她的分析治疗了。我们做了大量的回忆和追溯——重新讲述旧的生活故事，并与新的故事进行比较。她讲述了她第一次觉得我可能真的在乎她的时刻：

> 那是某一个曼哈顿的融雪天。我穿着运动鞋，浑身湿透

走进你的办公室，你问我为什么穿着运动鞋——我不应该穿
一双更好的鞋子吗？你担心地告诉我，湿脚走路会生病。

那一点点关心，甚至是教育，对她来说意味着一切。她
对自己太不尊重，很久没有人对她说出这样的话（像母亲对孩
子）——现在，她想起那些时刻就禁不住流泪。玛尔妮提到自己
第一次决定来找我的那段时间。即使在25年之后，还有更多的信
息要掌握，更多的故事要讲述。这是我第一次听到她特地解释为
什么开始治疗。在高中时期，玛尔妮学校里的一个女孩自杀了，
她考虑过追随这个女孩的脚步。她告诉我，最近她丈夫班上的一
个学生（他已经从警探岗位退休，在学校里任教）从桥上跳下。
她还记得那个她企图自杀的日子；她非常肯定地知道，她已经不
会走上跟她们相同的道路。

玛尔妮被亲生母亲拒绝的痛苦仍然刺痛着她，但她终于可以
为我和她之间强烈的爱感到欣喜。我们不必再分开。她说：

我现在可以接受你对我的关心。如果我有同样的感觉，
也没关系。

然后，我们合上了这本书的最后一页，这本我们一起读
过，甚至是一起构建的书，它包含着我们之间许多强烈而矛盾的
感觉。

29. 渴望的终结

童话故事昭示着美好生活的存在，但我们必须先学会接受不利的环境，把它作为我们成长的经验。童话故事就像精神分析的经历一样，并没有为我们提供固定的解决方案，相反，它提供启发性，使我们能够发现自我、冲突和身处其中我们所能找到的解决方案。

终极存在的孤独感消失

母亲去世以后，我决心要怀孕，经过三年的努力，终于成功了。我记得在怀孕的那几个月里，我感到了绝对的满足。因为有一些出血的情况，医生让我卧床休息。长时间躺着不动，这对我来说从未发生过。这是我一生中唯一一次迫切感到没有运动的需求，无论是游泳、跑步、瑜伽还是跆拳道。但在那几个月里，虽然缺乏活动，我仍觉得自己非常完整。我没有任何渴望，在一生中，我花了太多的时间，饱受男人之苦，被各种各样的拒绝折磨——无论拒绝是主动还是被动的。而在这次怀孕期间，这些对我来说都不再重要了。这也是我人生中第一次没有为渴望爱情和害怕孤独而挣扎。我并不孤单，一种深刻的连接感始终围绕着我。当早上醒来时，我会思考是否起床，或者在床上度过一整天，体验我与未出生孩子之间的完整联系。我没有做任何事情的欲望，事实上，我根本没有欲望。我感到充实而完整。

在我怀孕第四个月时，我失去了这个孩子。失去女儿，让我伤心欲绝——我坚信那是一个女孩。我感到被辜负，我的身体背叛了我。

十年来，我一直尝试受孕。在此期间，我与格雷格确定了关系，我成了一名成功的精神分析师，还完成了几本书的写作。然后，我寻找我的莫莉，直到找到了她。

虽然我不再相信童话，也不相信现实生活会出现王子，但格雷格和我已经进入了感情的成熟阶段，我不再独自徘徊于灵魂的空间，不再生活在痛苦中，"呻吟和谴责"我们的命运。我们已经历了足够的内在成长，准备好"手拉手，一起创造美好生活"——现在，加上莫莉，我们三个一起过上了美好生活。

母亲本能地知道，她们与孩子之间最牢固的纽带，是孩子对回到共生幸福中的渴望。双方都很难去摆脱和超越这样的幻想，即觉得母亲的存在就是为了满足孩子的需求。母亲和孩子都会抵触，谁都不想放弃幻想中全能母亲和无助孩子的形象——即完全有能力照顾的母亲和完全需要被照顾的孩子。

但是成为母亲这件事本身，往往会导致原来动态的母女关系发生自动且无意识的转变。随着女儿朝着成为母亲的角色迈进，她才能够放下需要母亲的幻想。她自己的母性在精神上"填充"了她，就像怀孕充满了她的身体一样。对母亲的依恋帮助她所承担的终极存在的孤独感消失了。

渴望的结束，是因为女孩/女人找到了一种方法，可以真正回到她曾经与母亲所熟悉的幸福共生中。她能够重新体验那种一体感。诚然，这种与母亲回归一体的动力，即是我们所说的母性本能的起源。

现在，莫莉和我拥抱时，仍然有一些时刻，我们让身体完全融入彼此的形状，瞬间就回到了她小时候，我们共享那种美妙的一体感。这就是我的母亲在我身上的延续。这是我的母亲传递给我的，正是因为她给了我拥有这样的母亲的经历，我现在才可以把它传给我的女儿。

足够好的母亲

母亲作为主导，定义了婴儿的世界。母亲给予婴儿一种现实感，尽管只是在孩子生命的早期阶段。

婴儿出生后，生活在一个充满朦胧印象的世界。慈爱的母亲帮助婴儿厘清这些闪烁的感官体验，帮助它们将其转化为真实的思想和感受，让婴儿相信，世界会提供他们稳固的立足点——包容和支持孩子，就像母亲为孩子所做的那样。母亲让孩子感受到，食欲的不知满足是可以被控制的，刺激是可以被转化为意义的。出色的母亲会让她的孩子感受到，孤独永远不会是无法忍受的。相反，它只是一个中转站，是我们直到重新建立起支持和舒适感之前的一个暂时状态。

当母亲将这些早期工作做得足够优秀时，婴儿在此阶段形成的印象就永远不会被完全打破。母亲为婴儿提供的安全感，是一个稳定坚固且自我形成的基石。随后，作为儿童和青少年，我们会逐渐意识到，没有完美的母亲，并开始懂得所爱和珍惜的人也会让我们失望。我们知道，安全并不总是在母亲或者自己的控制范围以内。现在，我们面对失望，在风雨如磐甚至充满危险的水域中航行。我们生活在暂时的漂泊感之中，然后让自己再一次为新的愿景和希望感到激动。若母亲将这些早期工作做得足够优秀的话，我们就会产生出足够的自我价值感和对自己、他人的坚定信念，让自己的经历得以支撑和维持自我。我们对他人的信仰，源于对我们母亲的信仰。

理性的召唤

直到最近，我们的文化才将母性视为女性本性的缩影——以及女性本性所代表的一切：直觉、建立亲密关系和爱的能力、充满感情……我们常将女性视为心灵（而不是头脑）的主人。

但是，容纳新皮层的大脑部分（新大脑/思考的大脑），代表了我们真实的自我，就像我们战斗或逃跑的情绪、冲动和反应一样。当然，智慧也存在于大脑的这一部分，就像在其他大脑区域一样。

弗洛伊德视美好生活为充满意义，这些意义来自我们与所爱之人建立持久、互助的关系，并且明确我们正在帮助他人过上更好的生活——"lieben und arbeiten（去爱和工作）"。生活不可避免地充斥着冲突、痛苦和困难。过上美好的生活并不是否认它们的存在，但我们不能让这些麻烦把我们逼入绝望，也不能让自己屈服于有时在我们每个人身上都会浮现的黑暗冲动。通过认识潜意识的本质，并尽可能多地意识到它，我们就不会随心所欲地受其力量的支配。通过尽可能多地向爱神（我们对生命和爱的冲动）给予能量，我们可以抵制对塔纳托斯（我们混乱、侵略和破坏的冲动）做出行为性的表达。我们可以学会以一种更理性、充满感情的方式去生活。贝特尔海姆写道："最后，塔纳托斯赢了，但只要我们还有生命，我们就可以让爱神战胜塔纳托斯。"

弗洛伊德明白，母爱于生命和心理健康是必不可少的，它还会赋予爱神以战胜塔纳托斯的力量。怀着这样的理解，他在1908年向心理健康界提议建立一个"爱的学院"，将爱作为一种现象科学进行研究。他认为，如果我们将爱作为一种文化，去对其建立更多的了解，我们就能够采取措施减轻人类因缺乏爱而造成的更多痛苦和苦难。

尽管不得不逃离纳粹控制下的维也纳，尽管目睹了在第二次世界大战的大规模破坏中所展示出的仇恨，弗洛伊德仍然对人类抱有希望。世界领导人用了将近40年的时间，才最终看到弗洛伊德研究爱的智慧。1945年，联合国宪章签署，该组织明确的目的是基于与精神分析相同的原则：比起行动，谈话是沟通分歧和敌意的更具建设性的方式。

我对未来的希望

对玛尔妮的分析，让我深刻地思考了作为养母的意义。观察玛尔妮一路经历的艰辛，我知道，我一直在透过一扇窗户看到莫莉的未来。很可能有一天，莫莉也会开始寻找那个通过生育把她带到世界上的女人。而这个女人（莫莉的另一位母亲）的照片现在正安全地躺在我的档案袋中（等待莫莉多年之后来探索），她永远铭刻在我的记忆中，不曾远离。从深远意义上说，这个我甚至不知道名字的年轻女子，给予了我母亲的身份和荣誉，让我有幸抚养她的女儿。

我知道，总有一天，我的女儿会发现，她和我没有生物学上的联系，她会开始好奇那个用子宫将她包围的女人是什么样的人。莫莉对亲生母亲的探索之旅，结束的方式可能和玛尔妮所经历的一样令人烦恼和不安，或者，莫莉可能会找到她，并与她相见，像许多被收养的孩子一样，终于找回自己在整个成长过程中失去的一部分。作为抚养她长大的母亲，我只能希望，我会给予她足够的养育，让她在将来无论遇到什么事情，都能在情感上保持弹性。也许更困难的是，我希望我自己也能慷慨大方，与这个未知的女人分享我抚养长大且觉得只属于我一个人的孩子。而且，我希望莫莉的另一位母亲会带给莫莉和我母亲给我的相似的感觉——所有的消息都是好消息，她是上帝赐予的礼物，她们相聚共处的时光总是太过短暂。

作为母亲不可能的责任

虽然莫莉只能通过我去认识她的外祖母，但在姐姐去世前的几年里，她能够和我姐姐相处并且认识她。

这是姐姐生命的最后一周，所有人都在医院守护着她。她一直处于昏迷状态，但我们从未完全放弃她醒来的希望。

在这段时间里，看着侄女和姐夫，我观察到了爱倾泻而出的表达。他们从未离开过她，就睡在医院里，躺在她的身边，不停地抚摸着她几乎死气沉沉的身体，用言语安抚她，向她诉说着爱意和感激。

我有幸能够在她去世后，参加传统的塔拉（tahara）——这是一个犹太教的净化仪式，灵魂已经准备好离开无法容纳它的躯体，通过清洁身体来为下葬做准备。我们梳理姐姐的头发，清洗她的身体，清理她的指甲。这是一个灵性的过程，目的明确，就像母亲去除孩子脸上的污垢一样。整个净化的过程既简单又庄重，我们进行祈祷，鼓励她的灵魂回到原本的家，回归上帝。

按照犹太律法，姐姐被埋在一个简朴保守的棺材中（就像母亲一样），棺材由木头制成。这种材料会在地下分解，让她的身体尽快回归大地之母的怀抱。棺材的制作结构中没有任何金属，甚至没有钉子，因为金属是属于战争的材料，任何犹太人都不应该在战争元素的帮助下前往永恒的和平之所。

姐姐去世后的星期六，一个安息日，我和家人一起去犹太教堂。这个周末也是父亲节，拉比（犹太教负责执行教规、律法并主持宗教仪式的人）正在布道家庭的意义。他解释了律法赋予犹太父母对孩子的五项责任，前四项是可以预见的：给予孩子教育（或者在过去是教授他一门手艺）；让孩子在犹太社区中成为犹太人；帮助孩子结婚；让孩子尊重你。然后，拉比告诉我们最后一个：犹太父母有责任教会他们的孩子游泳。

游泳？我困惑于这第五条由5000年前的拉比制定给他们人民的法令。也许这是对犹太教作为异教起源的一种确认——对构成生命的元素之一的尊重。从本体论上讲，作为物种，水是我们发展的来源。这或许也是对我们个人起源的确认，我们的第一个家园，就在母亲子宫的羊水里。

而我视游泳为一种激情——母亲和姐姐亦有此感：我沉浸于水中所感受到的自由和无忧无虑，当浮力支撑着身体时，我感到自己正优雅地从身体的重量中解放出来。漂浮和飞行似乎总是奇怪地联系在一起，我知道在水中我能体验到的，是最接近灵魂在空中飞行的状态，是一种永恒。因此，这也是为什么我的生活方式总围绕着我对游泳的热情而展开。我选择居住在自然水体附近：我在波多黎各的农场，我在新泽西州北部湖畔的住所。

我认为游泳是一种情感和认知成长的隐喻。十几岁的时候，我教授过成人游泳课，亲眼见证如果小时候缺乏游泳的经验，一个成年人要克服在水下的焦虑是多么的困难。我们的呼吸系统从出生开始就只能处理空气，当我们故意切断空气通道时，正如我们将头浸入水中一样，我们要么确信自己能够再次找到空气——

这样的话，游泳才是一种令人愉悦的体验，要么因为怀疑而焦虑——游泳会让一些人倍感担心，甚至是恐惧。

发展心理学家强调，在被称为"关键时期"里学习的重要性。或许，游泳也可以类比为学习一项新的技能，因为我们并非生来就会游泳。对于所有的新任务，尤其是针对心理建设，如果在儿童早期阶段没有留下这项能力的印记，那么代表该项技能的神经通路就还没有形成。原本被分配用于学习该项技能的大脑区域并未得到使用，最终只能进行调整，以执行其他功能，不再可用于最初的目的。学习的印记不能被重新唤醒，因为从一开始它就不存在。这种发育不足的能力在许多生物系统的发展中都可以被发现，包括听觉、视觉和前庭结构，而针对依恋已经进行过彻底的研究。人们认为，生命的最初24到36个月是一个关键时期，是持续性依恋发展的时间窗口，一旦错过就永远无法恢复。牙牙学语、眼神交流、爱抚、不间断的喂养和可靠的抚慰都是在大脑中建立神经连接来形成依恋的基础，由此发展将产生同理心、对他人的敏感性和归属感。

在与患者的接触中，我非常容易就能够辨别患者是否具有潜伏的心灵和神经通路。例如，凯莉有一个异常严厉的父亲和一个袖手旁观的母亲，每当父亲严厉地批评她的时候，母亲都站在旁边一言不发。凯莉是一个非常聪明能干的人，但她却对自己毫无认知。无论得到多少赞美，她都无动于衷，因为她深深相信自己的"真相"是愚蠢和无能。她的心理治疗是一个漫长而艰巨的过程，新的神经通路被植入她的大脑，从而进入她的心灵。实际上，我是在教她成年后第一次"游泳"。

最后，我从分离的角度思考游泳的意义。在莫莉生命最开始的那几年，以及我与母亲的一生中，这个心理主题一直都吸引着我。在教授孩子游泳的过程中，成年人必须掌握亲近与距离、分离与独立之间的完美平衡。练习漂浮时，如果距离太近，孩子永远不会独立面对这项挑战；如果距离拉得太远，孩子会感到恐惧，甚至会有死亡的危险。教孩子游泳，在概念上似乎是对育儿中面对的最大挑战的完美比喻：分离的挑战，以及引导孩子安全完成这个过程的艰巨任务。

史黛丝是我的一个病人，她在失去孩子后来寻求我的帮助。史黛丝在家里的厨房做午饭，孩子在游泳池里玩耍，保姆在旁边看护。结果，保姆不小心睡着了，孩子不幸溺亡。游泳是灵魂的飞行，抑或是灵魂有形化身的终结？在史黛丝的生活中，她不幸见证了游泳危及生命的一面。史黛丝在开始接受精神分析之前被诊断患有癌症，她坚信癌症是对自己残忍且故意的惩罚，因为她是一个疏忽的母亲，没有给予孩子足够的关注和保护。任何富有同情心的人，都会倾向于说服这位母亲摆脱她的罪恶感，放弃她将自己遭受的伤害作为报应的牵强想法。但我知道这样的努力是徒劳的，这位母亲无法避免对自己的折磨。

当涉及孩子的幸福时，我们作为母亲通常既不自我同情，也不讲道理。我们要求自己为孩子的命运负责，无论这种责任是不是正当、理性或可行的。我们"知道"——也就是说，我们"感觉"——对孩子的真正责任，是发挥我们无所不能的力量。对此我们深信不疑，即使这显然是不可能的责任。

故事的世界

莫莉明白，她再也见不到她的李姨妈了。她问我关于死亡、天堂以及其他一些我不知如何回答的问题。当她抛出这些问题时，我停顿片刻，因为没有足够信心为她解答这些重要的问题。然后我提醒自己，我是怎样对待精神分析患者的，是如何长时间和他们相处，且同样无法回答他们的问题。作为一名精神分析师，在这个未知领域，我学会了退回原点去探寻。

因此，当我发现自己和莫莉正处于这个未知领域时，我诉诸自己长久以来的分析训练。我面对莫莉的提问，与面对患者相同，用一个问题来进行回答。"莫莉，你认为死亡或天堂是什么？"她会说出她的想法，会告诉我一个故事，让我窥见她的心灵世界。然后我就明白了她真正的担心。她的担心实际上是恐惧，她对这些问题的理解，是她将不能和我在一起。死亡意味着她无法再找到我。天堂意味着我们将分开，一个在地球，另一个在天上。了解她真正的忧虑，我发现她最关注的故事主题是我们的分离，我向她保证，我们会紧紧地连在一起。我说了一些我相信并希望成真的话，即便我不能诚实地说这一定是真的。我说出这些话是因为她需要在那一刻听到。我告诉她，我们将永远在一起。我告诉她，地球上没有力量强大到足以将我们分开——我们将一起穿越生与死。我甚至告诉她，死后我们会开始另一种生活。那时，我们会找到彼此，就像我们在今生所做的一样。听到这些，莫莉萌生了她和我会从头再来的想法：在同样的房子里，有同一只狗、同一只猫和同样的双层床——也许只有我们的名字会改变。最近她还美化了这个想法，下辈子她成了母亲，而我变成了女儿。她嘴角带着笑意，眼睛忽闪忽闪地向我诉说，仿佛这个互换角色的夸张念头给她带来一种孩子气的愉悦感。

然后我讲了开启我们关系的故事，告诉她我是如何寻觅并找到了她。"在世界上所有的孩子中，"我述说着，"我知道你是属于我的，你是我渴望、寻找、等待甚至梦见的那个孩子，我一刻也没有停歇，直到找到你。"我告诉她，当我第一次看到她在妈妈肚子里的照片时，我喜极而泣。我告诉她，对这个我从未见过的女人，在那一刻我充满了认可感，一种瞬间迸发的亲情向我袭来，我感到我寻找女儿的旅程已经结束，然后我告诉莫莉，我把她（我的莫莉），作为女儿带回了家。

我想对母亲说的话

我们都是故事的讲述者。大脑/心智生来就有创造故事的功能，也渴望讲述故事，它可以从看似随机拼接而成的零碎的情节（梦想）、交流中产生的误解（基于部分理解经验的幻想）或凭空（妄想和幻觉）编造而来创造故事。

精神疗法的患者是可溯的最初故事讲述者之一，尽管开始接受治疗时，他们可能并没有连贯的生活故事情节，但治疗使他们在创造个人叙事的同时拥抱了真实的自我。治疗带给患者的一大好处，就是创造这种生活叙事。

精神分析的过程，如果没有掺杂其他，那就是谈话了。患者和分析师充分投身于语言的交流，这就是他们所做的一切：谈话。不管你认为这种谈话方式是科学（如部分精神分析师所声称）、艺术（为大多数精神分析师所认同）还是胡说八道（被精神分析师的批评者所诟病）。患者参与精神分析，毫无疑问是来讲述一个关于他自己的故事。事实上，当患者决定开始这个自我检查的过程，原因很大程度上正如精神分析学家亚当·菲利普斯所说，患者一直在自我讲述的故事要么无法继续，要么变得太过痛苦。分析师聆听患者讲述故事，并做出回应。谈话的内容只要是有用或有趣的，令人愉快甚至是痛苦的，并最终以某种方式让双方满意，那么他们就会继续这种特定类型的谈话。对话在成功的分析中继续进行，直到故事出现变化。人们甚至可以有一个具有合理意义、令人信服的故事，制定故事情节的开头和结尾。故事是否具备真实性，一开始甚至都无关紧要。分析师暂停怀疑

（就像当病人述说自己被父亲、叔叔、家人的朋友性虐待时，弗洛伊德所讲的那样），进入患者的情感现实，直到后来分析师承担帮助患者走入现实的艰巨工作，进而可以准确地呈现他的生活故事。因此，成熟的成年人是一个讲故事的人，正如露易丝·卡普兰所描述的那样，他会不断地重新体验和修正自己的记忆，不断地重新寻找自己的身份，不断地重新塑造自我的形象。

莫莉和玛尔妮处在她们故事讲述的截然不同时期，玛尔妮和她向我讲述的故事已经接近尾声，而莫莉现在才刚刚进入她的发展阶段。4岁时，莫莉已经把自己变成了一个故事讲述者。莫莉给我讲了许多故事，其中不乏一些奇妙而振奋人心的故事。莫莉的故事飘进她的梦境中（就像她刚进入我的生活时我所经历的那样），但在她讲述的每一个主题带有恐惧或攻击元素的故事/梦境中，故事最终都是与我或偶尔与她的父亲分离：要么她找寻不到我，要么她被违背意愿地从我身边带走；她总是在她的梦里或生活中，不顾一切地寻找我。从她第一次开始告诉我她的故事时，故事的结局表明，她因为无法修复分离造成的伤害而感到无助。每天早上醒来时，她都渴望向我述说昨天晚上她的世界所发生的一切。她的梦境总是错综复杂，需要花很长时间来向我娓娓道来。有时我好奇，她告诉我的究竟是梦境还是凭空编造——想象力近乎完全泛滥。但这并不重要，我确实惊叹于她的心理创造的精巧。

然后，莫莉开始有了噩梦，这些噩梦似乎与我无关。她梦见宇宙元素的阴暗面。我们居住地附近的湖泊（水）突破其限制的边界（大地）淹没土地。或者我们的房子正在燃烧（火），她需要找到逃生的路线。她还梦见坠落——飞行（气）的反面。她已经失去了对飞机神奇特质的信念，不相信飞机是凭空漂浮的，询问我飞机是如何能够飞翔在天空中。而且，她不再相信自己能在空中行走。我想起了尼采写《查拉图斯特拉如是说》："我见到我的魔鬼时，发觉他认真、彻底、深沉、庄重；他是重压之魔——万物都由于他而跌倒。"

莫莉开始害怕睡觉，害怕迎接她的是另一个噩梦。她问我："你睡觉的时候，是不是死了？"对莫莉来说，睡眠正在下沉，而下沉就是死亡。她陷入睡眠就是陷入死亡。

我知道莫莉的噩梦意味着，她完全离开了她幼小的灵魂。而且我怀疑这种从一个自我到另一个自我的转换，对莫莉来说可能比对她非收养的朋友们更痛苦，而且她很早就有从一位母亲到另一个母亲的经历，可能会因此让她产生对失去和遗弃的恐惧。正是通过对我们之间紧密联系的频繁保证，我帮助莫莉缓解了她对宇宙元素带来的洪荒力量、我们的分离和死亡本身（塔纳托斯）的恐惧。我们谈论梦境的壮丽和感觉的轻盈。我们谈论将梦境世界作为她可以让灵魂和心灵漫游的时空，充满自由和无拘无束。我们谈论"毛茸茸的猫"（毛毛虫）必须在地面爬行，才能变成精致、翱翔的蝴蝶。我告诉莫莉，这只毛茸茸的猫在一生中会拥有不同的家，它必须离开一个家，才能入住另一个家。

当莫莉对她与我的关系重获信心时，她开始掌握分离的艺术，以及将恐惧转化为控制的技巧。她可怕的坠落画面重新被令人欣喜的飞行幻想所取代。莫莉变得渴望睡眠，从而获得灵魂飞行的体验，在这种体验中感受身体的轻盈和无限的可能性。

莫莉现在知道，当她在梦中飞行时，她正在离开一个家，飞回另一个家——属于她心灵和内在自我的真正的家。当一个人感到自我舒适时，家无处不在。

然后，我们有了清醒生活的体验，感觉就像一个清醒的梦，一个超现实的故事。走在街上的时候，我们看到了一个小女孩，和莫莉一样的年纪和身型，小女孩和她的母亲走在我们前面。莫莉决定要追赶上她们。我们加快脚步，莫莉让我再快一点，然后她跑了起来，我紧随其后。我们追上她们，并肩走着：两位母亲，两个女孩。女孩看着莫莉。这样的一刻，我称之为戏剧性紧张时刻。然后，莫莉和这个不知姓名的女孩互相拥抱，就像失散多年的朋友，历经多年的寻觅，最终找到了对方。莫莉已经决定，这个她以前从未见过（也永远不会再见到）的小女孩，值得她在那一刻热情拥抱。

故事讲述者莫莉，在她的想象中创造了一段叙事。她将充满欲望、意图和悬念的情节和角色，甚至令人满意的高潮，填充到自己的故事中。

作为观察者，我见证了她的故事，并把它变成我们的故事，现在，这个由她编造的小小故事已经书写完成，留待将来被她重新吸收。有一天，她会读到这个故事，并把它再次变成自己的故事。

然后我意识到，讲述我自己的故事，及其背后的意义。我通过和我的分析师的交谈，已经将我的人生故事全盘托出，包括我所能记忆并赋予意义的部分。我和女儿的交谈，涵盖了她迄今为止短暂的生活故事中所具有的各个方面，以及她发现自己家族上代的部分生活故事。我失去的对话对象是我的母亲。构建这段叙述的意义，是为了让我可以继续和母亲对话。我在这里所创造的叙述，是关于我的母亲、我和我的女儿，以及我的一些病人的生活。这些是我想要向我的母亲倾诉的内容，如果她还在世，我将亲口对她诉说。

莫莉所有的母亲

因为我的母亲将她的分析师作为自己的替代母亲，而我的分析师也承担了替代我母亲的功能，所以莫莉现在所处的接受端，沿亲缘关系向上有两个投身于精神分析的母亲——某种意义上一共是四个母亲。她是一个和我母亲或者我截然不同的孩子。莫莉更加自信，更加外向和率真，更早地发展出对生活的巨大热情。她在愤怒中表现得更加强烈，在悲伤中也更加失望。相较她感情的完整程度，我母亲或者我在与她同年龄时期都不曾具有。随着莫莉按照自己的方式成长，她将具有将她推向特定方向的特征：她可能会发展为指责型或宽恕型，富有报复心或同情心，沉闷、无精打采或充满闪耀的生命能量。她可能对逆境充满勇气和征服欲，也可能被逆境打败。她的过去将与她的现在融为一体，决定她未来的心理。我如何帮助她度过她与我的分离，我如何处理我与她的分离，这一命题对于保持她各种自我间的多样性，与她成长方向的众多可能性之间的和谐，起着至关重要的作用。

莫莉的第五个母亲突然又出人意料地闯进了我们的生活。在我拥有莫莉的四年后，她的亲生母亲肖恩找到了我。

肖恩致电收养机构，希望我给她寄一张莫莉的照片。我利用这个机会，通过中介写信给她，感谢她将莫莉借给我。（我认为，所有的孩子都是借来的，如果不是从另一位母亲那里借来的，就是从浩瀚宇宙借来的。）我花了三个月的时间完成这封信，想让她知道对我而言，成为这个孩子的母亲是多么的神奇。我想让她了解四年前因为她而来到人世间的这个孩子。通过我们的往来通信，肖恩和我变成了朋友，我得以了解关于莫莉最开始的故事。

肖恩15岁时成为母亲，在第一次婚姻中，她育有两个孩子，21岁婚姻失败后，她刚开始一段新的恋情。这时，她发现自己意外怀孕了，莫莉是她的第三个孩子。作为单身母亲，她觉得自己养不好这个孩子，并且也没有准备好和莫莉的生父结婚。肖恩在怀孕期间变得非常依恋莫莉。她害怕莫莉的出生，因为她清楚地知道这意味着她与孩子的分离。随着临盆日的迫近，肖恩更加希望能紧紧地抓住女儿不放。

记得那个时候，我在等待莫莉的出生。我记得我曾担心莫莉永远不会来到这个世界上。收养机构告诉我，如果莫莉不能（或不会）顺产，医生将不得不采取手术。我现在明白莫莉迟迟不愿出生的原因。她和肖恩母女相依，她们希望这段关系能多维系一点点时间——在最后的告别前，抓住她们能够掌握的每一分钟。

肖恩给莫莉写了一封信，我把它读给莫莉听。这封信充满感情和尊重，没有任何陈词滥调。

莫莉对于拥有另一位母亲很是高兴，而且这还是她的第一个母亲。我告诉莫莉，肖恩乐意随时与她见面，而且我们都住在新奥尔良附近。自从我把信读给莫莉听以来，我们已经回新奥尔良好几次了，虽然莫莉偶尔会提到肖恩，但她从未要求见面。我想，她有一天会想与肖恩相见的。当她准备好了，她就会向我提出要求。作为她的母亲，也作为一名精神分析师，我会分析她的要求，问出各种各样的问题，比如她在期望什么，她希望会发生什么，如果她感到失望，她会怎么样等等。我会像对待玛尔妮一样，在情感上和莫莉站在一起，帮助她理解她希望采取的行为步骤的全部意义。如果让莫莉和肖恩见面的安排是正确的，那么我们将有一个女儿和母亲的幸福团聚。

看看还会与什么降临

所有的人几乎都以死亡的方式离我而去了。首先是我的母亲，然后是姐姐，现在轮到这位在我成年后的大部分时间里充当另一个母亲的人：我的精神分析师。就这样，我结束了与这个女人长达30年的关系，我认识她的时间几乎和我自己的母亲一样长。她的死亡实属意外。在我们的关系中，我赋予她全能和不朽的力量。我也给自己灌输了一种无所不能的感觉，相信她只要采用我提出治愈癌症的办法（就像我母亲那样），她就能战胜病魔。直到今天，我仍然坚信（我知道这听起来不切实际）本来我可以（或者说应该能够）拯救她的。

我剩下的只有莫莉了，她是仅存在我生命中、占据我心的女性。我知道，在她拥有成熟的人格和完整的自我、成为一个独立的莫莉之前，我只有短暂的时间，在感觉的世界与她一起畅游。

我还有一个梦：

　　我和莫莉站在家里的码头，被天上热闹的景象所吸引，抬头看着天空。一堆直升机在我们头顶盘旋，其中一架开始旋转，然后引擎发出轰鸣声。我们仔仔细细地看着，我告诉莫莉这架飞机可能会发生事故。人们从机舱逃生，他们看上去像是从天上掉落的小小物体。但他们随着降落伞落在水中，似乎很安全。其中一个似乎是直升机的负责人，他降落得离我们很近，我们可以清晰地看到他。我想邀请他来我们家并为他们所有人提供帮助，但他表示不用。他没有过来，而是拿出一块巨大的纸板作为船体。我松了一口气，湖里的水又深又冷，我庆幸他们不必在水里为求生而游动。他和手下登上了他发明的这条船，不知用的什么技术，船动了起来，他们朝着一个方向前进。我意识到他们要回到实际上并不遥远的基地，就在湖的另一边。我确认他们获得了安全，但我还是感到无助和无力（无法提供帮助），我也感到无家可归。我生出了一股可怕的孤独感——我觉得这就是我一直以来的感觉——我一直都是孤独的，如此孤独。然后我低下头，看到身边的莫莉，想起我们刚刚分享的经历，一起仰望天空，一起看天空中的此起彼落。于是我充满了喜悦。我感觉和她在一起，站在那里，继续仰望天空，期待也等待着，天空中是否会掉下其他的意外之物。

我从梦中醒来，摸索到莫莉，然后我们紧紧地拥抱在一起，陷入彼此的怀抱，陷入生活之中。